DK儿童发明百科全书

Inventions a children's encyclopedia

陈毅平 译

中国大百科全书出版社

Encyclopedia of China Publishing House

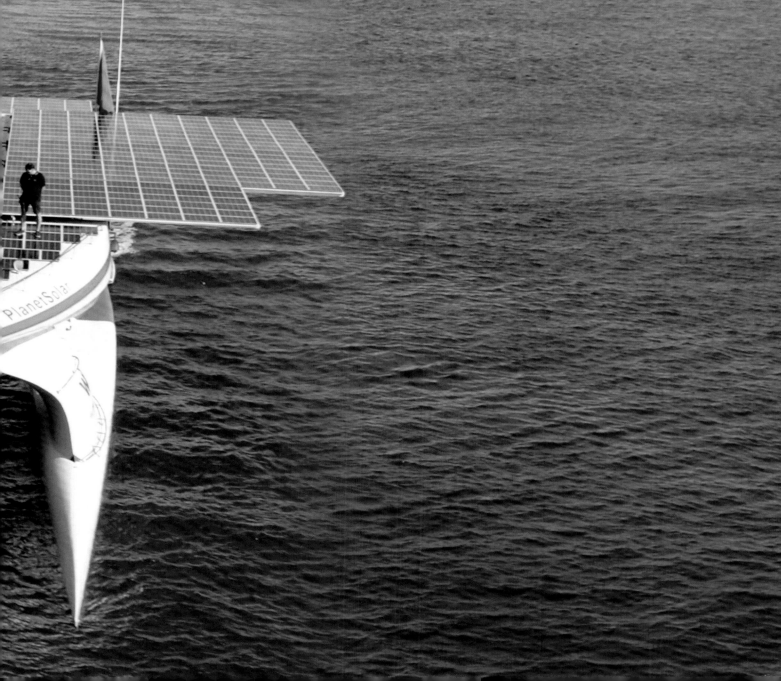

DK儿童发明百科全书

Inventions a children's encyclopedia

Original Title: Inventions A Children's Encyclopedia
Copyright © Dorling Kindersley Limited, 2018
A Penguin Random House Company

北京市版权登记号：图字 01-2020-0114
审图号：GS（2020）2417号

图书在版编目（CIP）数据

DK儿童发明百科全书 / 英国DK公司编；陈毅平译.—北京：中国大百科全书出版社，2021.1
书名原文：Inventions A Children's Encyclopedia
ISBN 978-7-5202-0833-8

I.①D… II.①英… ②陈… III.①创造发明—儿童读物 IV.①N19-49

中国版本图书馆CIP数据核字（2020）第176148号

译　　者：陈毅平

策　划　人：杨　振
责任编辑：王　杨
封面设计：袁　欣

DK儿童发明百科全书
中国大百科全书出版社出版发行
（北京阜成门北大街17号　邮编：100037）
http://www.ecph.com.cn
新华书店经销
北京华联印刷有限公司印制
开本：889毫米×1194毫米　1/16　印张：19
2021年1月第1版　2024年5月第4次印刷
ISBN 978-7-5202-0833-8
定价：198.00元

混合产品
纸张 |
支持负责任林业
FSC® C018179

www.dk.com

目录

早期突破	**6**
早期工具	8
农耕	10
发明轮子	12
陆运	14
航海	16
帆船	18
阿基米德	20
工业的开端	22
早期机械装置	24
设计未来	27
火药的威力	28
火药武器	30
印刷革命	32
文字和印刷	34
张衡	36
开创现代社会	**38**
工具	40
工具车间	42
粮食供给	44
田间劳动	46
建筑	48
阿尔弗雷德·诺贝尔	50
工业革命	52
智能生产线	55
开动机器	56
可再生能源	58
尼古拉·特斯拉	61
塑料	62
人造材料	64
买卖	66
货币	68
网购	70
办公室里	72
3D打印	75
机器人	76
机器人帮手	78
机器人来了！	81
动起来	**82**
自行车	84
两个轮子	86
凌空滑行	88
摩托车	90
普通人的汽车	92
汽车，汽车	94

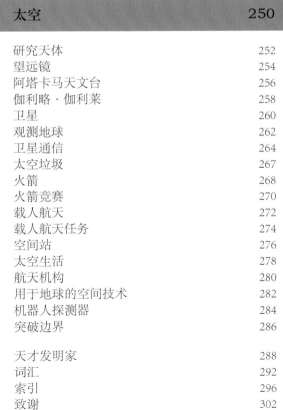

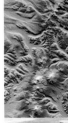

亨利·福特	96
挑一辆车！	98
公共交通	100
在路上	102
帆动力	104
在水上	106
船舶	108
海上导航	110
潜水	112
漂浮的航母	114
上天	116
莱特兄弟	118
从喷气式飞机到太阳能飞机	120
其他飞行器	122
无人机送货	125
铁路	126
在铁轨上	128
会飞的列车	130
斯蒂芬森父子	132

交流　134

电报	136
测量时间	138
报时	140
电话	142
打电话	144
智能手机	146
超级计算机	148
无线电	150
收音机	152
连接大陆	155
照相机	156
拍照	158
电影	160
电视	162
大屏幕	164
书面交流	166
明亮的灯光	168
计算机	170
家用电脑	172
万维网	174
埃达·洛夫莱斯	176

在家里　178

灯泡	180
照亮世界	182
鱼和太阳能	185
托马斯·爱迪生	186
高压电	189
电池	190
清洗	192
厨房设备	194
保持凉爽	196

简单吃点	198
真空吸尘器	200
詹姆斯·戴森	202
录音	204
听音乐	206
游戏与消遣	208
电子游戏	210
抽水马桶	212
保持形象	214
放松一下	217
衣柜里	218
扣件	220

保持健康　222

查看体内	224
玛丽·居里	227
更好的诊断	228
麻醉	230
医学奇迹	232
显微镜	234
攻克细菌	236
医疗发展	238
超级霉菌	241
接种疫苗	242
路易·巴斯德	244
牙齿健康	246
新的身体	248

太空　250

研究天体	252
望远镜	254
阿塔卡马天文台	256
伽利略·伽利莱	258
卫星	260
观测地球	262
卫星通信	264
太空垃圾	267
火箭	268
火箭竞赛	270
载人航天	272
载人航天任务	274
空间站	276
太空生活	278
航天机构	280
用于地球的空间技术	282
机器人探测器	284
突破边界	286
天才发明家	288
词汇	292
索引	296
致谢	302

本书中的"发明"包括新事物、新材料、新产品和新技术等，"发明人"包括创造此发明的人、提出想法和思路的人，以及发明的主要参与者，也包括制造商和研发机构等。

早期突破

简单的石器可能是我们祖先最早的发明。还有一些了不起的发明，比如轮子，彻底改变了人类的生活。

早期工具

我们人类的祖先最早出现在非洲，那已经是 200 多万年以前的事了。科学家给他们取了个名字——能人，意思是"手巧的人"，这是因为科学家认为他们制作和使用了石器。这些石器就是人类最早的发明。随着人类的进化，人类研制的工具越来越复杂，能做的事情也越来越多。

燧石箭头，
约公元前4000年

石器

早期人类用坚硬的石头击打燧石、石英等石块来制造工具。他们把石块制成能砍、能刮、能刻的手持工具，这些工具用途广泛。我们最熟悉的早期工具是手斧，手斧可以用来挖掘，杀死猎物和切肉，还能砍柴。

从石头上凿下碎片，把石头制成手斧。

远距离狩猎

人类狩猎需要武器。早期人类发明的武器中有一种顶部带有锐利石头的木矛，出现于 40 多万年前。有了这种矛，猎人就能远距离攻击猎物，这比近距离接触大型猛兽要安全一些。大约六七万年前，人类发明了原始的弓箭武器，这样猎人打猎时就能与动物保持更远的距离了。

鹿角做的鱼叉，约公元
前6500～前4000年

手斧，
约150万年前

生火

做饭、取暖和照明都少不了火。6000 多年前，可能是在埃及，人类就发明了点火的弓钻。这种装置通过旋转产生摩擦，从而产生足够的热量让碎木屑燃烧起来。

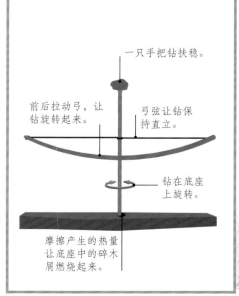

一只手把钻扶稳。

前后拉动弓，让钻旋转起来。

弓弦让钻保持直立。

钻在底座上旋转。

摩擦产生的热量让底座中的碎木屑燃烧起来。

埃及铜匠

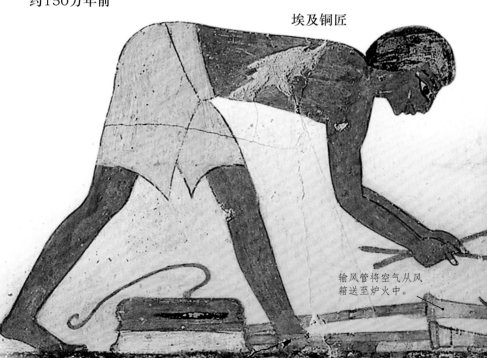

输风管将空气从风箱送至炉火中。

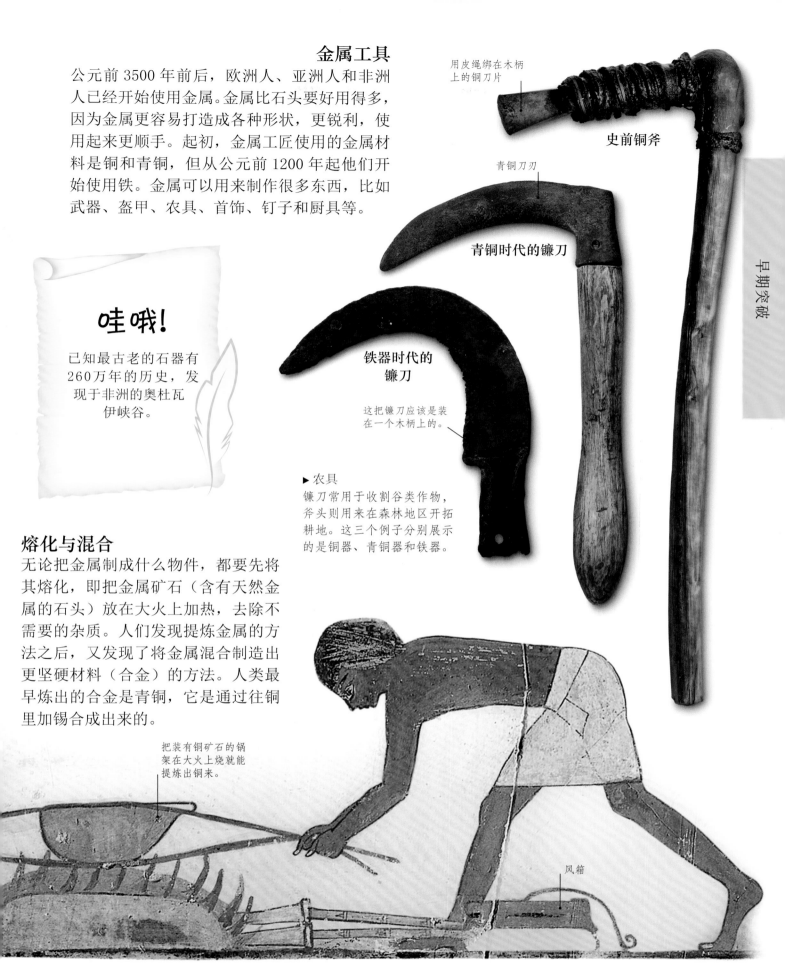

金属工具

公元前3500年前后，欧洲人、亚洲人和非洲人已经开始使用金属。金属比石头要好用得多，因为金属更容易打造成各种形状，更锐利，使用起来更顺手。起初，金属工匠使用的金属材料是铜和青铜，但从公元前1200年起他们开始使用铁。金属可以用来制作很多东西，比如武器、盔甲、农具、首饰、钉子和厨具等。

哇哦!

已知最古老的石器有260万年的历史，发现于非洲的奥杜瓦伊峡谷。

用皮绳绑在木柄上的铜刀片

史前铜斧

青铜刀刃

青铜时代的镰刀

铁器时代的镰刀

这把镰刀应该是装在一个木柄上的。

▶ **农具**
镰刀常用于收割谷类作物，斧头则用来在森林地区开拓耕地。这三个例子分别展示的是铜器、青铜器和铁器。

熔化与混合

无论把金属制成什么物件，都要先将其熔化，即把金属矿石（含有天然金属的石头）放在大火上加热，去除不需要的杂质。人们发现提炼金属的方法之后，又发现了将金属混合制造出更坚硬材料（合金）的方法。人类最早炼出的合金是青铜，它是通过往铜里加锡合成出来的。

把装有铜矿石的锅架在大火上烧就能提炼出铜来。

风箱

农耕

在历史上很长一段时间里，我们的祖先都是狩猎者和采集者。他们不停地在陆地上四处奔走，靠猎取动物、采摘野生植物为生。大约1.2万年前，中东地区的人们开始定居务农。这种定居的过程叫作农业革命，人们从此有了更加稳定的食物供给。到了公元前500年，农业已经遍布世界上大部分地区。

更好的庄稼

古代农民发现，通过只种植那些又大又好的野生种，可以逐步改良他们的农作物，这一过程被称为驯化。在中东地区，人们种植小麦或大麦。在美洲，最重要的农作物是玉米。公元前7000年，美洲人就开始种植玉米了。

◀ 从原始到现代
原始玉米（图左）经过改良变成大很多的现代玉米（图右）。

新月沃地

最早的农民生活在美索不达米亚地区（主要在今天的伊拉克境内）。该地区位于底格里斯河和幼发拉底河之间，土壤肥沃，作物茂盛，家畜兴旺。到公元前9000年，农业已经遍及中东新月沃地，并向西延伸到埃及。

耙

耙是早期最重要的农业发明之一。犁过地之后，人们用耙松土平田，这样再种庄稼就比较容易了。最初耙是木制的，后来人们用上了铁耙。

古代的犁多由成对的牲畜牵引，能很快刨开坚硬的土地。

苏美尔犁的模型

犁

公元前25~前15世纪，埃及、中国等农业古国就有了牛拉的原始木犁。中国春秋战国时期出现"铁犁牛耕"的耕作方式。犁主要用来切土、翻土、松土、碎土、覆盖残茬等。地犁过之后会有沟，即犁沟。农民就在犁沟里播种。

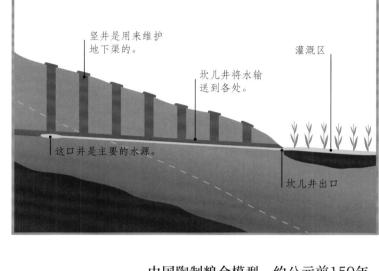

古代波斯的坎儿井

农业离不开水。干旱地区需要采用某种系统把水引入农田。在公元第1千纪初期，波斯人靠修建地下渠引水。这种渠又叫作坎儿井。坎儿井的坡度比较平缓，它借助重力作用输送水。坎儿井一般长达5千米，但也有些长度超过65千米。

竖井是用来维护地下渠的。

坎儿井将水输送到各处。

灌溉区

这口井是主要的水源。

坎儿井出口

▼ 整地

耙等农具常常套在牛脖子上由牛拉动，就像图中这样，但也有用马拉的。牛和马等动物经过驯养可以帮忙干农活，也可以宰了吃肉。

中国陶制粮仓模型，约公元前150年

将粮食储存在高于地面的位置，有助于保持粮食干燥，让粮食处于适宜的温度。

人们可以通过楼梯上到二层。

粮仓

公元前9000年左右，人们在今天的约旦地区修建了世界上已知最早的粮仓。建粮仓是为了存储干燥的谷物等农作物，如稻米，以免其变质。人们需要地方存储不想马上吃掉或卖掉的农作物。

发明轮子

轮子是人类历史上最重要的发明之一，但没有人知道发明它的人是谁。最初，陶工借助轮子制作圆形陶器。到了公元前 3500 年左右，有人想到用轮子在陆地上运输人和物。从此，轮子彻底改变了人们的日常生活，使旅行、经商和劳作都变得更加方便。

早期突破

滚子和橇

在轮子出现以前，运输重物有时要采用滚子和橇，通过在重物下放一些滚子来搬运重物。一些人向前拖重物，另一些人不停地把最后一个滚子移到前面。一旦重物被装上橇，人就可以拖着橇移动，或者在橇下面放滚子来滚动它。

木栓固定轴。

横档将木板固定在一起。

滚动比滑动产生的摩擦力小。

埃及工人运输用来建造
金字塔的石块

陶轮

曾经生活在今天伊拉克地区的美索不达米亚人被认为是最早制造轮子的人，他们制造轮子的时间可追溯到大约公元前 5000 年。这些轮子是做陶器时用的石制或土制圆盘，又叫作陶轮。陶工把湿黏土放在陶轮上，用手转动陶轮，就能把黏土做成罐子或其他容器了。

陶轮

埃及陶工模型

车轮

最早用于运输的轮子是用木板做的实心圆盘。它们装在牛或马拉的简易手推车、货车或战车上。乘坐这样的车出行会非常颠簸。

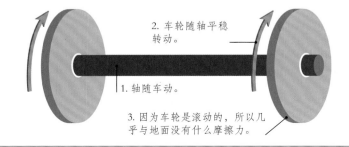

用来推车或拉车的车把

中国传统
独轮车

独轮车

独轮车可能是公元前 6～前 4 世纪由古希腊人发明的，也可能是 2 世纪由中国人发明的。希腊独轮车轮子靠前，跟今天的许多独轮车一样，但中国传统独轮车的轮子在中间。

转经筒

转经筒是藏传佛教的重要法器，是一个空心金属圆筒，里面装有印着六字真言的经卷。藏传佛教徒认为，转动转经筒或让转经筒在风中自动转动相当于念经。

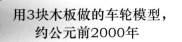

用3块木板做的车轮模型，
约公元前2000年

轮与轴

今天，大多数小汽车是两轮驱动的。由发动机驱动的车轮（驱动轮）连接着驱动轴（半轴）。车开动的时候，发动机使驱动轴转动，带动驱动轮一起转动。其他车轮（从动轮）的轴不与发动机相连，是固定在车上的，随车一起动。在最初的车辆上，轴都是固定在车轮上的（见下图）。

2. 车轮随轴平稳转动。

1. 轴随车动。

3. 因为车轮是滚动的，所以几乎与地面没有什么摩擦力。

陆运

5000多年以前，人们就开始使用带轮子的车辆了。这些车辆通常都是由动物拉动的，有时人们也会自己拉车。早期的车辆五花八门，有些用来运载人和货物，有些则用于打仗。

战车

- **发明** 苏美尔战车
- **发明人** 苏美尔人
- **时间地点** 约公元前2500年，美索不达米亚

苏美尔人的故乡位于今天的伊拉克，他们发明了一种带有4个实心木轮的战车。这种由驴拉的战车，用于把重要的将领送到战场，也为标枪兵提供了一个站立的平台。

早期轮式车

- **发明** 两轮车
- **发明人** 未知
- **时间地点** 约公元前3000年，美索不达米亚

最早的陆用车辆中有一种是由一两种大型家畜（如牛、马）拉的简易两轮车。这种车辆几乎同时在几个不同的地区发展起来，尤其是美索不达米亚（主要在今天的伊拉克境内）、高加索（亚欧交界的一个地区）和东欧。后来，轮式车传到了更远的地区，亚洲和非洲也有了轮式车。

牛车

印度河流域一处古迹出土的陶俑，
约公元前2400年

美索不达米亚古城乌尔出土的乌尔军旗上描绘的战车，约公元前2500年

商用车

- **发明** 篷车
- **发明人** 未知
- **时间地点** 约公元前2500年，欧亚大陆

到了公元前 2500 年，四轮车在欧亚地区已经很普遍了。这种车由一组力气大的牲口牵引，可以运输很重的东西。这种车带有保护性车篷，是运货载人的理想工具。

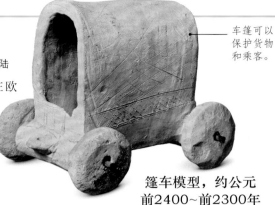

车篷可以保护货物和乘客。

篷车模型，约公元前2400~前2300年

▲ 轻型战车
战车就是要跑得快、好驾驶，提供一个移动的平台，把弓箭手迅速运送到战场的各个角落。

两匹马拉的轭

两轮马拉战车

- **发明** 轻型战车
- **发明人** 埃及人
- **时间地点** 约公元前1600年，埃及

战车相当于古时候的赛车。这些小型两轮马车一般只能搭载两人。虽然美索不达米亚人率先发明了战车，但埃及人做了改进，用辐条式车轮替代了实心木轮。这样一来，车就变轻了，可以行驶得更快，也更容易驾驶。

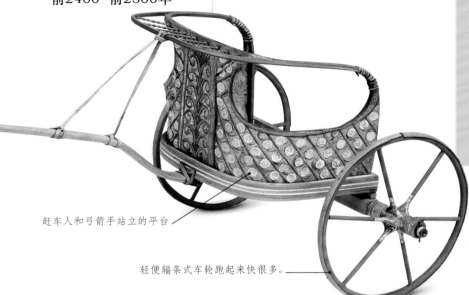

赶车人和弓箭手站立的平台

轻便辐条式车轮跑起来快很多。

四轮马车

- **发明** 瑞达马车
- **发明人** 罗马人
- **时间地点** 公元前2世纪，罗马

罗马人修建的道路网络遍及整个罗马帝国。他们出行乘坐瑞达马车（Raeda）。这是一种由多达 10 匹马或骡子拉的四轮车，可以运载数位乘客和他们的行李，载重约 350 千克，每天可行驶 25 千米。

公共车辆

- **发明** 驿站马车
- **发明人** 未知
- **时间地点** 17世纪，欧洲

驿站马车最早出现在英国，就像今天的长途客车一样，在固定线路的站点间提供常规服务。驿站马车上装有减震弹簧，加上路况有所改善，所以它不像早期交通工具那样颠簸。驿站马车一直是一种重要的交通方式，直到 19 世纪中期才被铁路取代。

封闭的马车里面可以搭载乘客或装载货物。

4匹马一组。

驿站马车版画，19世纪

航海

一万多年以前，人类开始在水上航行。起初，他们的船是简易的独木舟或筏子，有的用桨划，有的用杆撑。后来，船只变得越来越大、越来越复杂，还装上了可以利用风力的布帆或兽皮帆。这使得更长距离的航行成为可能。为此，人们发明了一些装置，以便在航行时知道自己身在何处，知道航行的方向。

三排桨手各有各的位置，这样他们的桨就不会相互碰撞。

三列桨座战船

这种战船主要由三排桨提供动力，有一张或两张帆。这种船大约是公元前 700 年由希腊人或腓尼基人发明的。有了它，这两个地方的人就能穿越地中海旅行和经商。

航标灯

灯塔可以提醒船只前方有危险，引导船只安全行驶。已知最早的灯塔于公元前 280 年建于法罗斯岛，那是埃及亚历山大附近的一座小岛。这座灯塔叫作法罗斯灯塔，高约 110 米，是古代世界七大奇观之一。

塔顶白天有镜子反射日光，夜晚点火示意。

法罗斯灯塔
模型

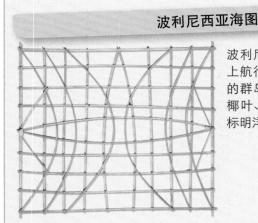

波利尼西亚海图

波利尼西亚人在浩瀚的太平洋上航行，往来于相隔数百千米的群岛之间。他们用一条条干椰叶、木头和贝壳做成海图，标明洋流、环礁和岛屿的位置。

方向正确

指南针是中国人发明的。早在公元前3世纪，中国就已出现磁性指向器——司南，它是指南针的始祖。现代仪器中间有根磁针，受地球磁场影响而摆动，磁针总是指向北方，而早期指南针的磁针是指向南方的。从11世纪起，水手们在海上航行时开始使用指南针。

指南针的磁针只有在能自由旋转的条件下才起作用。

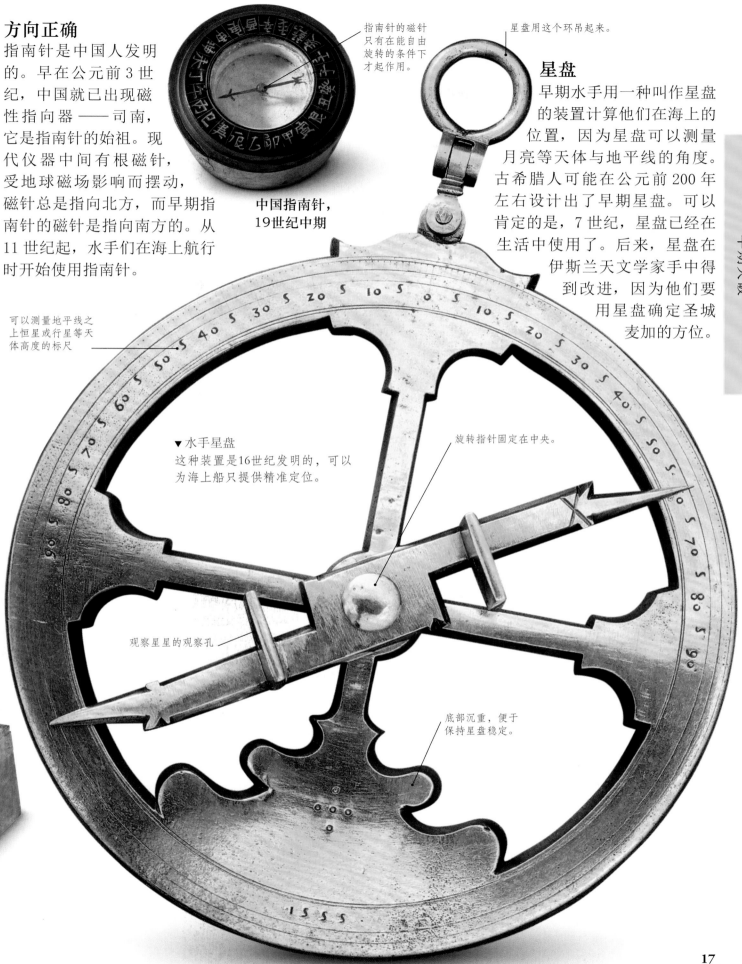

中国指南针，19世纪中期

星盘用这个环吊起来。

星盘

早期水手用一种叫作星盘的装置计算他们在海上的位置，因为星盘可以测量月亮等天体与地平线的角度。古希腊人可能在公元前200年左右设计出了早期星盘。可以肯定的是，7世纪，星盘已经在生活中使用了。后来，星盘在伊斯兰天文学家手中得到改进，因为他们要用星盘确定圣城麦加的方位。

可以测量地平线之上恒星或行星等天体高度的标尺

▼ 水手星盘
这种装置是16世纪发明的，可以为海上船只提供精准定位。

旋转指针固定在中央。

观察星星的观察孔

底部沉重，便于保持星盘稳定。

中国帆船

- **发明** 中国平底帆船
- **发明人** 中国人
- **时间地点** 约2世纪，中国

早期的帆船，如平底帆船，是中国人设计的，今天还在亚洲某些地方使用。船帆呈方形，用一根根竹竿固定，便于船帆快速地开合。

早期突破

现代的中国
平底帆船

长船

- **发明** 维京长船
- **发明人** 维京人
- **时间地点** 约9世纪，挪威

斯堪的纳维亚半岛上的维京人设计出了长船。这种船船身窄，又很轻便，适合在河上航行，同时它也很结实，可以在海上航行。这种船还能在浅水区航行。长船中央有一张大帆，还配备了木桨。当风力小，不足以推动船行时，就用木桨划船。

桅杆上面挂着一张羊毛或亚麻制成的方形大帆。

维京长船模型

帆船

最早的木制帆船大约是 5000 年前由埃及人制造的，不过世界其他地区的文明也造出了类似的船只。19 世纪以前，海上行驶的船只主要靠布帆借助风力来航行。这些船有的用于贸易，有的用于探险，有的用于战争。

帆的材料通常是纺织品。

圆船

- **发明** 柯克船
- **发明人** 未知
- **时间地点** 约10世纪，北欧

圆船是中世纪欧洲最常见的海船之一。有一种常见的圆船叫作柯克船。这种船采用搭接式造船法制造，组成船体的木板互相交叠。它坚固，易于制造，而且有很多储物空间，所以主要用于贸易。

宝船

帆篷面用竹条支撑。

- **发明** 郑和宝船
- **发明人** 中国人
- **时间地点** 15世纪，中国

1405~1433 年，郑和率领船队七下西洋，出使亚非 30 多个国家和地区。他的船队中有数十只"宝船"。宝船有很多帆，其船身大小是当时欧洲船只的两倍左右。这些大型船只满载珍宝，说明当时的中国国力雄厚，造船技术精湛。

郑和宝船模型

全装甲船

- **发明** 朝鲜龟船
- **发明人** 朝鲜人
- **时间地点** 15世纪，朝鲜

朝鲜人是最早在甲板上铺装铁甲的，以保护甲板不受敌方投射物的破坏。这种龟船装有多门大炮。有些龟船还在船首装有龙头，龙头可以喷出一股雾气来掩盖船的行踪。

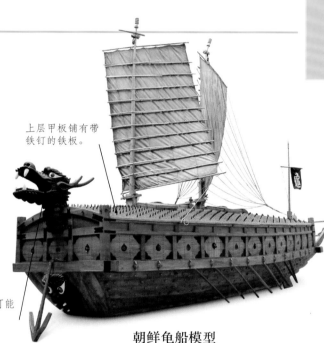

上层甲板铺有带铁钉的铁板。

龙头里面可能藏着大炮。

朝鲜龟船模型

柯克船模型

有些柯克船被改装成了战船。船首增加了一些平台，水兵可以站在平台上朝敌军放箭开炮。

欧洲远洋船

- **发明** 克拉克帆船
- **发明人** 未知
- **时间地点** 15世纪，欧洲

到 15 世纪，欧洲最通用的船只是克拉克帆船。这种船很大，可以在大风大浪中航行，也能装下长途旅行所需的足够的物资。1492 年，意大利探险家克里斯托弗·哥伦布第一次到达美洲时乘坐的就是这种船。

中世纪克拉克帆船的复制品

阿基米德

阿基米德是古代最伟大的发明家之一，也是卓越的数学家和物理学家。据说，他于公元前287年出生在西西里岛的古希腊城市叙拉古（今意大利锡拉库萨），后被送到埃及接受教育。阿基米德发明了很多重要的机械装置，比如可以抬起重物的滑轮系统。他的科学著作至今依然对学者的研究很有帮助。

抗击罗马人

公元前214年，罗马人攻打叙拉古，据说阿基米德的两项发明在这次保卫家乡的战斗中发挥了作用。一项是用镜子将太阳光聚焦到罗马船只上，引燃船只。另一项叫"铁手"（见下图），这是一架有一个巨大抓钩的起重机，可以把船只抓起来掀翻在海里。

这幅创作于1600年的意大利画作显示，阿基米德发明的抓钩仿佛是一只巨大的手

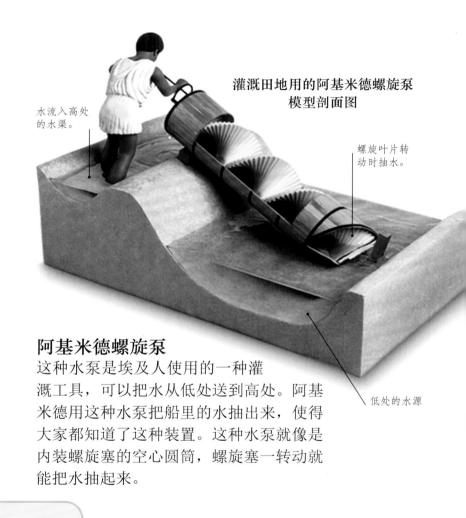

灌溉田地用的阿基米德螺旋泵模型剖面图

水流入高处的水渠。

螺旋叶片转动时抽水。

低处的水源

阿基米德螺旋泵

这种水泵是埃及人使用的一种灌溉工具，可以把水从低处送到高处。阿基米德用这种水泵把船里的水抽出来，使得大家都知道了这种装置。这种水泵就像是内装螺旋塞的空心圆筒，螺旋塞一转动就能把水抽起来。

生平

公元前287年	约公元前250年	约公元前225年	公元前218年
阿基米德出生在西西里岛的叙拉古，当时叙拉古是古希腊的一个城邦。他的父亲是天文学家，也是数学家。	据说，阿基米德去埃及学习。他写了一部几何学著作《圆的度量》，还写了一部流体力学著作《论浮体》。	他又写了两部重要著作：《论螺线》和《论球和圆柱》。	迦太基与罗马的第二次布匿战争开始。阿基米德的故乡叙拉古和迦太基结盟。

为国王检验金冠

叙拉古国王怀疑他的新王冠不是纯金的，想检验一下。阿基米德把王冠放进装满水的澡盆里，发现澡盆排出的水比往它里面放进同等重量的金子所排出的水要多。这说明王冠含有其他低密度金属。

▲ 我想出来了！
阿基米德首次发现，将一个物体沉入水中，它受到的浮力相当于被排出的水的重量。据说，这是他在洗澡时悟出来的。

公元前214年	约公元前212年		公元前75年
罗马军队开始围攻叙拉古。	罗马士兵占领并摧毁了叙拉古。尽管士兵们接到命令，不许伤害阿基米德，但他仍被杀害了。	一名罗马士兵对阿基米德下手	罗马著名的政治家西塞罗在参观西西里岛时，发现原本精心建造的阿基米德之墓年久失修，于是请人修复。

工业的开端

发明代替大量人和动物劳动的机械装置是人类迈向工业化的第一步。早期机械装置由水力、风力或重力提供动力，不需要很多人操作。直到 18 世纪晚期工厂开始雇佣大量劳动力以后，主要的工业才得以发展。

哇哦！

一些早期机械通过人或动物的踩踏获得动力。在踏车上劳动是对罪犯的一种惩罚。

▶ 庐水车
世界上最著名的庐水车位于叙利亚的哈马市，那里至今还有17架庐水车。图中这架直径有22米。

古希腊由动物提供动力的水泵模型

盛水的铜罐

转动轮子的动物

早期机械

公元前 4 世纪，人类开始利用大轮子来完成抽水、驱动机械等工作。我们不确定这种方式最先在哪里出现，有可能是在印度，也可能是在希腊或者埃及。有些轮子要由人或动物提供动力，而那些利用河流和溪流的流水转动的轮子——水车，效率更高。这些水车就是最早的一种将自然能转化为机械能的机械。

杵锤

公元前1世纪，中国人已经在使用一种叫作杵锤的大型设备，用来加工粮食、捣碎竹子造纸或者打铁。杵锤很重，一个人抢不起来，必须用机械操作。最早的杵锤由水车提供动力，又叫作水碓。

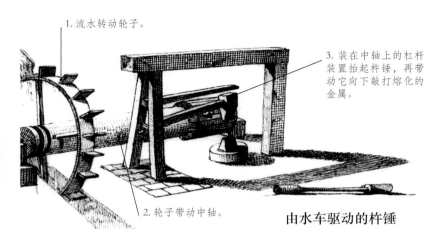

1. 流水转动轮子。

3. 装在中轴上的杠杆装置抬起杵锤，再带动它向下敲打熔化的金属。

2. 轮子带动中轴。

由水车驱动的杵锤

戽水车

在中世纪，阿拉伯工程师发明了一种叫作戽水车的水车。戽水车从河流湖泊中抽水，输送到家家户户，解决人们喝水洗涤的问题，或者输送到农田灌溉庄稼。随着轮子的转动，戽水车边缘的水斗把水舀起来倒进水槽，然后再用管道把水输送到其他地方。

为工厂提供动力

水车的一个重要功能是织布。水车转动产生的动力可以驱动机械，机械便可纺线织布。在18世纪发明烧煤的发动机之前，布厂只能设在流水附近。

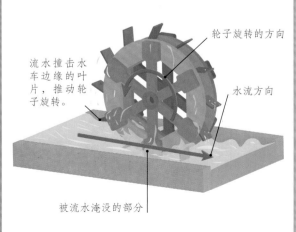

水车工作原理

水车边缘装有叶片或水桶（水斗）。水落下或水流动时撞击叶片或水桶就能带动轮子旋转，进而带动轮子中央连接机械的轮轴转动。

流水撞击水车边缘的叶片，推动轮子旋转。

轮子旋转的方向

水流方向

被流水淹没的部分

早期突破

23

早期机械装置

人们一旦在城乡定居，就开始发明一些装置，帮助他们解决日常事务，如加工粮食。早期的很多重要装置主要是用来生产制作服装的布料。这些装置大多是在家里或小作坊里使用。

一位印度妇女在用纺车纺线

第一台手工织布机

- ■ **发明** 手工织布机
- ■ **发明人** 埃及人
- ■ **时间地点** 约公元前5000年，埃及

布是用长线垂直交叉织成的。手工织布机发明后，布的制作更加简便快捷。早期织布机的结构很简单，织布时，将纵向的线（又叫经线）牢牢固定在适当的位置，再用横向的线（又叫纬线）在其中交叉编织。

早期欧洲人用的手工织布机的模型，公元前800~前600年

碾磨谷物的石磨

- ■ **发明** 旋转手推石磨
- ■ **发明人** 未知
- ■ **时间地点** 约公元前600年，南欧

手推石磨可以将小麦等谷物碾成粉。旋转手推石磨由两块圆形石头组成，一块放下面，一块放上面。下面那块是固定不动的磨石。上面那块叫作手磨石，装有手柄，操控手柄可以让石头转起来。上面的石头转动，把从中间小孔放进去的谷物碾碎。

第一台提花织机

- ■ **发明** 提花织机
- ■ **发明人** 中国人
- ■ **时间地点** 周朝，中国

提花织机比手工织布机更容易控制线。提花织机发明后可以织出带有很多花纹的布料，主要是丝绸。提花织机有一个特殊的装置，能把一条条经线提起。图中为中国汉代的花楼机，也是提花织机的一种。花楼机很大，一般有4米长，需要两人操作。

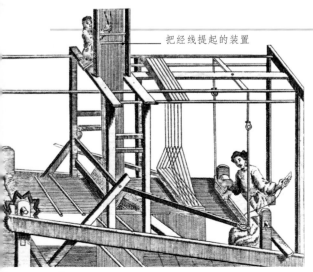

把经线提起的装置

旋转手推石磨至今还在世界某些国家使用

握着手柄让手磨石转动。

放入谷物的小孔

踏车

- **发明** 脚踏纺车
- **发明人** 约翰·尤根
- **时间地点** 约1533年，德国

随着手摇纺车的发展，人们给它加了一块用脚操作的板子——踏板。纺线人的脚时踩时抬，踏板的摇摆运动就能让木轮转动。纺车上方装有一根棍，原料纤维就缠在木棍上，这样纺线人的手就可以腾出来控制线了。

羊毛或亚麻的长纤维

木轮

踏板

约翰·尤根发明的名叫"萨克森纺车"的脚踏纺车

第一台纺车

- **发明** 手摇纺车
- **发明人** 中国人
- **时间地点** 先秦时期，中国

要想用棉花或羊毛等材料织布，得先要把它们纺成线。早期人类通常都是用手指把原材料的纤维抽出来搓到一起。纺车发明后，原来很费时的工作一下子快了很多。手摇纺车将纤维纺成线，把线绕在一根叫作纺锤的木棒上。

▼ 风能
这种风车不能用于工业，它们产生的能量没有烧煤的发动机多。

桨叶

中心轴连在齿轮系统上。

风车可以转向，让桨叶迎风而转。

风车磨坊

- **发明** 风磨
- **发明人** 未知
- **时间地点** 约1200年，北欧

风磨最常用的功能是把谷物碾成粉，但它们也有其他功用，比如抽水。当桨叶在风中转动时，风车里的齿轮就用旋转力驱动各个机械部件。风磨有一个很大的垂直式的中心轴，使得桨叶可以迎风转动。

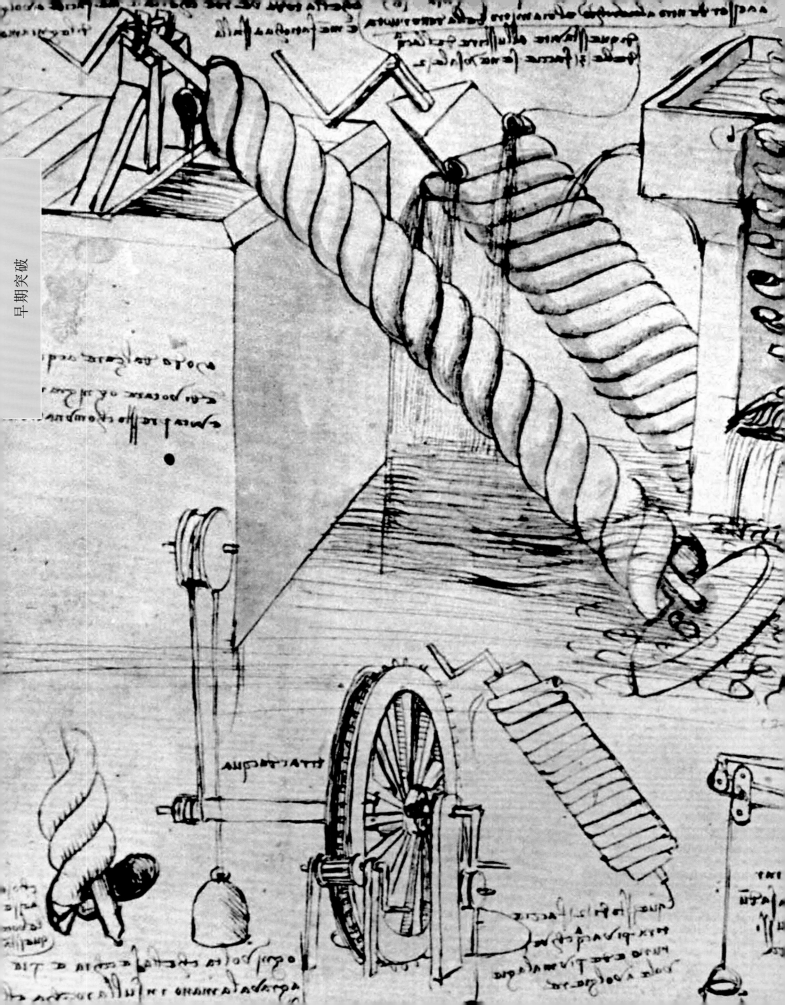

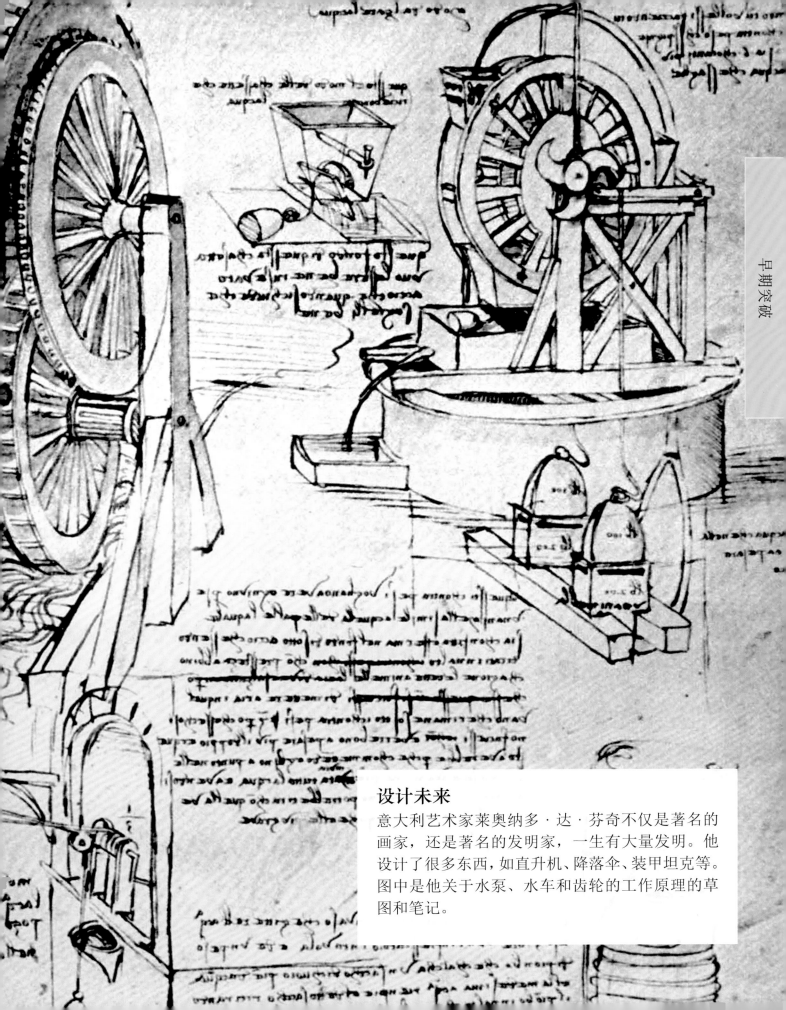

设计未来

意大利艺术家莱奥纳多·达·芬奇不仅是著名的画家，还是著名的发明家，一生有大量发明。他设计了很多东西，如直升机、降落伞、装甲坦克等。图中是他关于水泵、水车和齿轮的工作原理的草图和笔记。

火药的威力

9世纪，中国人制造出火药，这是世界上最早的爆炸材料。他们造出火药的时候一定感到很惊奇，因为当时他们本想制造一种跟火药很不一样的东西。然而，火药巨大的威力很快就被用于发射武器、爆破和放烟花。

现代鞭炮

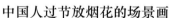

火药的发明

火药起源于中国古代的炼丹术。当时，有人把一些材料混在一起，本想研制出长生不老药，却意外地发明了火药。混合物中有硝石、木炭和硫黄。火药被发明出来之后，仅在几十年内就被用于战争武器中了。

烟花

最早的烟花源于中国。当时，人们只不过是把火药扔进火里，享受它所带来的明亮火光和砰砰巨响。后来，他们把火药装进空心的竹筒中，点燃上面的引线。燃烧的引线点燃火药，竹筒腾空而起，在天上爆炸，就像今天的烟花弹一样。

火枪

950 年前后，人们开始认识到火药的破坏力。最早用到火药的一种武器是火枪。火枪长柄上绑有爆炸物，这种爆炸物是把火药装进竹筒制成的。点燃引线，竹筒就会朝敌方爆炸，喷出火焰。

有时爆炸物中会添加金属或陶瓷碎片。

中国用于作战的火枪，10世纪

哇哦！

在烟花的火药中加入金属，可以放出不同颜色的光亮：加铜放出蓝光，加钡放出绿光，加钙放出橙光。

手铳

手枪的雏形诞生于 13 世纪的中国，这种枪叫作手铳。手铳是通过前膛进行装载，装载石弹丸或铁弹丸。火药则被装进手铳后面的药室，药室里有个小孔，里面放着引燃火药的引线。火药点着就爆炸，将弹丸炸出去。

中国铜制手铳，
1424年

希腊火

中国人在中世纪率先使用了爆炸性武器，但并不是最早在战争中使用化学性武器的。672 年左右，拜占廷帝国（以今天的土耳其和希腊为中心）发明了一种叫作希腊火的物质。这是一种黏稠的易燃液体，即使在水上也能燃烧，是海战的致命武器。它的秘密配方可能包括石油、硫黄和硝石。

一张画有拜占廷水兵使用希腊火场面的手稿，12世纪

火药武器

到了 13 世纪，火药的制作方法已经从中国传到了亚洲其他国家以及欧洲。人们很快就看到这种致命的发明是如何被用作武器的。军队开始用火药制造更加精准的火器，火器的威力越来越大，战争也随之迅速发生变化。

早期火绳枪

- ■ 发明 火绳枪
- ■ 发明人 未知
- ■ 时间地点 15世纪，北欧

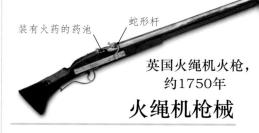

用来放火绳机的凹槽

德国火绳枪，约1560年

火绳枪有一个类似步枪的木托，是最早可以用胸或肩部顶住射击的枪。图中这种使用火绳发射的早期火绳枪与现代枪械很相似，它的枪托覆盖了枪身的很大一部分。火绳枪是手持枪制造上的重要进步，后来的火枪及其他枪械延续了早期火绳枪的很多特点。

装有火药的药池　　蛇形杆

英国火绳机火枪，约1750年

火绳机枪械

- ■ 发明 火绳机火枪
- ■ 发明人 未知
- ■ 时间地点 约1475年，北欧

火绳机让枪支的发射速度更快。这是一个由扳机控制的装置，一旦扣动扳机，蛇形杆便把点燃的火绳弹向枪支后部装有火药的药池，引起小型爆炸，产生的高压气体沿枪管疾行，将子弹打出。

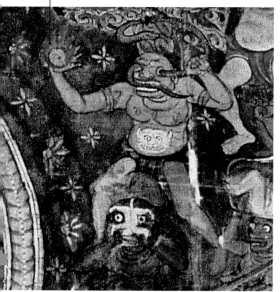

目前所知最早的一幅有关火球的画面，出自中国壁画。

火箭发射器

- ■ 发明 火厢车
- ■ 发明人 朝鲜人
- ■ 时间地点 15世纪，朝鲜

虽然中国人最先发明了简单的火箭（在箭镞上绑有燃烧物或爆炸物）发射器，但朝鲜人研制出了一种威力更大的武器——火厢车。这是一种两轮车，上面装有一个长方形木架。木架上装进一支支火箭（又叫神机箭），火箭上装有爆炸物。一旦火箭射中目标，爆炸物就会爆炸。最大的火厢车可以同时发射 200 支火箭，射程为 100~450 米。

最早的手榴弹

- ■ 发明 火球
- ■ 发明人 中国人
- ■ 时间地点 11世纪，中国

火球是一种手扔的小型炸弹。最早的火球是中国人制造的，是把火药装进中空的陶器或金属容器中制成的。火球上连着一根纸引线，引线点燃后持续燃烧，直到引爆爆炸物，让火球爆炸。

火厢车

哇哦！

给早期的火枪等火器装弹药很费时间，就算是训练有素的士兵一分钟最多也只能射击5次。

开枪时黄铁矿会迸出火花。

小型火器

- 发明 手枪
- 发明人 未知
- 时间地点 16世纪，欧洲

16世纪初，小型火器得到发展。这种枪不如长管枪打得准，威力也没有长管枪大，而且早期的手枪每次只能打一发子弹，打完了必须重装子弹。但是枪小好射击，只要子弹上膛，一只手就能打，骑马也能打。

早期突破

▼ 工作原理
扣动扳机后，钢轮旋转，与黄铁矿摩擦，产生火花，火花点燃火药。

德国簧轮擦火手枪，
1590年

长枪管

燧发枪

- 发明 燧发步枪
- 发明人 未知
- 时间地点 约1550年，北欧

这种使用燧石装置的步枪叫作燧发步枪。扣动扳机时，燧石撞击钢片，所产生的火花会点燃火药。有些燧发步枪是有膛线的，也就是说枪管内壁刻有凹槽，可使子弹在发射时发生旋转，提高命中率。

燧石

背带，方便携带。

贝克步枪，一种燧发步枪，
1802~1837年

撞击式火帽

- 发明 撞击式火帽武器
- 发明人 未知
- 时间地点 约1820年，美国或北欧

撞击式火帽是个小金属杯，里面装的是雷酸汞——一种爆炸性的化学物质，并用金属薄片封住。扣动扳机时，击锤就会撞击火帽，引爆爆炸物，从而射出子弹。

▼ 连续射击
这些射手穿着19世纪60年代美国内战时的士兵服，他们正在发射撞击式火帽武器。

撞击式火帽装置

印刷革命

印刷术的发明是人类历史上的一大飞跃。以前，人们做记录，或者传播信息和思想，不得不手写每一份文本。有了印刷术，这些事情就方便多了，可以更加便宜准确地制作大量副本。目前所知最早的印刷术可追溯到 3 世纪的中国。然而，首个大规模印刷系统是 15 世纪中期在欧洲出现的。

杠杆将两块木板压紧，让上了墨的活字印在纸上。

木板上放着准备印刷的纸。

金属活字

金属活字印刷

活字印刷是用单个字母或文字的模子（活字）来印刷文本。最早的活字印刷出现在 11 世纪的中国，使用的是泥活字或木活字。后来，人们发现金属是制作活字的最佳材料。

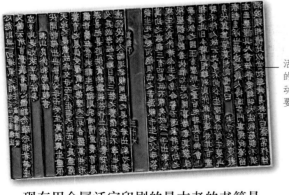

活字印刷中，单个的活字可以随意移动，拼出人们所需要的文本。

现存用金属活字印刷的最古老的书籍是高丽佛经《直指心体要节》，1377年

谷登堡印刷术

1438 年，德国人约翰内斯·谷登堡发明了木制凸版印刷机。他最成功的发明是一种迅速铸造大量金属活字的方法。谷登堡每小时能印 250 页书。他印的第一本书是《圣经》。印刷术传遍欧洲，印书、买书都变得更加便宜了。

凹版印刷机

凹版印刷

15世纪，德国人发明了一种新式印刷术——凹版印刷。这种印刷使用刻有图文的金属板（通常是铜板或锌板）。印刷时，先在整个版面涂墨，再除去空白部分的墨，只留下内凹的图文处有墨，然后将金属板压到纸上，凹处的墨就被转印到了纸上。

◀ **手工印刷机**
谷登堡用的是金属活字印刷机，想印哪一页就印哪一页。墨水是特制的，很浓很黏。

明暗木刻

明暗木刻术是1509年左右由德国人发明的。它是把图像的轮廓刻在一个木块上，再在另外若干木块上刻上其余的细节。依次将这些木块印在同一张纸上，每一次都套印在前次的图像上，结果就印出一幅亮度和轮廓有鲜明对比的图画，画面看起来有一种立体感。

**天花板上的明暗木刻作品，
上面绘有三个天使**

印在纸上的图与石板上的图方向相反。

车间中的石版印刷

结实的木头支架使印刷机在印刷过程中保持稳定。

石版印刷

石版印刷是18世纪90年代由德国人阿洛伊斯·泽内费尔德发明的。石版印刷是基于油和水互不相溶的原理，其主要流程是：先用油性材料在石灰石板上画一张图，然后把石板润湿。将墨涂到石板上，墨只会粘在有油脂的图画部分，进而就可将图印在纸上了。

文字和印刷

古代人最初是用符号或字母记录信息和思想的。记录可以保存，这样人们不见面也能交流。后来又有了印刷术，人们可以更加快捷准确地将带有文字图像的文本复制很多份。

最早的文字

- **发明** 楔形文字
- **发明人** 苏美尔人
- **时间地点** 公元前3100年，美索不达米亚

早期楔形文字

苏美尔人是最早生活在有组织的城镇中的人之一。在城镇中生活，他们需要一种方法来记录他们买卖的货物、喂养的牲口和缴纳的税费。他们发明了一种书写方法，用一种尖笔在泥板上做楔形记号，这就是我们今天所说的楔形文字。在此之后不到400年，代表语言的符号在美索不达米亚地区被广泛运用。

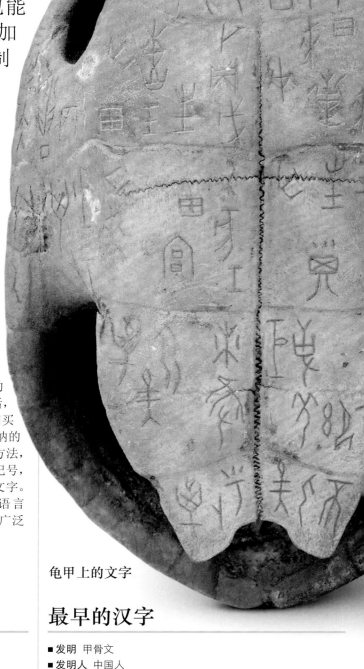

龟甲上的文字

书写材料

- **发明** 纸莎草纸
- **发明人** 埃及人
- **时间地点** 公元前3000年，埃及

埃及人研制出一种比泥板更好用的书写材料。这种书写材料是用纸莎草的内茎做成的。他们把纸莎草茎的外皮去掉，然后切成条，编成片，打湿后晒干，用芦苇笔蘸着墨在上面写字。

埃及人写的是象形文字。

最早的汉字

- **发明** 甲骨文
- **发明人** 中国人
- **时间地点** 约公元前1200年，中国

在中国古代，人们占卜时把问题刻在兽骨（通常是牛骨）和龟甲上，然后把兽骨或龟甲加热，直到上面出现裂痕。占卜者通过解读裂痕图案得出占卜的结果。甲骨上的文字代表语义，不代表语音，这是目前所知的最早的汉字。

最早的语音文字

- ■ 发明 字母
- ■ 发明人 腓尼基人
- ■ 时间地点 约公元前1500年，地中海地区

腓尼基人是古地中海地区的生意人。他们发明了字母文字——一种比楔形文字和埃及象形文字简单的书写系统。腓尼基字母共有 22 个，是世界上最早记录语音的书写符号。

这是刻在一个圆柱形底座上的腓尼基字母，大约刻于公元前600～前500年。

造纸术

- ■ 发明 蔡侯纸
- ■ 发明人 可能是蔡伦
- ■ 时间地点 105年，中国

在纸出现以前，人们主要在木头、兽皮或织物等材料上写字。东汉蔡伦是造纸术的重大改革者。他把植物纤维捣成浆，压制晾干后造出一种比较便宜轻便的书写材料。

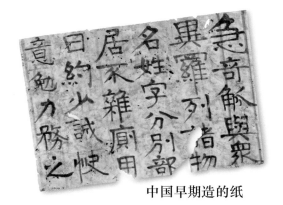

中国早期造的纸

书写工具

- ■ 发明 羽毛笔
- ■ 发明人 未知
- ■ 时间地点 约500年，欧洲

直到 20 世纪初，鹅和天鹅等大型鸟类的羽毛一直被用作书写工具，用了几百年。这种笔握着很轻，修整后削尖的笔尖很好写字。中空的羽轴里装墨水。

大部分人会将下方的羽毛拔掉，这样握笔更方便。

削尖的笔尖

最早的印刷品

- ■ 发明 雕版印刷
- ■ 发明人 中国人
- ■ 时间地点 600年，中国

雕版印刷是把图文镜像雕在一块木板上。木板上墨后印到纸上，印出来的内容就变成正的了。这种技术最早主要用于印佛经，之后推广到印刷所有书籍。

现存最古老的标有年代的印刷品——《金刚经》（局部），868年，中国印制

张衡

张衡是中国历史上最伟大的科学家之一，他曾两度担任太史令（掌管天文历法等事务的官员），在天文学上取得过卓越的成就。不仅如此，张衡还是著名的文学家和思想家。

▼ 地动仪
张衡最著名的发明是地动仪，又称候风地动仪，据说可以显示发生地震的方位。

漏水转浑天仪

浑天仪是一种由许多同心圆环组成的仪器，用于了解天体的运行情况。张衡的创意在于用水车带动浑天仪的圆环转动。

圆环位置反映了天体的运动。

每个龙头朝向不同的方位。

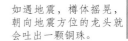
地动仪复原模型，2004年

铜樽

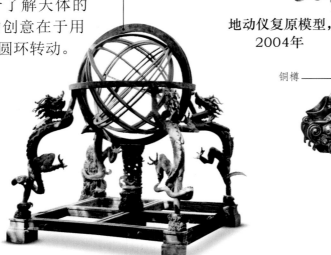
张衡浑天仪复原模型

如遇地震，樽体摇晃，朝向地震方位的龙头就会吐出一颗铜珠。

小人总是指向设定的方位。

指南车

张衡可能还制造过一种指示方位的装置。这是一种双轮车，车上面有个木头小人，小人可以指向任何方位。车中装有一套复杂的齿轮系统，不管车往哪边走，小人总是指向出发前设定的那个方位，类似于指南针。

指南车模型

生平			
公元78年	**公元95年**	**公元108年**	**公元111年**
张衡出生在今河南省南阳市卧龙区石桥镇。幼年丧父。	张衡离开家乡来到东汉都城洛阳，进太学学习。	担任地方官期间，张衡开始发表天文学和数学方面的著作。	皇帝征召张衡到洛阳朝廷任职。

饱学之士

张衡在机械装置方面的成就为后世许多中国学者、发明家所敬仰。他的天文学研究和观测成果同样受到敬重。他编制了一部收录 2500 颗星星、120 多个星座的名录。这张图画的是张衡和他发明的地动仪（图中的地动仪参考了 1951 年的展览模型）。

约公元118年	时间不详	公元132年	公元138年
张衡设计制造了漏水转浑天仪。发表《灵宪》，力图解答天地的起源和演化问题。	张衡制造了装有计程装置的记里鼓车。	张衡向朝廷介绍他最重要的一项发明——地动仪。	张衡辞官回家，在南阳小住。后来他又应召到都城任职。公元 139 年逝世。

开创现代社会

自工业革命以来，科技突飞猛进。从蒸汽机到机器人，一项项发明改变了我们生活、工作和娱乐的方式。

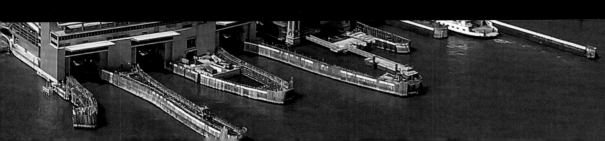

工具

18世纪60年代工业革命开始以后，老式工具锤子和凿子已经无法满足生产需求，急需新型的工具。后来，使用金属等新材料制成的工具出现以后，生产规模扩大了，产量提高了，但也要求工具具有更大的功率、更快的速度和更高的精密度，这些是人工无法实现的。

圆锯机

以前，原木都是用直锯手工来回移动锯开的。这种方式速度慢，效率低。1813年，美国人塔比莎·巴比特首次将水动圆锯机引入一家锯木厂。

螺纹车床

车床让金属（工件）对着车刀旋转，把金属件切成圆形或者切出螺纹。这种活儿本来是由人手工完成的，但18世纪90年代，英国人亨利·莫兹利发明了螺纹车床，车刀由车床上的一个螺杆移动。

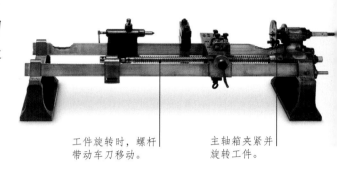

工件旋转时，螺杆带动车刀移动。

主轴箱夹紧并旋转工件。

工人把木材朝圆锯推过去。圆锯机需要的动力比手工锯大，但锯起来快得多。

蒸汽锤

英国工程师伊桑巴德·金德姆·布律内尔开始研制"大不列颠"号蒸汽机船的时候，发现要为蒸汽机船的明轮锤打出巨大的轮轴，只靠人工是办不到的。苏格兰工程师詹姆斯·内史密斯想出了一个办法，那就是用巨型蒸汽锤。1840年，内史密斯制造了第一台蒸汽锤，1842年获得专利。

工人们把一块烧红的铁送进蒸汽锤，蒸汽锤把铁打成所需的形状。

钳口大小可通过下方的旋转螺丝来调节。

活动扳手

活动扳手有一个活动钳口，能拧转不同规格的螺栓和螺母。据说这种扳手是英国农业工程师理查德·克莱伯恩于1842年发明的，当时他正在英国格洛斯特的一家铁厂工作。

扳手力

人们在转动扳手的时候所用力的大小与扭矩有关。用力点离旋转点（螺母）越远，扭矩越大，扳手越容易转动。

在扳手末端用力。

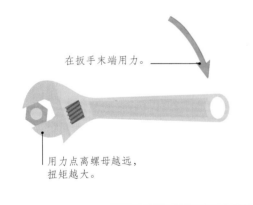

用力点离螺母越远，扭矩越大。

水平仪

液体中的气泡总是升到最高点。在向上弯曲的水准管中，气泡会停在中间。法国科学家梅尔基塞代克·泰弗诺发现了这个现象，1661年，他发明了第一个水平仪。从此以后，水平仪就成了建筑工人的好帮手，保证他们的施工符合水平或垂直标准。

先让金属熔化，这样冷凝的时候就能焊接在一起。

电弧焊

自古以来，铁匠就用集中加热的方式锻焊金属。1881年，法国发明家奥古斯特·德梅里唐发明了一种叫作电弧焊的方法，即用电弧产生的高温熔化金属，金属冷凝时就可以焊接在一起。

用黄色液体好辨认。

现代水平仪能显示是否垂直或水平，以及倾斜的角度

工具车间

19~20 世纪见证了帮助我们更快、更准确、更有效工作的各种工具的发展。这些工具为住宅装修带来了革命性的变化，使得测量可以很精确，加固物件也很安全。工业上，计算机控制和激光的使用为新的和改良的切割工具的诞生铺平了道路。

袖珍卷尺

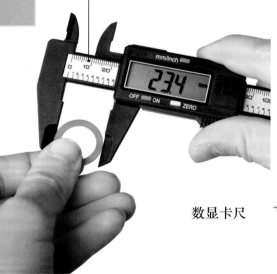

尺子的测量结果在电子显示屏上显示出来。

数显卡尺

卷尺

- ■ **发明** 可伸缩式袖珍卷尺
- ■ **发明人** 威廉·H. 班斯
- ■ **时间地点** 1864年，美国

可伸缩式袖珍卷尺可以放进口袋或工具包里，但它的尺带相当长，可以测量好几米的距离。按下锁定按钮，可以将拉出尺盒外的一节尺带卡住。解除锁定，尺带会被弹簧拉进盒中并盘绕起来，便于存放。

测微器

- ■ **发明** 螺旋测微器
- ■ **发明人** 让·帕米尔耶
- ■ **时间地点** 1848年，法国

卡尺是用来测量物体两边之间的距离的。1848 年，让·帕米尔耶获得螺旋测微器专利，这种卡尺利用螺纹的螺距可以精确测量很小的物体。把物体放在固定的测砧和测微螺杆之间，顺时针旋转测微螺杆，这样就可以非常精确地知道螺杆前移了多少。今天的卡尺多用电子显示屏显示测量结果。

无线手电钻

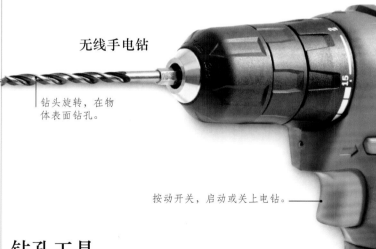

钻头旋转，在物体表面钻孔。

按动开关，启动或关上电钻。

钻孔工具

- ■ **发明** 电钻
- ■ **发明人** 阿瑟·詹姆斯·阿诺特和威廉·布兰奇·布雷恩
- ■ **时间地点** 1889年，澳大利亚

阿瑟·詹姆斯·阿诺特和威廉·布兰奇·布雷恩发明了第一台由电动机驱动的钻，比原有的钻转速更快，效率更高，但携带不便。不过在 1895 年，德国人威廉·法因和卡尔·法因兄弟俩就发明了手持便携式电钻。

扳手

■ **发明** 内六角扳手
■ **发明人** 威廉·G.艾伦
■ **时间地点** 1910年，美国

内六角扳手是美国艾伦制造公司于1910年发明的，用于拧转内六角的螺栓和螺钉，又称艾伦扳手。内六角扳手可以把螺钉拧进要加固的物体中，使物体表面保持平滑。

不同规格的内六角扳手

螺丝刀

■ **发明** 十字螺丝刀
■ **发明人** 亨利·F.菲利普斯和托马斯·M.菲茨帕特里克
■ **时间地点** 1936年，美国

20世纪30年代，亨利·F.菲利普斯和托马斯·M.菲茨帕特里克发明了十字螺钉和十字螺丝刀。十字螺钉在汽车自动化装配线上特别有用，能承受更大的扭力，可以拧得更紧更牢固。十字螺丝刀顶部是十字形，正好可以把十字螺钉拧紧。

十字形刀头正好可以嵌进十字螺钉，拧起来很方便。

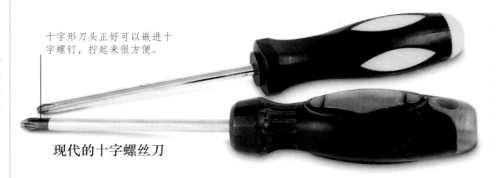

现代的十字螺丝刀

计算机控制的切割机

■ **发明** 数控铣床
■ **发明人** 约翰·T.帕森斯
■ **时间地点** 20世纪40年代，美国

所谓铣，就是使用圆形的旋转刀具沿不同方向切割材料，将材料切成各种形状的过程。19世纪初铣床就已经出现了，但直到20世纪40年代，工程师约翰·T.帕森斯才首次提出用计算机控制铣削过程的构想。数控铣床比手动铣床切割得更精确。

水冷数控铣刀

激光切割机

■ **发明** 二氧化碳激光器
■ **发明人** 库马尔·帕特尔
■ **时间地点** 1964年，美国

激光能产生一种高度集中的狭窄光束，是20世纪60年代初发明的。1964年，工程师库马尔·帕特尔发现二氧化碳气体能产生一种激光。这种光很强很热，能割断金属。二氧化碳激光至今依然广泛运用于切割和焊接，也用于精细的外科手术，如眼科手术。

水准仪

■ **发明** 激光水准仪
■ **发明人** 罗伯特·根霍
■ **时间地点** 1975年，美国

激光水准仪可以投射水平的和垂直的光束，然后用来和工作面做比较。激光水准仪常用于建筑业。有了它，建筑工人才能确保自己是在水平的工作面上或沿直线施工。

建筑工地上的激光水准仪

金属激光切割机

粮食供给

每一项发明，无论是狩猎工具还是计算机，如果我们没有一个健康的身体来使用它们，它们都将毫无用处。食物是人类生存的必需品。随着地球人口的不断增长，人类必须找到有效的办法，生产出更多有营养的食品，此事已变得越来越重要。

罐装食品

罗马人把食物保存在内壁涂有防腐的锡的容器里。1810年，法国人尼古拉·阿佩尔研制出锡罐为拿破仑的军队保存食物。上图这种罐头是1823年为英国人的一次航行而制作的，里面装的是烤牛肉。

播种机

在过去，种庄稼一直是一项非常繁重的劳动，农民要在田里辛辛苦苦地手工播种。1701年，英国人杰思罗·塔尔发明了播种机，从此农民再也不用那么辛苦了。这种播种机由一匹马拉着，先犁出一道道整齐的沟，再把种子撒在里面。事实证明，这样播种效率非常高。

很多农民赶着来看塔尔的播种机播种。

这是一个现代水培农场。这名工人小心地将幼苗移植到空盆里。

在英国，直升机为土豆喷洒杀虫剂

虫害防治

1939 年，瑞士化学家保罗·米勒发现了一种含氯的化学品，俗称滴滴涕（DDT），可以杀灭害虫，而且对恒温动物没有什么影响。多年来，DDT 广泛应用于农业。不过今天，它已经被更有效、更安全的杀虫剂替代。

水培

1929 年，美国研究人员威廉·格里克用富含营养的矿物质和水混合，栽培出 7.6 米长的番茄藤。这种不用土壤种植植物的方法叫作水培。20 世纪 30 年代，在太平洋一座没有土壤的岛屿——威克岛上，人们就用这种方法种植蔬菜，为在此地加油的客机提供补给。今天，美国国家航空航天局正在做水培试验，培育将来可以在火星上种植的植物。

哇哦！

全球将近30%的人口从事农业。农业是世界第一大产业。

化肥

1909 年，德国化学家弗里茨·哈贝尔从空气中提取氮气生成氨，用于生产植物肥料。另一位德国化学家卡尔·博施将这一方法加以改良，使氨能在大型工厂（见上图）进行大规模生产。从此以后，全世界粮食产量大幅增加。

转基因作物

1969 年，美国生化学家发现可以把一种有机体的基因剪接到另一种有机体上，从而改变生物的一些特征，比如添加更多的味道。第一种获批上市的转基因作物是转基因番茄，是美国卡尔琴公司1994 年生产的。目前，世界上对于转基因作物还有很多争议。

田间劳动

人们一直希望通过发明创造提高农耕效率。如果说早期最大的变革是犁的使用，那么紧随其后的重大发明就是发动机。发动机的动力比马大得多，可以驱动拖拉机、联合收割机等各种重型农业机械。

脱粒机

- 发明 蒸汽动力脱粒机
- 发明人 海勒姆·皮特和约翰·皮特
- 时间地点 1837年，美国

农民以前都是手工脱粒：用棍子打收割下来的麦子，将麦粒与秆、壳分离开来。1786年，苏格兰技师安德鲁·米克尔发明了一种快速脱粒的机器。这种脱粒机由水车提供动力。1837年，美国的海勒姆·皮特和约翰·皮特发明了世界上第一台由蒸汽机提供动力的脱粒机。

麦考密克发明的收割机

机械收割机

- 发明 马拉收割机
- 发明人 帕特里克·贝尔
- 时间地点 1826年，英国

如果没有机械帮助，收割就需要大量人手。1826年，苏格兰农民帕特里克·贝尔发明了一台用马拉的庄稼收割机。几年后，美国人赛勒斯·麦考密克发明了一台类似的机器，1834年申请了专利，卖出几千台。

脱粒机，1860年

拖拉机

- 发明 蒸汽动力拖拉机
- 发明人 查尔斯·伯勒尔
- 时间地点 1856年，英国

18世纪90年代，农场上已经开始使用固定式蒸汽机带动脱粒机。1856年，英国人查尔斯·伯勒尔发明了第一台实用的蒸汽动力拖拉机，这台拖拉机可以在农场崎岖不平的地面上行驶。

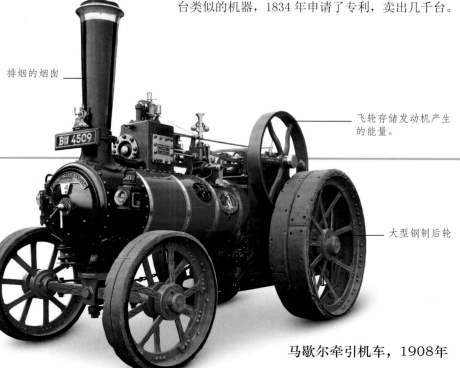

排烟的烟囱

飞轮存储发动机产生的能量

大型钢制后轮

马歇尔牵引机车，1908年

防牛围栏

- **发明** 带刺铁丝网
- **发明人** 约瑟夫·格利登
- **时间地点** 1874年，美国

带刺铁丝网发明以后，降低了围地成本，使大规模养牛变得更加切实可行，因为修铁丝网比建木栅栏省钱省事得多。1868年，美国人迈克尔·凯利首创带刺铁丝网的基本设计，后由约瑟夫·格利登加以改进，于1874年申请了专利。得益于格利登的发明，美国的大平原变成了赚钱的农业区。

尖锐的铁刺使牲畜不敢靠近。

轻型拖拉机

- **发明** 艾威拖拉机
- **发明人** 丹·奥本
- **时间地点** 1903年，英国

艾威（Ivel）拖拉机是英国制造商、发明家丹·奥本发明的，它是第一台成功替代马匹的拖拉机。据描述，这是一台由汽油提供动力的轻型通用农业拖拉机。

联合收割机

- **发明** 自行式联合收割机
- **制造商** 霍尔特制造公司
- **时间地点** 1911年，美国

现代联合收割机

1836年，美国人海勒姆·摩尔发明了第一台联合收割机，并申请了专利。这台机器用马拉，兼有收割、脱粒和扬谷的功能。1911年，美国加利福尼亚州霍尔特制造公司生产了第一台自行式联合收割机。

作物喷洒无人机

- **发明** MG-1农业植保机
- **制造商** 大疆创新公司
- **时间地点** 2015年，中国

长期以来，农民使用飞机为农作物喷洒杀虫剂，但价格昂贵。用无人机"撒粉"，既便宜又高效。2015年，中国无人机公司大疆创新展示了一款叫作"MG-1农业植保机"的作物喷洒无人机，续航时间为12分钟。

汽油拖拉机

- **发明** 弗勒利希拖拉机
- **发明人** 约翰·弗勒利希
- **时间地点** 1892年，美国

1892年，约翰·弗勒利希发明了一台以汽油机为动力的农用拖拉机，但不大成功，而他1914年设计的一款机型却受到好评。美国约翰迪尔公司看好它的潜力，买下了弗勒利希的发明。

弗勒利希发明的拖拉机，1892年

打捆机

- **发明** 纽荷兰打捆机
- **发明人** 埃德温·诺尔特
- **时间地点** 1937年，美国

早期机器可以把草压紧，但还需要农民手工捆扎打包。1937年，美国农民埃德温·诺尔特发明了一台自动打捆机。他的创意被纽荷兰机械公司采纳并投入生产。

一台拖拉机拉着一台现代打捆机

中国作物喷洒无人机，2017年

建筑

在人类历史的大部分时期中，建造主要是一层一层往上堆东西，不是砖就是石头，最后建成一座房屋。木头通常拿来做房顶。19世纪出现了新材料，首先是铁，然后是钢、混凝土和平板玻璃，这样就可以建造新型结构的房子了。工程师可以更快地建造更明亮、具有更多功能的建筑。最重要的是，他们可以建造很高很高的建筑物。

铁桥

1779年，英国人亚伯拉罕·达比建造了世界上第一座铁桥（见上图）。这座桥是由英国建筑师托马斯·普里查德设计的。过去，铁是一种昂贵的材料，无法大规模使用，后来新的生产方法降低了铁的价格。这座铁桥横跨英格兰什罗普郡的塞文河，跨度为30.5米，至今还在使用。

钢结构比石头或砖结构坚固得多，可以建更高的建筑。

哇哦！

阿联酋迪拜的哈利法塔是世界第一高楼，高828米，层数超过160层。

高层建筑工人用螺栓把钢梁连在一起，形成摩天大楼的支撑结构。

钢结构

钢的成分主要是铁，再加一点碳，比纯铁要坚固得多。古时候，中国和印度就有钢铁业。但直到1856年，英国人亨利·贝西默发明了一种廉价生产大量钢的工艺，钢才成为热门材料。直到20世纪60年代，钢材一直被用来制造船只、房屋和盔甲。

安全升降机

19世纪50年代，美国人伊莱沙·奥蒂斯在纽约展示了首部载客安全升降机。这种升降机消除了建高楼的一大顾虑——楼梯太多。

上楼

第一部扶梯是美国工程师杰西·雷诺发明的，不过只是一个倾斜的自动走道。乔治·惠勒为扶梯加装了折叠式台阶。这种扶梯由美国奥的斯电梯公司销售，1901年开始出现在一些商店中。左图为美国波士顿的一部扶梯。

幕墙

早期的钢结构建筑仍需支撑沉重的石墙或砖墙。然而，1918年出现了用挂在钢结构上的轻型钢和玻璃做的墙，这就是幕墙。

德国德绍的包豪斯校舍用的就是幕墙

▲ 摩天大楼

工人们在做帝国大厦的收尾工作，纽约的天际线持续上升。1931年，这座102层钢结构的摩天大楼竣工并投入使用。世界上第一座钢结构高楼是美国芝加哥的一座10层楼，1885年竣工。帝国大厦比这座楼高得多。

阿尔弗雷德·诺贝尔

阿尔弗雷德·诺贝尔是瑞典化学家、工程师，他最为人熟知的发明是炸药以及其他一些更具威力和破坏性的爆炸物。直到今天，他的发明还在造福人类，用于露天矿爆破，修建运河、铁路和公路。他的美名流传至今。享有盛誉的诺贝尔奖每年颁发若干类别的奖项，其中还有和平奖。

制作炸药

1867 年，诺贝尔获得炸药专利。这种炸药叫作"达纳炸药"，它比以前的炸药更易于操作，也更加安全。上图是当时世界上主要的炸药厂之一，位于苏格兰的阿德罗森。

爱好和平的人

1888 年，一家报纸错误地报道了诺贝尔逝世的消息，其实逝世的是他的哥哥。因为他有很多危险的发明，所以讣告称他为"死亡商人"。他担心将来有可能给后人留下这种印象，便立下遗嘱，拿出一大笔钱设立了诺贝尔奖。

炸药的用途

这幅画描绘的是诺贝尔试验炸药时炸掉一艘船的场景。1875 年，诺贝尔又发明了一种爆炸物，叫作炸胶，比达纳炸药威力更大。1887 年，他又拿到无烟火药的专利，无烟火药至今还用作火箭推进剂。

不朽的遗产

诺贝尔奖每年颁发一次，奖励在物理学、化学、生理学或医学领域有杰出成就的人，这些学科也反映了诺贝尔的科学背景。第四种奖项是文学奖；第五种奖项是和平奖，用来奖励为国际和平做出贡献的个人或组织。

生平

1833年	1850年	1864年	1867年
诺贝尔生于瑞典斯德哥尔摩。兄弟姐妹共 8 人，只有 4 个活到成年，而且全是男孩。	诺贝尔到法国巴黎学习，认识了硝化甘油（一种极不稳定的爆炸物）的发明者，决定对硝化甘油加以改进。	不幸的是，配制硝化甘油的棚子发生事故，炸死 5 个人，其中包括诺贝尔的弟弟。	诺贝尔坚持试验，最终制成了达纳炸药，并在英国和美国申请了专利。

桌前
照片中的诺贝尔坐在实验仪器旁。他是化学家，也是实业家。发明炸药以后，他从炸药的生产和销售中积累了大笔财富。

带有很长引线的炸药棒

1875年	1888年	1896年
诺贝尔发明了炸胶。这是一种可塑爆炸物，使用和存储起来比之前的炸药更安全，也更有威力。	哥哥卢德维格去世。各家报纸错误地刊发了阿尔弗雷德·诺贝尔去世的讣告，称他为"死亡商人"。	诺贝尔在意大利圣雷莫突发心脏病逝世，享年63岁。他生前立下遗嘱，用其大部分财富设立了后来被称作诺贝尔奖的奖项。

工业革命

大约在 1750~1850 年，英国从一个农业国变成世界头号工业强国。制衣业是英国最赚钱的行业。当时，许多工人从农场来到有蒸汽机的新工厂，这段时期就叫作工业革命。

哇哦！

并不是所有人都欢迎工业革命。卢德分子就是一些破坏机器、抗议革新的工人。

蒸汽机

蒸汽是世界上第一个强劲的动力源。1712 年，英国工程师托马斯·纽科门在托马斯·萨弗里早先发明的蒸汽泵的基础上，制造了第一台蒸汽机（见第 56 页）。然而，纽科门的蒸汽机热效率不高，直到 1769 年苏格兰人詹姆斯·瓦特对其加以改进，并为自己的机器（见右图）申请了专利，蒸汽机才被用来为机械提供动力。

活塞杆

汽缸里的蒸汽推动活塞，活塞通过活塞杆与横梁末端连接。

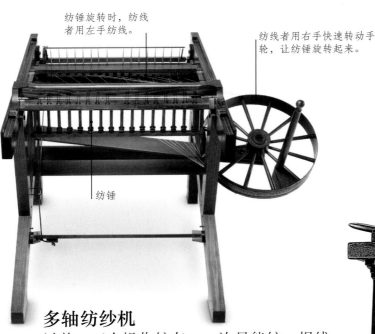

纺锤旋转时，纺线者用左手纺线。

纺线者用右手快速转动手轮，让纺锤旋转起来。

纺锤

多轴纺纱机

以前，工人操作纺车，一次只能纺一根线。1764 年，詹姆斯·哈格里夫斯发明了多轴纺纱机（又称珍妮纺纱机），可以同时纺好几根线。这种纺纱机和蒸汽机一道，推动了英国工业革命。

动力织布机

第一台动力织布机的发明者是埃德蒙·卡特赖特，他是一位英国牧师。他意识到如果使用由动力驱动的织布机，织布效率将大为提升。1785 年，他发明的第一台动力织布机还很粗糙。不过到了 1787 年，他已做了很大改进，并在英国唐卡斯特开了家织造厂。这幅画描绘的是 19 世纪 30 年代一家繁忙的织造厂。

由蒸汽带动的皮带驱动织布机。

织好的布会卷到滚筒上。

横梁将活塞运动产生的能量传递到飞轮上。

飞轮获得能量，这样蒸汽机就能运行了。

液压机

约瑟夫·布喇马是一位发明家，他发明了锁，改进了厕所设计，后来开始转向改进制造工艺。1795 年，他发明了通过液体传递压力的液压机。直到今天，液压机还是工厂中最实用的设备之一，无论是制作金属板材，还是生产医用药片，都用得上。

手动液压机

制瓶机

迈克尔·欧文斯 10 岁辍学，当了一名吹制玻璃的工人。1903 年，他自己开了家公司，研制制瓶机。他发明的制瓶机使标准化的瓶子首次得以批量生产，为可口可乐等公司供货。

现代制瓶厂

智能生产线

有些工厂，比如英国考利这家迷你汽车厂，使用可以在无人监督下运行数周的智能机器人。以前，把底盘和汽车其他部件焊接起来的工作是由工人做的。如今，这种工作都是由机器人来完成。机器人之间还可以互相通信，调整自己的工作流程。

开动机器

自工业革命以来，工程师和企业家就一直致力于用各种材料和机器获得动力。蒸汽、天然气、石油和电轮番登场，为许多创新发明铺平了道路。事实上，如果没有这些能源，交通、照明、制热和建筑领域的突破是无法实现的。

纽科门的蒸汽机模型　蒸汽在汽缸中凝结，气压推动活塞下行。

水在锅炉里加热，蒸汽把活塞顶起。

蒸汽机

1712 年，英国工程师托马斯·纽科门发明了蒸汽机，当时他可能并不知道蒸汽机有多重要。他的装置是用来从矿井里抽水的，后来被詹姆斯·瓦特（见第 52~53 页）改进，并由此出现了蒸汽机车。蒸汽机推动了工业革命，改变了世界。

煤气

苏格兰工程师威廉·默多克曾在英格兰康沃尔地区的矿区工作，负责检修蒸汽机。加热煤炭的副产品是煤气，默多克想出一个办法，将这种气体收集到罐子（见上图）中，再把它点燃。1792 年，默多克成为第一个用煤气给家照明的人。

原油

古代很多人点油灯照明，但直到 19 世纪中期才有人发现如何从很深的地下抽取石油。波兰发明家伊格纳齐·武卡谢维奇是现代石油工业的先驱者。1856 年，他创办了世界第一家炼油厂。

蓝色梁柱末端连着一个红色的弯曲装置，看起来有点儿像驴头。

▼ 开采石油
这种抽油机叫作"点头驴"。它的驱动梁会上下摇摆，就像驴在点头一样。图中这台位于中亚哈萨克斯坦的一处油田。

公用供电

1882 年，美国发明家托马斯·爱迪生在伦敦开办了世界第一家蒸汽发电厂，为周边街道和企业提供了为期三个月的照明用电。同年稍后，他在美国纽约开设了珍珠街发电厂。

纽约，1882 年

工人检测电缆，然后将其铺设到地下。

发电

早期发电厂发电要用大量的煤。一块块煤投进大型锅炉，产生足够的热能把水变成蒸汽，驱动涡轮，然后产生电能。后来，石油代替了煤，用石油发电造成的污染比煤小。

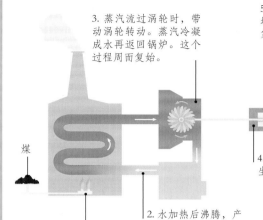

3. 蒸汽流过涡轮时，带动涡轮转动。蒸汽冷凝成水再返回锅炉。这个过程周而复始。

5. 电能被电线和输电塔输送出去，进入千家万户和各个公司。

4. 发电机将涡轮转动产生的动能转变为电能。

煤

2. 水加热后沸腾，产生蒸汽。蒸汽在锅炉里流动。

1. 煤燃烧时释放热量。

电力

塞巴斯蒂安·费兰梯是英国工程师，他是电力领域的开拓者。1887 年，他受聘于新成立的伦敦电力供应公司，设计出世界第一家现代发电厂。这个发电厂位于英国伦敦的德特福德。

德特福德火电厂，1890 年

柱塞在油井里上下移动，把油吸到地面。

德国布罗克多夫核电站

核能

1923 年，科学家发现"分裂"原子会释放巨大的能量。1951 年，美国首次用核反应堆发电。1954 年，苏联一家核电站率先为某一电网发电。

可再生能源

石油、天然气等化石燃料为世界提供了动力，但这些能源不是无限的。不断使用化石燃料还会产生空气污染等严重的环境问题。因此，人们越来越多地把注意力转向风、水和太阳，希望能找到更具可持续性的、破坏性较小的能源。

现代太阳能路灯

太阳能

■ **发明** 太阳能供电设备
■ **发明人** 奥古斯丁·穆肖
■ **时间地点** 1869年，法国

数学老师奥古斯丁·穆肖相信煤炭资源终会枯竭。1860年，他开始尝试用太阳能生热。1869年，他在巴黎展示了一台太阳能蒸汽机。可惜，煤炭一直很便宜，产量也大，穆肖的研究没有什么人关注。

水能

■ **发明** 水力发电机
■ **发明人** 威廉·阿姆斯特朗
■ **时间地点** 1878年，英国

英国人威廉·阿姆斯特朗钓鱼时看到一架水车，他突然意识到水车只利用了一小部分水能。阿姆斯特朗在他家附近的河上筑坝造湖，使他家成为世界上第一户用水力发电机供电的人家。

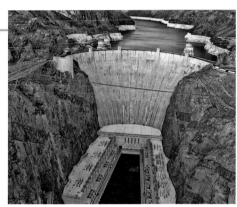

1936年建成的美国胡佛水坝就是利用水力进行发电的

冰岛地热厂

风能

■ **发明** 风力机
■ **发明人** 詹姆斯·布莱思
■ **时间地点** 1887年，苏格兰

詹姆斯·布莱思造了架风车，连上电动机给家里供电。他提出给村里的一条主干道供电，但村里人认为这种奇怪的灯光是魔鬼在捣乱。后来，他建了一台比较大的风力机，为附近镇上的一家医院供电。

地热能

■ **发明** 地热发电机
■ **发明人** 皮耶罗·吉诺里·孔蒂
■ **时间地点** 1904年，意大利

自1892年以来，罗马人一直用温泉为他们的建筑供暖，美国爱达荷州博伊西的居民也是这样。1904年，皮耶罗·吉诺里·孔蒂首次在意大利的拉尔代雷洛展示了地热发电机。1911年，该市建立了第一家商业地热发电厂。

布莱思的风车用的是水平风帆，而不是垂直风帆。

布莱思的发电风车

风力发电

- ■ 发明 风电场
- ■ 制造商 美国风能公司
- ■ 时间地点 1980年，美国

从1927年起，美国雅各布斯公司就一直生产用来发电的风力机。然而，这些风力机只是个别地用于边远地区的农场。1980年，美国风能公司在新罕布什尔州的分叉山某处安装了20台风力机，使这里成为世界上第一个风电场。

现代风电场

把这台涡轮机安装在水下，它的巨型叶片就能旋转发电。

AK1000型涡轮机在苏格兰亮相

潮汐能

- ■ 发明 潮汐电站
- ■ 制造商 法国电力公司
- ■ 时间地点 1967年，法国

潮汐磨坊自中世纪就已经存在了。现代潮汐能主要是用来发电。其基本方式是：涨潮时水库蓄水，退潮时放出蓄起来的水，从而带动潮汐涡轮机发电。1967年，世界第一家大型潮汐电站在法国投入使用。这座发电站的大坝建在朗斯河上，长750米。

零碳城市

- ■ 工程 马斯达尔城
- ■ 建造机构 阿布扎比市政府
- ■ 时间地点 2030年（计划），阿联酋

阿联酋首府阿布扎比郊外的马斯达尔市正在施工，这里计划建成世界上第一座仅使用可再生能源的城市。城里没有燃油汽车，建筑物之间开通无人驾驶的电动载人班车，班车上应用了最新智能的可持续技术。该工程于2006年启动，预计2030年完成。

▲沉思

特斯拉在实验室中沉思。除了是一位发明家，他还会8门语言。

生平

1856年	1882年	1884年	1887年
特斯拉出生在今克罗地亚的斯米利扬。他说自己出生的时候电闪雷鸣。	特斯拉住在法国巴黎，在美国发明家托马斯·爱迪生创办的大陆爱迪生公司工作。	特斯拉移居美国，口袋里只有4美分、几首心爱的诗和一架飞行器的计算结果。	特斯拉研制出可替代直流电动机的交流感应电动机，这种电动机不久便成了使用最广泛的电动机。

尼古拉·特斯拉

天才发明家尼古拉·特斯拉制造了第一台利用交流电有效运行的电动机，试验过 X 射线，展示过一艘无线电遥控船。他一生中约有 300 项专利，但最后几乎身无分文。

开创现代社会

感应电动机

1887 年，特斯拉研制出一种能使用交流电的感应电动机（见下图），这种电力系统在长距离高压电传输上比现有的直流电要高效。后来，国际上就采用交流电为家庭供电。

不幸的天才

特斯拉说他有过目不忘的本领，他的很多想法都非常完善。然而，他做生意并不精明。爱迪生移居美国纽约以后，聘请了年轻的特斯拉，提出如果特斯拉能改进电动机的设计，就奖给他 5 万美元。特斯拉拿出新的设计找爱迪生要钱，爱迪生却说只是跟他开个玩笑。

转子

定子产生旋转磁场带动转子。

亮起来

特斯拉联合他的资助方西屋电气公司与爱迪生各自推广自己的电力系统，展开了一场"电流之战"。1893 年，特斯拉在美国芝加哥举办的世界博览会（见左图）灯光工程招标中胜出。他的成功证明了交流电是可靠的。

1891年

特斯拉发明特斯拉线圈。特斯拉线圈后来广泛应用于无线电技术中。

特斯拉线圈，1895年

1898年

特斯拉在纽约麦迪逊广场花园公开展示了使用无线电信号的遥控船。

1943年

特斯拉在纽约逝世，享年86 岁。他研制的交流电系统一直应用在全世界电力传输中。

塑料

最早的塑料是 1856 年由英国发明家亚历山大·帕克斯发明的，是用一种叫作"帕克辛"的植物性材料做成的，这种材料就是后来的赛璐珞。20 世纪 20 年代，化学家从石油中提炼出塑料，这使得各种各样的塑料产生，如聚乙烯。不幸的是，塑料降解需要几百年，致使垃圾填埋场和海洋里存在大量塑料垃圾。

赛璐珞

19 世纪 50 年代，亚历山大·帕克斯研制出一种以纤维素为主要成分的塑料，也就是后来的赛璐珞。这种塑料透明柔软，容易塑形，可以做成很多东西，比如电影胶片、厨房用具等。然而，赛璐珞非常易燃，引发了很多事故，所以现在很少用了。

赛璐珞最早是用来做台球的。今天，用来做台球的是另一种更安全的塑料。

酚醛树脂

1907年，出生于比利时的美国化学家利奥·贝克兰用煤焦油中的化学物质做成一种塑料。他把这种塑料称为酚醛树脂。酚醛树脂跟以前的塑料不同，加热后更硬，不会熔化。

用酚醛树脂做的旋转号盘电话机，20世纪40年代

华莱士·卡罗瑟斯

1934年，美国化学家华莱士·卡罗瑟斯生产出一种叫作尼龙的塑料。这种革命性的新材料可以织成细布，也能编成像钢丝一样结实的绳子。尼龙很细，而且耐用，可以用于制造很多种物品，如丝袜、吉他弦等。

聚苯乙烯

使用聚苯乙烯的历史可以追溯到19世纪30年代，但首次商用是在20世纪30年代。聚苯乙烯主要有两种：一种是硬的，为通用级聚苯乙烯；一种是轻型的，叫作发泡聚苯乙烯。硬的用来做酸奶盒等物品，轻的是很好的包装材料，尤其适合做蛋盒（见左图）。

塑料瓶

1947年，塑料瓶开始用于商业，然而并不常见。直到20世纪60年代，塑料瓶的生产成本随着塑料产业的发展而降低，情况才有所改观。从那以后，塑料瓶就越来越普遍了，因为塑料很轻，而且不像玻璃那样易碎。

▶ 实用的塑料
今天的塑料瓶有各种形状和各种规格，能装很多东西，如水、碳酸饮料等。

番茄酱挤压瓶

这种方便的番茄酱瓶是美国多产的发明家斯坦利·梅森发明的。梅森还有很多现代生活必需品的发明专利，如一次性尿布和牙线分配器。1983年，他发明的番茄酱挤压瓶首次被亨氏食品公司生产出来供家庭使用。

人造材料

自古以来，人类就用石头、黏土和木头等天然材料制造物品，用于狩猎、烹饪等日常事务。在现代社会，化学和工程技术的进步，已使我们能够生产人造材料，如人造丝、玻璃纤维和凯芙拉。这些材料有的硬度高，有的弹性好，而这些独特的品质，又促进了新发明的出现。

硬的地板覆盖物

- 发明 油毡
- 发明人 弗雷德里克·沃尔顿
- 时间地点 19世纪60年代，英国

油毡是英国橡胶制造商弗雷德里克·沃尔顿发明的，这是一种光滑有弹性的地板覆盖物。起初，他做油毡是在布料上涂很多层含有亚麻籽油及其他成分的物质，这些物质和空气发生反应后形成厚厚的坚硬的涂层。以前油毡没有花纹，直到20世纪30年代才增加了装饰性设计。

合成纤维

- 发明 黏胶人造丝
- 发明人 查尔斯·克罗斯、爱德华·贝文和克莱顿·比德尔
- 时间地点 1892年，英国

三位英国科学家查尔斯·克罗斯、爱德华·贝文和克莱顿·比德尔利用他们在肥皂和纸张生产上的经验，发明了黏胶法。这种工艺利用纤维素（一种从绿色植物中提取的有机化合物），通过化学处理，生产出一种类似蚕丝但成本较低的合成纤维。

制造带夹层的防碎的汽车挡风玻璃

夹层玻璃

- 发明 三层玻璃
- 发明人 爱德华·别奈迪克
- 时间地点 1903年，法国

法国化学家、艺术家爱德华·别奈迪克在实验室里把一只玻璃烧瓶碰到地上。瓶子碎了，但奇怪的是玻璃碎片还连在一起，大致还保持着瓶子的形状。他发现烧瓶上的一些硝酸纤维素（液体塑料）留下了一层薄膜，把玻璃碎片粘在了一起。经过进一步试验，他发明了世界上第一块安全玻璃。

美国人造丝生产，
20世纪50年代

玻璃绝缘材料

- **发明** 玻璃纤维
- **发明人** 盖姆斯·斯莱特
- **时间地点** 1932年，美国

盖姆斯·斯莱特在欧文斯伊利诺斯玻璃公司工作时，发现有个办法可以大规模生产玻璃棉，也就是今天的玻璃纤维。这种材料能隔绝空气，是理想的绝缘材料。1936年，斯莱特把玻璃棉和塑料、树脂混在一起，生产出一种坚固轻便的材料，用于建筑行业。

外面有一层玻璃纤维的划艇

弹性运动服

- **发明** 氨纶
- **发明人** 约瑟夫·希弗斯
- **时间地点** 1958年，美国

美国化学家约瑟夫·希弗斯在杜邦公司工作时，一直在寻找一种用来做女装的轻型合成材料。20世纪50年代，他找到了。这是一种有弹性的纤维，他取名叫"spandex"（氨纶），是英文"expands"（膨胀）一词的变体。1958年，他申请了专利，销售的商标叫"莱卡"。

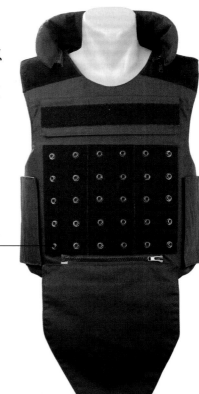

20世纪80年代以来，美国士兵一直身穿这种凯芙拉背心

凯芙拉防弹背心非常结实轻便。

用氨纶做的弹力服是柔韧性好的体操运动员的理想衣着。

结实的保护性塑料

- **发明** 凯芙拉
- **发明人** 斯蒂芬妮·克沃勒克和保罗·摩根
- **时间地点** 1965年，美国

凯芙拉是一种塑料，其强度是钢的5倍，由美国杜邦公司的化学家研制。凯芙拉跟另一种人造材料尼龙有关，但它用了额外的化学物质以增加强度和硬度。凯芙拉最早用于赛车轮胎，现在也用于生产高尔夫球杆和防火服。

柔性电子

- **发明** 柔性电子屏
- **制造商** 塑料逻辑公司
- **时间地点** 2004年，德国

德国科学家研发了一种技术，可以生产一种轻而薄的柔性屏来显示数字信息。目前，这种技术仅用于广告牌、手表及其他可穿戴设备，不过我们可能很快就能用上柔性电脑显示屏（见左图）了。

小常识

- 人造材料通常比天然材料耐用得多。耐用本是个优点，现在却成了环境问题，因为人造材料不易降解。
- 中国材料学家制造出世界上最轻的材料——石墨烯气凝胶，这种材料几乎充满了空气。

买卖

世界经济依靠人们买卖商品和服务。无数发明让买卖更方便，比如收银机、购物车等。在数字时代，购物的方式不断发生巨变，现在我们只需按按鼠标或用智能手机就能购物了。

早期的计算器

1820 年，法国保险代理人托马斯·德科尔马发明了第一台实用加法机，或者叫"四则运算器"。这台机器会计算加减乘除。

四则运算器，约1870年

一个坚固的木盒子保护着机器。

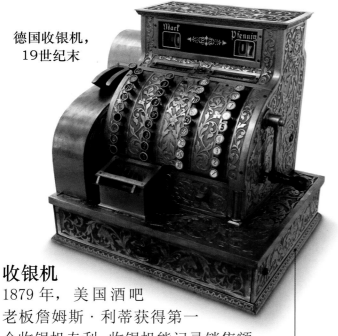

德国收银机，
19世纪末

收银机

1879 年，美国酒吧老板詹姆斯·利蒂获得第一个收银机专利。收银机能记录销售额，防止工作人员往自己兜里装钱。1884 年，煤炭商人约翰·帕特森对这种收银机加以改进，开始销售这种机器。

华丽的金属外壳

超市购物车

1936 年，美国一家超市老板西尔万·戈德曼发现购物者手上能拿多少东西就会买多少东西。于是，他把篮子焊接到折叠椅上，下面再装上 4 个轮子。超市购物车就这样诞生了。

美国人奥拉·沃森发明的现代购物车，
1946年

哇哦！

第一笔真正的电子商务交易发生在1994年8月11日。那天有人从网上下单付款，买了音乐家斯廷的一张唱片。

自动取款机

1966年，一家日本银行推出一款计算机贷款机，插入信用卡就能预支一笔钱。1967年6月27日，巴克莱银行在英国伦敦安装了世界上第一台自动取款机（ATM），又叫作自动柜员机。

第一台自动取款机前人山人海

条形码扫描器

条形码代表一个号码，收款机根据号码能显示产品的详细信息。

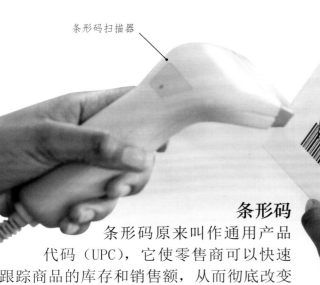

条形码

条形码原来叫作通用产品代码（UPC），它使零售商可以快速跟踪商品的库存和销售额，从而彻底改变了销售方式。第一个在收银台被扫描的条形码是1974年6月26日美国俄亥俄州特洛伊市马什超市出售的10包口香糖的。

扫描商品

比特币

比特币于2009年开始发行，这是一种数字货币，不是以现金形式存在的。它不由银行等金融机构存储和控制，客户之间可以直接交易。

触屏可以让购物者看清自己买了什么再付款。

自助结账

有感于美国佛罗里达州一家商店结账的人排起了长队，戴维·R.亨布尔想出一个解决办法。1984年，他推出了自助结账机。自20世纪90年代，世界各地的超市都开始使用这种机器。事实上，自助结账并不比人工结账快多少，但是零售商喜欢使用自助结账机，因为这比雇人要便宜。

这位购物者正在用信用卡支付，但大多数结账机也收现金

货币

早在公元前3万年，人类就已有了物物交换。公元前600年，金币和银币开始流通。到了10世纪末，纸币在中国出现，叫作交子。在现代，数字货币、信用卡、非接触式卡等新型货币和创新型支付方式得到发展。

小常识

- 美国历史上印制的面额最大的纸币是10万美元。
- 全世界只有8%的钱是现金，其他的钱都只是计算机上的数字。
- 美国国内5美元和10美元钞票的平均使用寿命是4年多。

货币

- **发明** 美元
- **发行机构** 北美银行
- **时间地点** 1785年，美国

在1776年美国独立之后的一段时期里，美国没有统一的货币。1785年，13个州的代表授权发行一种新货币，名叫"dollar"，也就是美元。1792年，美国国会确认美元是美国的标准货币单位。"Dollar"这个词源自德语"thaler"（泰勒），"泰勒"是在欧洲用了将近400年的一种银币。

旅行支票

- **发明** 美国运通旅行支票
- **发明人** 马塞勒斯·弗莱明·贝里
- **时间地点** 1891年，美国

旅行支票是银行发行的一种票据，持有者可以用它在国外购买商品和服务。

1891年，美国运通公司董事长马塞勒斯·弗莱明·贝里推出首套国际旅行支票。旅行支票流行了100年，但随着信用卡、自动取款机和网上支付的广泛使用，用旅行支票的人越来越少。

欧洲使用的旅行支票，20世纪90年代

信用卡

- **发明** 美国银行信用卡
- **发行机构** 美国银行
- **时间地点** 1958年，美国

1950年，大来俱乐部在美国纽约发行了首张信用卡，但只能在少数餐馆使用。1958年9月，美国银行给6万弗雷斯诺居民寄送了美国银行信用卡，这标志着世界首批通用信用卡成功发行。1966年，其他一些银行发行万能卡（MasterCharge），也就是后来的万事达卡（MasterCard）。同年，巴克莱卡在英国发行，这是在美国以外发行的第一批信用卡。

现代信用卡

塑料钞票

- **发明** 澳元纸币
- **发行机构** 澳大利亚储备银行
- **时间地点** 1988年，澳大利亚

以前，纸币都是用棉纸混合物造的。20世纪80年代，澳大利亚的一些机构开始考虑用别的材料造币。1988年，澳大利亚储备银行发行首批塑料钞票。这种钞票很耐用，也很难伪造。

100澳元塑料钞票

家庭银行服务

- **发明** 网上银行
- **研发机构** 斯坦福联邦信用合作社
- **时间地点** 1994年，美国

1981年，网上银行的雏形在美国纽约出现，4家银行（花旗银行、大通曼哈顿银行、化学银行、汉华实业银行）为客户提供了家庭银行服务。客户必须使用可视图文系统——一种综合有电视、键盘和调制解调器的早期系统，用起来不大方便。

1994年，随着互联网的推广，斯坦福联邦信用合作社率先为所有客户提供网上银行服务。

非接触式卡

- **发明** UPass公交卡
- **发行机构** 首尔公共汽车运输协会
- **时间地点** 1995年，韩国

1983年，美国工程师查尔斯·沃森申请了射频识别装置的专利，这种装置就像是一个电子身份芯片。这种技术打开了非接触式支付之门。1995年，韩国首尔公共汽车运输协会为全市上班族启用了首批大规模非接触式卡。如今，许多银行已经采用了这种支付系统。

智能手机支付

- **发明** 苹果支付（Apple Pay）
- **开发商** 苹果公司
- **时间地点** 2014年，美国

除了信用卡、借记卡和网上银行，我们现在越来越多地使用智能手机应用程序（App）支付商品和服务。2014年，苹果公司推出了Apple Pay。钱包很快就会过时，这方面瑞典走在前列，几乎是一个无现金社会。2018年，瑞典所有支付额只有1%使用了硬币和钞票。

▼ 来杯咖啡
快捷智能支付很适合小额交易。

网购

1995 年，美国人杰夫·贝索斯创办了网上书店亚马逊，但他一直希望自己的公司也能卖别的东西。如今，亚马逊变成了真正的"百货店"。它的巨型仓库遍及世界各地，你能想到的任何商品，亚马逊几乎都有销售和配送。图中为英国彼得伯勒的一家亚马逊仓库。

救灾机器人

- **发明** "黑猩猩" 机器人
- **研发机构** 卡内基梅隆大学
- **时间地点** 2012年，美国

"黑猩猩" 是众多设计用来参加 2015 年美国国防部一次挑战赛的机器人之一。这次挑战赛促进了救灾机器人的研发。这种机器人必须能开车、爬上废墟、开门、爬梯和使用工具。

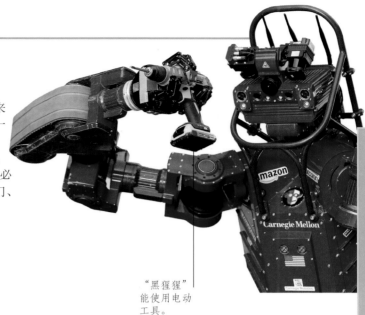

"黑猩猩"能使用电动工具。

教育机器人

- **发明** NAO机器人
- **制造商** 软银集团
- **时间地点** 2004年，法国

NAO（跟英文单词 now 发音一样）起初是个足球运动员，参加一年一度的 "机器人足球世界杯"。它现在仍然参加比赛，但这种小机器人越来越多地被世界各地的众多学术机构用于科研和教育。如今，上万个 NAO 机器人活跃在世界 50 多个国家。英国一所学校用这种机器人帮助自闭症儿童，它们对那些有特殊教育需要的学生能起到积极作用。

六轮送货机器人时速可达6.5千米。

送货机器人

- **发明** 自动送货机器人
- **制造商** 星舰科技公司
- **时间地点** 2015年，美国

在有些城市，行人逐渐习惯了和送餐的小机器人货车共用人行道。快餐送达，收餐的人在手机上输入一个取餐码就能取餐。美国的旧金山（又译圣弗朗西斯科）、华盛顿哥伦比亚特区和爱沙尼亚的塔林已经在使用这种技术，现在很多其他国家也在试验。

战士机器人

- **发明** "斑点" 机器狗
- **制造商** 波士顿动力公司
- **时间地点** 2015年，美国

波士顿动力公司研发的首批机器人可以像狗一样跑动并可操控。其中名叫 "大狗" 的机器人被设计成机器驮马，可以穿越崎岖地段，为美军将装备送到战场。然而，它噪声太大，于是公司研制了一种比较小的噪声不大的机器人，取名 "斑点"（见右图），后来又研制出 "斑点" 迷你版。

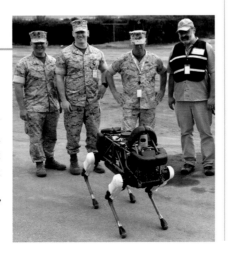

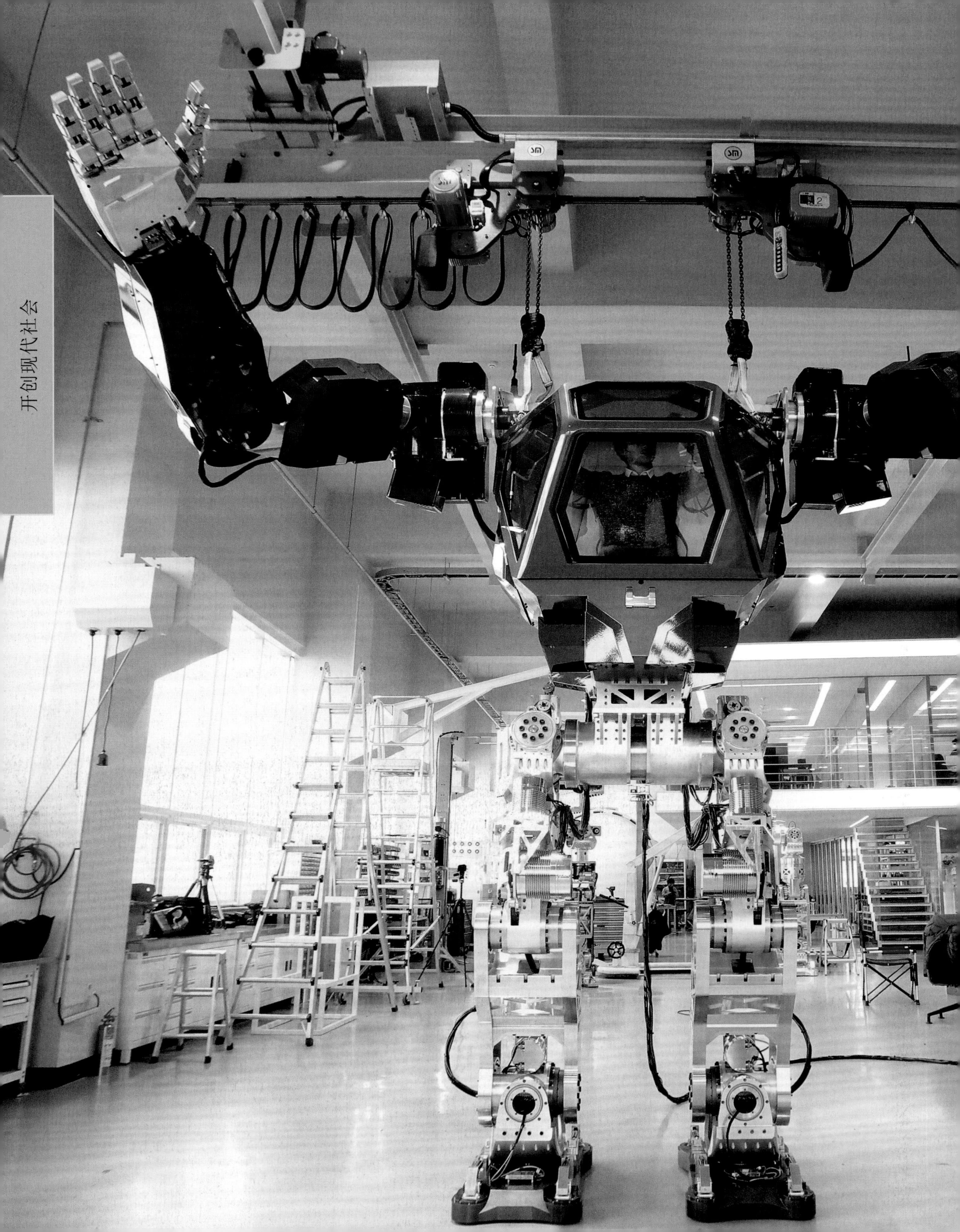

机器人来了！

几十年来，拍电影的人一直在为电影设计很棒的机器人，现在现实生活似乎终于要迎头赶上了。韩国工程师正在测试韩泰未来技术公司的Method-2巨型双足机器人，这个机器人由坐在它胸腔里的一个驾驶员控制。驾驶员举手，机器人也举手，只不过这条手臂长达3米左右。

动起来

动起来

200多年前，人们主要靠步行或骑马旅行。现在，我们可以开着汽车在高速公路上飞驰，可以坐游轮旅行，还可以乘飞机在大陆之间飞来飞去。

自行车

19世纪70年代，骑自行车是少数勇敢者才做的事，因为骑车的人要高高地坐在一个大轮子上，这种设计很危险。后来，出现了更安全的自行车。这种自行车车架轻，有两个同样大小的轮子，前轮控制方向，后轮靠链条传动。今天，自行车的设计和造车材料不断改进，新技术的运用也让骑行更方便了。

邓洛普的儿子骑着装有充气轮胎的自行车，约1888年

充气轮胎

在1888年之前，自行车轮胎多由皮革包覆或由实心橡胶制成，骑起来颠簸不平。1845年，苏格兰工程师罗伯特·汤姆森首先发明了充气橡胶轮胎，但直到1887年苏格兰发明家约翰·博伊德·邓洛普做出第一个实用的充气轮胎，充气轮胎才真正流行起来。发明充气轮胎之前，邓洛普曾拿橡胶管（花园浇水用的软管）在儿子的三轮车轮子上做过试验。

连接踏板的链条带动后轮。

前后轮一样大。

罗孚安全自行车

这种安全自行车是英国发明家约翰·肯普·斯塔利于1885年设计的。它的两个轮子高不过腿，车座低矮有弹力，骑起来比早期自行车更加安全舒适。

哇哦！

荷兰是世界上自行车人均拥有量最多的国家。

一些头盔有流线型尾翼，可以减少空气阻力。

自行车车铃

几乎在斯塔利发明罗孚安全自行车的同时，据说英国发明家约翰·德迪科特发明了自行车车铃。自行车出现初期，车铃很快就成了重要配件，因为当时的行人除了喧闹的马车，对其他交通工具还没有经验。车铃的基本设计至今依然流行：外面是一个小的金属圆盒，里面有一个可以用拇指拨动的小摇杆。

LED灯可发出转向信号，由
自行车车把上的按钮控制。

头盔

头盔可以很好地保护骑行者的头部，以防发
生意外。最早的现代头盔在20世纪70年代问世，
是用质地轻的塑料泡沫制成的。从那以后，头盔有
了很大发展。Lumos头盔（见左图）是一款智能头盔，
跟汽车一样装有转向灯和刹车灯。

下颌带

智能自行车

从20世纪90年代末以来，人们就可
以把微型计算机安装在自行车上了，
使自行车拥有了"智能"。这种自行
车本领很大，可以用全球定位系
统（GPS）告诉骑行者精确的位置、
速度和路线，还能根据路况自动
换挡。

显示屏会显示路
线的详细信息。

反光外衣

骑自行车的人在路上骑行是否安
全，跟别人能不能看见他关系极
大。他们经常被建议穿反光的或
能见度高的外衣，因为这种衣服
会在暗处发光。荧光材料可以把
不可见的紫外线转换成可见光，
从而发出明亮的色彩。天黑以后，
反光条可以反射汽车前照灯的
光线。

▶赛车
奥运会场地自行车使用的是很
粗的碳纤维车架。这种车架是
为比赛专门设计的，因为参赛
选手蹬力很大。

车把

碳纤维自行车

碳纤维是超轻超强的复合材料，
原本是为航天工业研制的。1996
年，美国凯斯特雷尔公司用碳纤
维做了一个流线型自行车车架。
虽然碳纤维车架很贵，但现在碳
纤维已经用于制作所
有场地自行车的车
架和车轮。很多
公路自行车的车
架和车轮也是用
碳纤维做的。

自行车的车叉和车把是
用同一套碳纤维做的。

两个轮子

有关自行车的设想可以追溯到 1817 年前后，当时德国发明家卡尔·冯·德赖斯把两个轮子连在一个木架上。德赖斯设计的自行车没有踏板，不能靠惯性滑行的时候，骑行者只好靠双脚的蹬力前行。人们打趣地称之为"一匹上好的马"。不过，"骑车"这个想法从此逐渐流行起来。

"米肖"脚踏车，
1869年

踏板在前
轴上。

踏板动力

- **发明** 脚踏车
- **发明人** 皮埃尔·米肖和欧内斯特·米肖
- **时间地点** 1861年，法国

两个轮子加上踏板就成了"脚踏车"。骑行者踩动踏板，车就可以跑得跟马一样快。1861年，皮埃尔·米肖和欧内斯特·米肖父子发明了前轮大、后轮小，且在前轮装有能转动的踏板的自行车。这种脚踏车骑起来颠簸得要命，所以它又被叫作"震骨车"。

电动助力

- **发明** 电动自行车
- **发明人** 霍齐亚·利比
- **时间地点** 1897年，美国

美国发明家霍齐亚·利比把一台电池驱动的电动机装到自行车上。然而，电动自行车在一个世纪以后才真正出现在人们的生活中。如今，电动助力车（骑车的人踩踏板为电机助力的一种自行车）已经十分流行。

电池

eZee "冲刺"电动自行车，2016年

康帕纽罗"格兰"10速运动自行车，1963年

换挡变速

- **发明** 康帕纽罗"格兰"运动自行车
- **发明人** 图利奥·坎帕尼奥洛
- **时间地点** 1948年，意大利

直到 20 世纪 40 年代，自行车赛车手走山路换挡还必须下车用手换。意大利选手图利奥·坎帕尼奥洛有次参加比赛，因在寒冷的天气中下车换挡而输了比赛，他非常窝火，于是发明了一套用缆线操控的变速齿轮系统。

小轮自行车

- **发明** 施文Sting-Ray小轮车
- **发明人** 阿尔·弗里茨
- **时间地点** 1963年，美国

20 世纪 60 年代，小孩子们萌生了一种想法：自行车不光能在平稳的路上骑行，还可以在土路上"蹦来跳去"，就像越野摩托车一样，还可以玩后轮平衡特技。最早面市的是 20 世纪 60 年代中期美国施文公司的 Sting-Ray 小轮自行车，后来很快就有了结实好玩的越野自行车。

施文Sting-Ray小轮自行车，1973年

哇哦!

1995年，荷兰的弗雷德·罗姆佩尔伯格创下了自行车时速268.83千米的世界纪录。

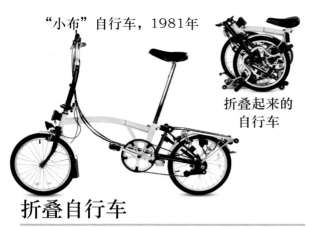

"小布"自行车，1981年

折叠起来的
自行车

折叠自行车

- ■ **发明** 格拉齐耶拉自行车
- ■ **发明人** 里纳尔多·唐泽利
- ■ **时间地点** 1964年，意大利

自有自行车以来，人们就一直想制造折叠自行车。虽然早在19世纪60年代就出现了第一款折叠自行车，但是直到市面上推出格拉齐耶拉自行车，折叠自行车才流行起来。1976年，英国布朗普顿（俗称"小布"）折叠自行车上路，轰动全世界。这款车重量轻，速度快，20秒内就能折叠起来。

现代卧式自行车

- ■ **发明** 阿凡达2000自行车
- ■ **发明人** 戴维·戈登·威尔逊
- ■ **时间地点** 20世纪80年代初，美国

在卧式自行车上，骑行者躺在后面，脚踏在前面。这样不仅骑行舒适，还能减小身体在风中的阻力，从而能创造很棒的速度纪录。只是躺着骑车视线不佳，所以用这种车在城市骑行不太现实。

福马克公司生产的阿凡达2000，20世纪80年代

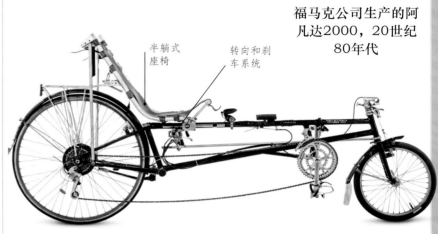

半躺式座椅

转向和刹车系统

山地自行车

- ■ **发明** 闪电Stumpjumper林道山地车
- ■ **发明人** 汤姆·里奇、加里·费希尔和查尔斯·凯利
- ■ **时间地点** 1981年，美国

人们一般认为小轮自行车都是小孩子玩的。直到1981年，闪电Stumpjumper林道山地车问世。这是首款山地自行车。山地自行车在各年龄段的人群中都很受欢迎，不仅想越野的人喜欢，那些想骑辆结实的自行车在高低不平的城市街道上穿行的人也喜欢。

轮子上有凸起，在崎岖地面骑行可以牢牢抓地。

车架结实。

短小的直车把便于掌控。

> ### 小常识
>
> - ■ 1996年，美国凯斯特雷尔公司用碳纤维做了一个流线型自行车车架。
> - ■ 2013年，禧玛诺公司推出一种能即刻换挡的电子系统。
> - ■ 2016~2017年，美国自行车手阿曼达·科克尔仅用423天就骑行了160930千米，平均每天约380千米。

凌空滑行

虽然不知道是谁把轮子装到木板上的，但是滑板运动大约是 20 世纪 50 年代首次在美国加利福尼亚州出现的。玩滑板的人有时在街头炫技，表演豚跳或尖翻，有时去专门的滑板场。2021 年，日本东京奥运会首次把滑板运动纳入赛事。

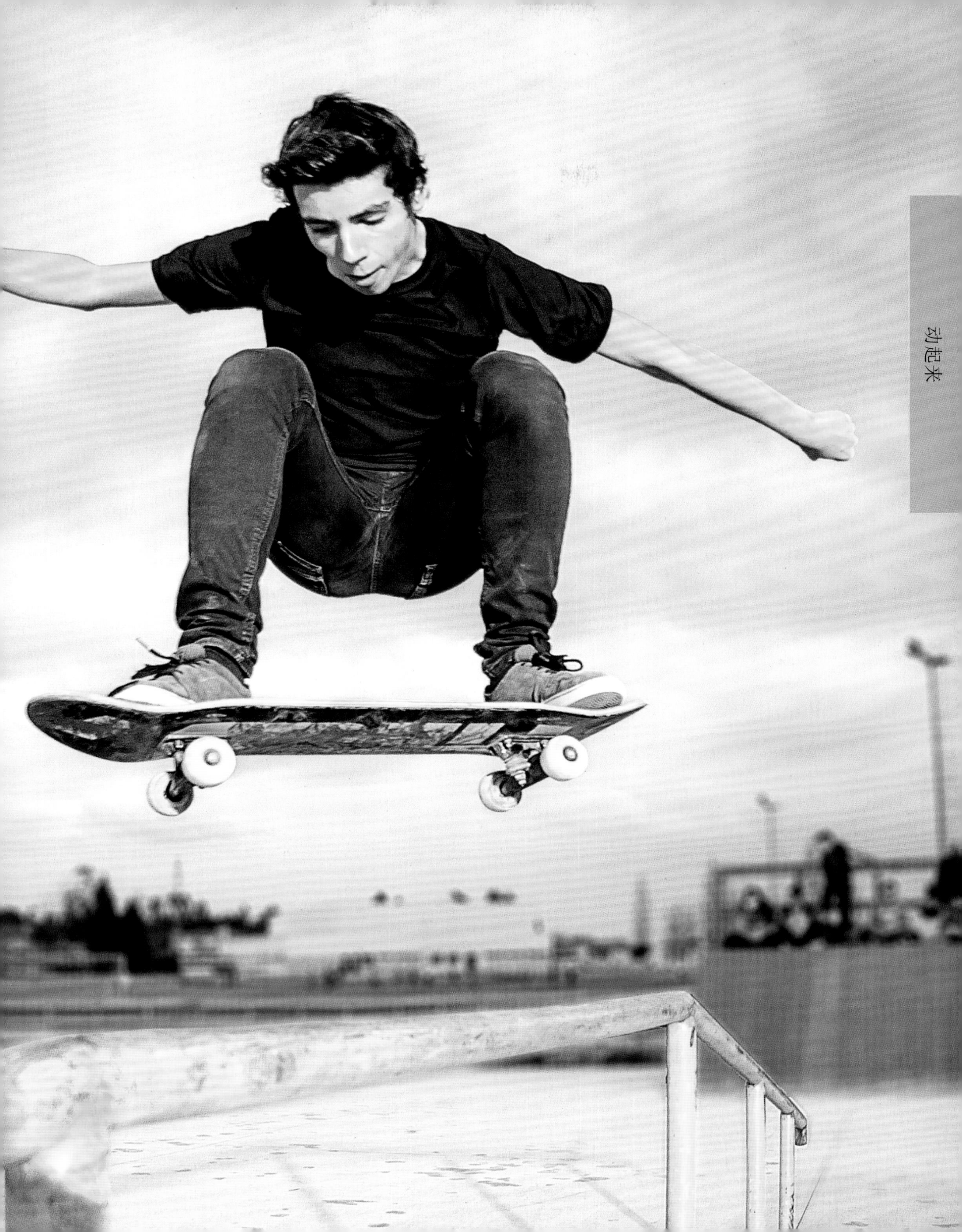

摩托车

车把可转动，掌控前轮方向。

美国发明家西尔维斯特·罗珀早在 1869 年就制造了第一辆蒸汽机驱动的摩托车，但摩托车行业是在 1885 年戴姆勒和迈巴赫研制的摩托车问世后才快速发展起来的。他们的摩托车装有汽油发动机，可通过传动皮带为后轮提供动力。从那以后，摩托车发展迅速，不过大多数还是配有汽油发动机和一根传动皮带或链条。

鞍垫使乘坐更舒适。

第一辆汽油发动机驱动的摩托车

- **发明** 戴姆勒骑行机车
- **发明人** 戈特利布·戴姆勒和威廉·迈巴赫
- **时间地点** 1885年，德国

1885 年，德国工程师戈特利布·戴姆勒和设计师威廉·迈巴赫率先生产了一种骑行机车——摩托车，它是对第二年将要制造的首辆汽油发动机四轮汽车的测试。他们采用了英国发明家斯塔利（见第 84 页）提出的自行车的基本理念，再加装一台发动机，用皮带为后轮提供动力。

戴姆勒加装了两个小轮子来维持车的平衡。

第一辆投入生产的摩托车

- **发明** 希尔德布兰特-沃尔夫穆勒摩托车
- **发明人** 海因里希·希尔德布兰特、威廉·希尔德布兰特和阿洛伊斯·沃尔夫穆勒
- **时间地点** 1894年，德国

1894 年，德国希尔德布兰特兄弟和德国工程师沃尔夫穆勒联手制造了第一辆投入生产的摩托车。这是第一款真正的摩托车。1894~1897 年，这种车生产了 2000 多辆。

第一辆有伸缩式前叉的摩托车

- **发明** 宝马R12摩托车
- **制造商** 宝马公司
- **时间地点** 1935年，德国

宝马 R12 是第一辆有伸缩式前叉的摩托车，伸缩式前叉将前轮、轮轴与车架连接起来。伸缩式前叉对摩托车的驾驶安全很重要，可以确保前轮着地。以前的摩托车用弹簧减震，而宝马 R12 摩托车可以通过充液伸缩式前叉减震。

伸缩式前叉

韦士柏125踏板车，
1951年

小型摩托车

- **发明** 韦士柏踏板车
- **制造商** 比亚乔公司
- **时间地点** 1946年，意大利

意大利比亚乔公司要制造一种舒适时髦、容易骑行的两轮车，以便人们在狭窄颠簸的街道上骑行，于是就有了韦士伯踏板车。这款车不仅轰动一时，而且常年畅销。

第一辆超级摩托车

- **车名** 本田CB750摩托车
- **制造商** 本田公司
- **时间地点** 1969年，日本

本田CB750是第一辆超级摩托车，这是一款驾乘舒适、动力十足的现代摩托车。在此之前，摩托车必须用脚踏点火装置才能启动。本田CB750是高性能摩托车，只需按动电子打火键就能启动。碟式刹车系统可以迅速让车停下来。

水冷式超级摩托车

- **发明** 宝马R1200GS摩托车
- **制造商** 宝马公司
- **时间地点** 2012年，德国

通常摩托车发动机采用流动空气制冷，但这种方式只有在摩托车快速行驶的情况下才起作用。因此，有些摩托车配有冷却水套，让冷却液在发动机内循环，这样发动机就更加安静可靠。宝马R1200GS是一款性能强大的摩托车，兼有风冷和水冷两种冷却方式。

▼ 木制摩托车
戴姆勒和同事迈巴赫用木头制作了这辆摩托车，用皮革制作了传动带。

前轮上包着铁边。

第一辆电动超级摩托车

- **发明** 闪电LS218电动摩托车
- **制造商** 闪电公司
- **时间地点** 2010年，美国

大多数人以为电动摩托车又慢又无趣。没有人能想象到它只靠一台电动机就能近乎悄无声息地飞驰。闪电LS218电动摩托车面世之后令人耳目一新，其最高时速可达350.8千米，是当时路面上行驶速度最快的摩托车。

未来派摩托车

- **发明** 宝马未来百年概念摩托车
- **制造商** 宝马公司
- **时间地点** 2016年，德国

一些摩托车厂家正在研制带有神奇陀螺系统的摩托车，这种系统能让车身在任何情况下都能保持直立，不受车手活动影响。宝马未来百年概念摩托车就是这样一款摩托车。车手骑行时戴一顶特制头盔，需要时上面可以显示数据。这种摩托车也许是昙花一现，也许预示了未来摩托车的样子。

普通人的汽车

19世纪末的第一批汽车是为富人手工制造的。美国实业家亨利·福特（见第96~97页）梦想制造一种普通人也能买得起的汽车，于是1908年他开始生产福特T型车。他将批量生产技术运用到汽车生产中，采用流水线作业，降低成本，给汽车制造业带来了翻天覆地的变化。如今，全世界路面上行驶的汽车超过10亿辆。

早期汽车上的大部分金属配件都是黄铜的。

一种模板

为了控制成本，据说福特跟顾客说："顾客可以选择他想要的任何一种颜色，只要它是黑色。"这当然是谣传，因为T型车有各种颜色。然而，福特率先提出了一种理念，即所有汽车必须遵循一种标准模板。

福特T型车

在福特T型车工厂，每名工人只给流水线上的每辆汽车加装一个零件，而且总是同样的零件。这样能保证生产的所有汽车都是一样的，同时生产速度快，成本低。这种批量生产的方式很成功，到1927年最后一辆T型车出厂时，福特汽车公司已经生产了1500多万辆T型车。

哇哦！

每年，全世界的汽车约消耗7万亿升汽油，足以填满200多万个奥运会游泳池。

▲福特T型车，1909~1910年

1909年的福特车有很多新特点，比如车上配有双操纵杆：一个控制手刹，一个挂倒挡。

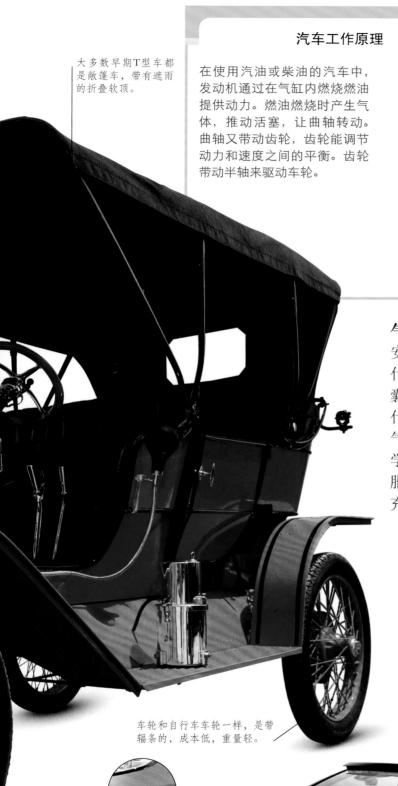

大多数早期T型车都是敞篷车，带有遮雨的折叠软顶。

车轮和自行车车轮一样，是带辐条的，成本低，重量轻。

前驻车传感器提醒驾驶者注意附近的障碍。

汽车工作原理

在使用汽油或柴油的汽车中，发动机通过在气缸内燃烧燃油提供动力。燃油燃烧时产生气体，推动活塞，让曲轴转动。曲轴又带动齿轮，齿轮能调节动力和速度之间的平衡。齿轮带动半轴来驱动车轮。

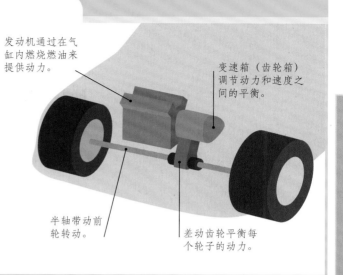

发动机通过在气缸内燃烧燃油来提供动力。

变速箱（齿轮箱）调节动力和速度之间的平衡。

半轴带动前轮转动。

差动齿轮平衡每个轮子的动力。

气囊

安全性能是汽车设计要考虑的要素之一。很多现代汽车都有安全气囊，当汽车发生碰撞时，气囊会立即弹出以保护司机和乘客。20 世纪 60 年代安全气囊发明的时候，里面填充的是压缩空气。现在，汽车碰撞时会引起化学反应，立即生成膨胀的气泡来填充气囊。

汽车碰撞试验中的气囊和假人

附加功能

汽车一直在不断发展，现有功能得到改善，新的功能还在增加。生产汽车时还可以添加额外的技术模块，如倒车雷达、除雾器、导航系统、倒车影像系统和自动紧急刹车系统等。过不了几年，人们也许就能舒舒服服坐在车上发号施令，让汽车把他们送到目的地了。

汽车，汽车

最早的汽车又叫作"没有马的马车"，因为汽车不是用马拉，而是用发动机驱动的。最初许多汽车使用的是蒸汽机。1862年，汽车研发有了重大突破，比利时工程师艾蒂安·勒努瓦制造了一辆用他新设计的"内燃机"驱动的汽车。这种发动机通过在气缸内燃烧气体产生动力。

动起来

装有汽油发动机的汽车

- **发明** Hippomobile汽车
- **发明人** 艾蒂安·勒努瓦
- **时间地点** 1863年，法国

1862年勒努瓦生产的第一辆汽车有3个轮子，靠燃烧气体获得动力，这种气体要用电火花反复点燃。第二年，他改良了发动机，改用汽油为燃料，生产了一辆新汽车，他把这辆车命名为Hippomobile。

第一辆实用电动汽车

- **发明** 电动汽车
- **发明人** 威廉·艾尔顿和约翰·佩里
- **时间地点** 1881年，英国

第一辆实用电动汽车是用电池驱动的三轮车，由英国工程师威廉·艾尔顿和约翰·佩里制造。现在，人们认为电动汽车是未来的发展方向，因为电动汽车污染小。

后轮比前轮小。

第一辆售出的汽车

- **发明** 奔驰1号汽车
- **发明人** 卡尔·本茨
- **时间地点** 1888年，德国

1888年，德国工程师卡尔·本茨制造了第一辆向公众出售的汽车——奔驰1号。为了向人们展示这辆新车性能多么好，他的妻子贝尔塔随车体验了第一次长途汽车旅行，全程180千米。这款车轰动一时，一年就售出600辆。

平民的汽车

- **发明** 大众"甲壳虫"1300汽车
- **发明人** 费迪南德·波尔舍
- **时间地点** 1938年，德国

大众公司受当时官方委托，设计生产一款"平民的汽车"——每个人都买得起的廉价汽车。这款车在1945年投放市场，此后成为最受欢迎的汽车。到2003年停产，这款车共生产了2150万辆。

大众"甲壳虫"，1948年

小汽车

- ■ 发明 BMC "迷你" 汽车
- ■ 发明人 亚历克·伊西戈尼斯
- ■ 时间地点 1959年，英国

英国汽车公司（BMC）推出的"迷你"是专为城市设计的第一批成功的小汽车之一。它采用发动机横置技术，用前轮驱动，而不是后轮，从而节省了空间。这种设计理念很巧妙，直到现在，大多数小汽车还是这么设计的。

混合动力汽车

- ■ 发明 丰田 "普锐斯" 汽车
- ■ 制造商 丰田公司
- ■ 时间地点 1997年，日本

混合动力汽车既有由电池提供动力的电动机，又有由燃料提供动力的内燃机。只要充足电，电动机就能为汽车提供动力，但这种车又能使用内燃机驱动。第一款成功上市的混合动力汽车是本田"普锐斯"，1997年推出。

BMC 奥斯汀
"迷你"

动起来

电动汽车

- ■ 发明 特斯拉跑车
- ■ 发明人 马丁·埃伯哈德和马克·塔彭宁
- ■ 时间地点 2008年，美国

使用汽油和柴油的汽车会产生空气污染和噪声污染，而电动汽车就比较环保。因此，在2008年，美国特斯拉公司用时尚的敞篷跑车重新激发了电动汽车的活力。虽然这种车不使用汽油和柴油，但每次出行后可能要花很长时间充电。

自动驾驶汽车

- ■ 发明 奥迪A8L汽车
- ■ 制造商 奥迪公司
- ■ 时间地点 2017年，德国

自动驾驶汽车可以感知环境，没有驾驶员操控也能行驶。它利用雷达、激光和全球定位系统（GPS）就能知道该往哪儿开。奥迪 A8L 是第一款量产的可完全自

动驾驶的汽车，跑长途、刹车甚至停车，都能自己搞定。

可伸缩顶盖

电池储存在汽车后部。

▲ 更快更干净
电动汽车不产生污染，靠一组大功率锂离子电池供应电能。

亨利·福特

美国实业家亨利·福特因推出了普通人买得起的福特T型车（见第92~93页）而名垂青史。他的车设计简单，能在大型工厂中批量生产。从此以后，机动车不再是有钱人的奢侈品，它变成了大众的"日用品"。如果没有福特，今天的小汽车有可能像豪华游艇一样稀有。

（见第92~93页）

普通人买得起的车

流水线生产速度快，所以福特汽车公司能满足客户的需求。到1914年，福特汽车公司汽车年产量超过25万辆，占美国汽车制造总量的一半。

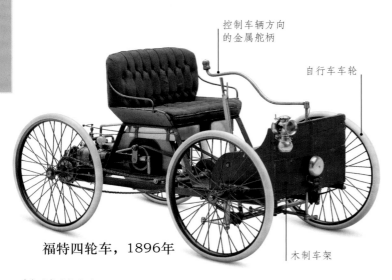

控制车辆方向的金属舵柄

自行车车轮

福特四轮车，1896年

木制车架

▶ T型车
这张照片拍摄于1920年前后，亨利·福特站在一辆T型车旁。这种车用的是轻型钢材，坚固耐用，易于保养。

简单就好

福特的第一辆汽车——简单、便宜的1896年产四轮车——不过是在4个自行车车轮上装了台汽油发动机。这种单座车有一对传动皮带，可用底座下的离合器操作。他想要一种可由工人快速大批量生产的汽车，而不是那种由熟练技师精心制造的汽车。

流水线

1913年，福特汽车厂经理查尔斯·索伦森引进了这条流水线。每辆车被一根链条拉着沿轨道前行，每名工人每次往车上加装同样的一个零件。运用这种不间断工艺批量生产，相当于每10秒钟便能生产出一辆新车。

生平

1863年	1876年	1879年	1896年
7月30日，福特出生在美国密歇根州韦恩县，爸爸名叫威廉，妈妈名叫玛丽。	福特把爸爸给他的一块怀表拆掉重装。少年福特开始为别人修理手表。	福特离开家乡到底特律当机械工学徒，学习操作蒸汽机。	福特制造了四轮车，在美国底特律试驾。

动起来

1903年	1913年	1917年	1947年
福特开办福特汽车公司，卖出他的第一辆汽车——福特A型车（见左图），售价850美元。1908年，推出T型车。	福特汽车公司推出生产流水线，在密歇根州大批量生产汽车。	福特在密歇根州迪尔伯恩建成世界上最大的汽车厂，厂里备有生产一辆汽车所需的所有零件。	福特在迪尔伯恩的家中去世。此时，世界上几乎所有的汽车都是批量生产的。

挑一辆车！

汽车塔（图为俯视图）有 400 个隔间，每卖掉一辆车，垂直传送带就会自动补充新车。汽车塔位于德国沃尔夫斯堡的大众汽车城主题公园里。客户挑中哪辆车，汽车塔就像一台巨大的自动售货机一样来处理订单，用机械臂把车拉出来，送到下面。

公共交通

19世纪初，伦敦、巴黎等工业城市的规模变得越来越大，越来越多的人住的地方离工作地点远了，这促进了公共交通系统的发展。有些人坐火车上班，而越来越多的人不得不乘坐马拉公交车，后来改坐公共汽车和电车。

第一辆长途汽车

- ■ 发明 梅赛德斯-奔驰 O 10000长途汽车
- ■ 制造商 戴姆勒-奔驰公司
- ■ 时间地点 1938年，德国

直到20世纪30年代，公共汽车还主要用于市内短途出行。不过，随着德国高速公路的建成（见第103页），德国公共汽车制造商开始为长途旅行制造大型快速的长途汽车。其中，功率强劲、"鼻子"长长的梅赛德斯－奔驰 O 10000是最大的一款车型。

集电杆与架空电缆接触。

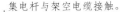

第一辆有轨电车

- ■ 发明 西门子有轨电车
- ■ 发明人 维尔纳·冯·西门子
- ■ 时间地点 1881年，德国

第一座尝试使用有轨电车的城市是德国柏林。1881年，柏林开始运行西门子有轨电车。此前，柏林已经用了20年的有轨马车，所以改用有轨电车很容易。这种电车在轨道上行驶，由架空电缆供电。

公共汽车

- ■ 发明 B型公共汽车
- ■ 发明人 弗兰克·瑟尔
- ■ 时间地点 1909年，英国

伦敦在公共汽车方面居于世界领先地位，特别是它那漆成红色的敞篷双层公共汽车尤为著名。具有传奇色彩的B型车是世界上第一款量产的公共汽车。第一次世界大战期间，约有900辆这样的汽车经过改装，被用来运送军队。

豪华客车

- **发明** 通用汽车公司观光巴士GX-2
- **发明人** 雷蒙德·洛伊
- **时间地点** 1951年，美国

专为美国灰狗巴士公司设计的观光巴士是美国的一个标志。车体设计极为现代，舒适度无与伦比，它是为美国城市之间长途运输量身定制的。20世纪50~70年代，这种观光巴士风风光光地穿行在美国公路上。

观光巴士，1958年

列车式有轨电车

- **发明** 列车式有轨电车
- **制造商** 卡尔斯鲁厄交通公司
- **时间地点** 1992年，德国

城市需要无污染的交通，所以重新启用了有轨电车。有一种新概念电车叫作列车式有轨电车，这种电车不仅能在城市的电车轨道上行驶，也能在城市之间的铁路网上行驶。这种电车率先在德国卡尔斯鲁厄兴起，现在世界许多城市都在使用。

法国米卢斯的现代列车式有轨电车

零排放公共汽车

- **发明** 西塔罗燃料电池混合动力公共汽车
- **制造商** 戴勒姆-奔驰公司
- **时间地点** 2003年，德国

公共汽车排放大量有害气体，因此"零排放"的燃料电池混合动力公共汽车也许是未来的发展趋势。在燃料电池中，氢与氧结合产生电能，唯一的副产品是水，因此没有任何污染。

小型自动驾驶电车

- **发明** 城市轻型交通系统ULTra
- **发明人** 马丁·洛森
- **时间地点** 2005年，英国

个人快速公交（PRT）系统是自动驾驶汽车和有轨电车的结合体。这种小型自动驾驶电车可在轨道上快速连续运行，每辆车一次可载送6~10人。

动起来

在路上

修路的历史可以追溯到几千年以前。古代苏美尔地区、古埃及，以及罗马帝国和印加帝国都铺设过道路。古代伊斯兰城市甚至用柏油铺路。然而，直到工业革命（见第 52~53 页）和机动车（见第 92~93 页）出现以后，全世界才在修路方面有了长足发展。如今，全世界公路总长超过 6500 万千米。

（见第 52~53 页）（见第 92~93 页）

指示灯按照设计好的程序时暗时亮，控制每个路口的交通流量。

小常识

- 大多数道路都是沥青碎石路面，即使用沥青和集料（一种小石子）的混合材料铺设的路面。
- 现在的道路通常是用混凝土建的，成本高于沥青碎石路面，但更耐用。
- 每年用来修建道路和机场跑道的沥青高达 1 亿 200 万吨。

交通信号灯

交通信号灯对控制交通运行和保障繁忙路口的交通安全都非常重要。刚开始出现机动车的时候，驾驶员主要遵照手动式信号灯和交通警察的指挥通行。1912 年，美国犹他州盐湖城警察莱斯特·怀尔发明了第一套彩色电动交通信号灯。现在，交通信号灯一般都采用由计算机系统控制的发光二极管（LED，见第 181 页）。

猫眼道钉

据说，1933 年的一个夜晚，英国发明家珀西·肖开车回家时，在车前灯的照射下看到一只猫的两眼闪着光，于是他萌生了用反射器（现在叫作猫眼道钉）在夜晚显现车道中心线的想法。现代猫眼道钉通常使用太阳能 LED 灯，整夜都能发光。

早期的道路

罗马人是修路的伟大先驱。为了保证军队的快速行进和贸易的便捷往来，罗马人把弯弯曲曲的小路改建成又长又直的石头路，长达 8 万千米。路面有一定坡度，方便雨水排走。

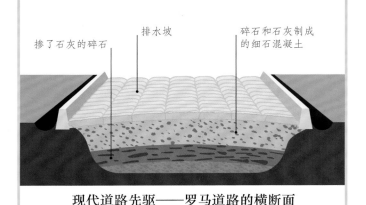

掺了石灰的碎石　　排水坡　　碎石和石灰制成的细石混凝土

现代道路先驱——罗马道路的横断面

英国路面上的猫眼道钉

中国济南2017年通车的光伏高速公路

放置在太阳能电池板
上的透明混凝土块

哇哦！

2010年，中国发生了一次
交通大拥堵：在京藏高速
公路上，几千辆汽车被堵
了十多天。

产生能量的道路

道路工程师正在试验怎么样能让道路产生
能量。将来，道路可能不仅仅是平坦的柏
油路面，也许会是太阳能电池板，或者压
电板。压电板可以利用车辆驶过产生的压
力发电。

宽阔的道路

高速公路路面很宽，机动车辆可以快速行驶。这
些道路有不同的车道，可以安全超车，而且路上
没有红绿灯，也没有三岔路口，车辆可以连续行
驶。1908年开通的长岛高速公路是美国第一条
高速公路。1921年，意大利开通了它的第一条
高速公路。但在德国，直到20世纪30年代才修
建了高速公路。

▼ 高速公路，1935年
下图是20世纪20年代德国计划兴建的一条
高速公路，但直到1935年才完工。

动起来

帆动力

早期帆船上的帆大多是方形的，只有风从背后吹过来才能起作用。古代阿拉伯人发明了三角形的帆，又叫三角帆。这种帆可以设定角度，这样船只几乎可以逆风前进。

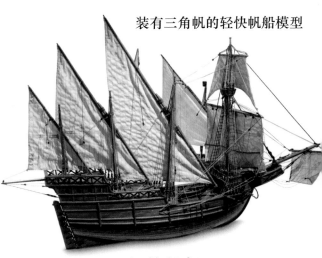

装有三角帆的轻快帆船模型

轻快帆船

结实的方帆帆船适合在沿海水域航行，不适合在远海航行。15 世纪，欧洲水手开始驾驶轻快帆船，这种船装的是三角帆。水手们会驾驶轻快帆船横渡海洋，他们知道这种船可以长距离快速航行，不管风向如何都能回家。

三桅帆船

从 16 世纪起，双桅、三桅甚至四桅的大帆船开始在海上航行。巨大的船帆可以获得足够的风力，让船只运输沉重的货物。最初的战列舰是风帆战列舰，它甚至可以携带多门重型大炮。

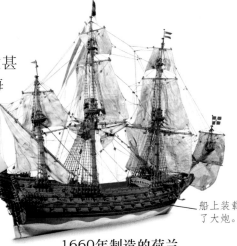

船上装载了大炮。

1660年制造的荷兰风帆战舰的模型

▶ 会"飞"的帆船

参加"美洲杯"帆船赛的美国甲骨文队的帆船时速高达96.5千米，几乎可以从水上飞起来。水翼可以让帆船在水面上方滑行，减少船体与水面之间的摩擦。

救生衣

现代救生衣的前身是英国北极探险家约翰·沃德船长 1854 年发明的。这种救生衣是用很多块软木塞做成的，穿在身上很不舒服。现代救生衣有些是用软泡沫填充的，有些是靠二氧化碳气瓶充气。

流线型双体船的外壳用强韧轻便的碳纤维制成。

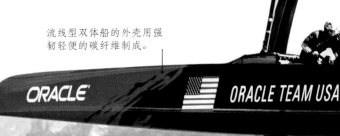

现代J级竞赛
帆船

百慕大帆

百慕大帆发明于 17 世纪，目的是帮助小船顺利通过大西洋百慕大地区的复杂水域。这种帆是在一根桅杆上悬挂两张三角帆。前面是一张小的前帆，后面是一张大的主帆，连在摇摆的帆桁上。现代帆船比赛使用百慕大帆，因为装上这样的帆后船航行得更快，更好操控。

自动帆

20 世纪 60 年代，德国工程师威廉·普雷尔斯设计了一种索具。用上这种索具，高桅杆上的帆可以用马达驱动，一只大帆船只需一个人驾驶就能航行。"马耳他猎鹰"（见上图）是第一艘配备这种索具的帆船，也是世界上最大的帆船之一。

船帆装有可调节的襟翼，像飞机机翼一样，可减少空气阻力。

ORACLE TEAM USA

在水上

蒸汽机（见第 52 页）出现以后，船可以不用帆动力驱动，而是改用明轮或螺旋桨驱动。今天，客轮、货轮和军舰都配有发动机，让螺旋桨在水下转动，从而推动船只前进或后退。最早的蒸汽机船出现于 19 世纪 30 年代，而现在的轮船大多配备的是柴油发动机。

运转中的螺旋桨

蒸汽机船发明以后，螺旋桨才开始大显身手。螺旋桨旋转时可划动水。有一定角度的桨叶往后推水，水流产生反作用力从而推动船体前行。

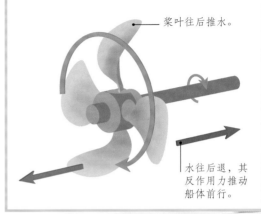

桨叶往后推水。

水往后退，其反作用力推动船体前行。

1836年生产的"弗朗西斯·史密斯"号的船身模型

新螺旋桨

早期蒸汽机船用的是明轮，明轮很容易被浪打坏。19 世纪 30 年代，瑞典发明家约翰·埃里克松和英国发明家弗朗西斯·佩蒂特·史密斯发明了一种像开瓶器的螺旋桨。这种螺旋桨比明轮功率大，在风急浪大的海面上更好用。

"大不列颠"号蒸汽机船启航

向前推进

1843 年，英国工程师伊桑巴德·金德姆·布律内尔推出他制造的蒸汽机船"大不列颠"号，这是当时最具创新性的客轮，也是首次将蒸汽动力、螺旋桨和铁质船身融为一体的轮船。"大不列颠"号是当时世界上最大的轮船，可以在海上快速航行。到 19 世纪中期，大多数轮船都已经用螺旋桨替代了明轮。

核动力船

进入北冰洋冰冻水域的轮船必须有足够强大的力量冲破厚厚的冰层，还要能长时间航行。俄罗斯的破冰船由核反应堆提供动力，可以常年在海上航行，不用加油。

喷水推进

有些船是靠强劲的水流推动前进的，这种船又叫作摩托艇。船上有一种叫作叶轮的装置，叶轮藏在船体的一个管道中，通过进水口吸水，在船后把水喷射出去，从而推动船前行。这种船可以开得很快。

混合动力

大多数船只采用发动机直接带动螺旋桨，但越来越多的海军舰艇和一些像"玛丽女王"2号（见右图）这样的客轮则采用不同的方式带动螺旋桨。在这种混合动力船上，发动机驱动发电机，发电机让电动机运转，从而带动螺旋桨。混合动力船比普通船只更节能。

◀破冰而行

俄罗斯"50年胜利"号是世界上最大的核动力破冰船之一。这艘船将奥运圣火送到北极，揭开了2014年冬奥会的序幕。

破冰船光滑的船身和圆圆的船头有助于船只在冰冻的海面上前行。重重的船体可以撞破厚冰。

船舶

最初的动力船只不过是装有蒸汽机和明轮的划艇而已。后来，钢质船身和大功率发动机出现以后，不管是巨大的超级油轮，还是能运载上千名乘客的客轮，各式各样的巨型轮船都能造得出来。

小常识

- 2009 年退役的"海上巨人"号油轮是有史以来最长的船，长 458.4 米，长度超过了美国帝国大厦的高度。
- 全世界有 5 万多艘轮船：31% 是货轮，27% 是油轮，15% 是散货船，13% 是客轮，9% 是集装箱船，还有 5% 是其他船只。

第一艘商用客轮

- **发明** "克莱蒙特"号蒸汽机船
- **发明人** 罗伯特·富尔顿
- **时间地点** 1807年，美国

尽管第一艘蒸汽机船是法国 1783 年生产的"皮罗斯卡菲"号，但第一艘定期运送乘客的蒸汽机船是"克莱蒙特"号。这艘船是美国工程师罗伯特·富尔顿在 1807 年建造的，往来于美国纽约和奥尔巴尼之间，沿哈得孙河运送乘客。

"克莱蒙特"号模型

两边的明轮

环球航行的轮船

- **发明** "大东方"号轮船
- **发明人** 伊桑巴德·金德姆·布律内尔
- **时间地点** 1857年，英国

"大不列颠"号问世后，伊桑巴德·金德姆·布律内尔又想建造一艘能携带足够燃油环游世界的巨轮。结果他造出了"大东方"号。这艘船长 211 米，比以前的任何船只都至少大 6 倍。尽管它多次横渡大西洋，但从来没有环游世界，也没有取得商业上的成功。

▼ "大东方"号
这艘船很大，一次可以运载4000名乘客。

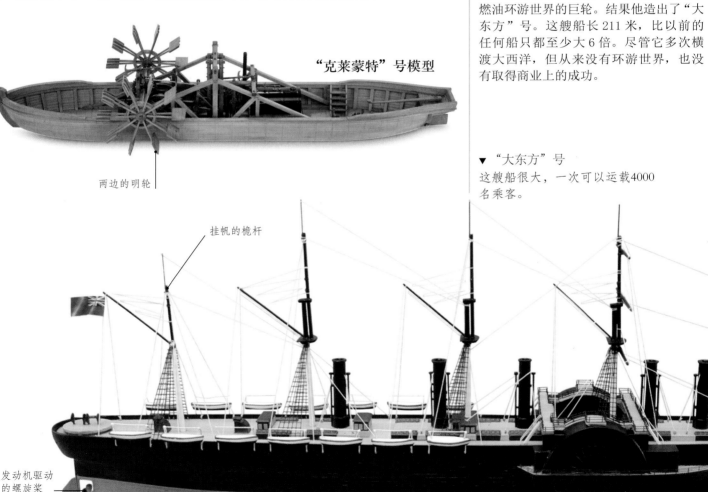

挂帆的桅杆

发动机驱动的螺旋桨

第一艘汽轮机船

- ■ 发明 "透平尼亚" 号汽轮机船
- ■ 发明人 查尔斯·帕森斯
- ■ 时间地点 1894年，英国

1884年，英国工程师查尔斯·帕森斯发明了反动式汽轮机，用高压蒸汽驱动汽轮机的转子旋转，输出动力。10年后，他推出第一艘汽轮机船 "透平尼亚" 号。这是当时世界上最快的船，时速高达64千米。今天的大型船只多数使用柴油发动机或柴电动力系统。

哇哦！

法国 "海洋和谐" 号是有史以来最大的客轮，长364米。

双层铁质船壳让船只更坚固。

集装箱船

- ■ 发明 "理想" X号集装箱船
- ■ 发明人 马尔科姆·麦克莱恩
- ■ 时间地点 1956年，美国

1956年，美国运输大亨马尔科姆·麦克莱恩萌生了一个想法，那就是把散装货物装进标准的金属箱，也就是集装箱里。这种箱子在专用轮船上可以码放得很高，便于装卸。这个想法大获成功，现在大多数标准货物都用集装箱船运输。

地中海航运公司（MSC） "阿加塔" 号集装箱船

同样大小的集装箱整齐地码放在轮船甲板上。

最大的太阳能船

- ■ 发明 "图兰星球太阳" 号太阳能船
- ■ 制造商 尼瑞姆游艇俱乐部船厂
- ■ 时间地点 2010年，德国

"图兰星球太阳" 号是世界上最大的太阳能船，也是第一艘环游世界的太阳能船。它完全由太阳能电池供电的电动机驱动。"图兰" 是英国作家约翰·罗纳德·瑞尔·托尔金在他的著名小说《魔戒》中创造的一个词，意思是 "太阳的能量"。

自动化船

- ■ 发明 "亚拉-伯克兰" 号自动化船
- ■ 制造商 康斯伯格公司
- ■ 时间地点 2019年，挪威

"亚拉-伯克兰" 号是世界上第一艘完全自动化的船——没有船员也能照样航行的船。这也是一艘零排放集装箱船，在挪威一些小港口之间运送化肥。航行第一年，船上有少量船员，之后便为无人驾驶。

海上导航

出海的水手需要导航设备帮助他们找到方向。几个世纪以来，人们研制出象限仪和六分仪等工具。这些工具可以帮助水手根据太阳和星星的高度确定自己所处的位置。此外，水手也依靠磁罗经确定航向。如今，船只出海已完全依靠电子卫星系统导航。

17世纪的象限仪

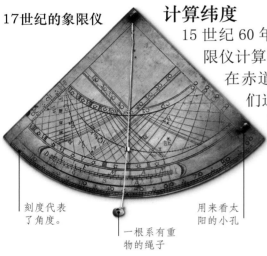

刻度代表了角度。

一根系有重物的绳子

用来看太阳的小孔

计算纬度

15世纪60年代，航海者开始使用象限仪计算他们所在的纬度，即他们在赤道以北或以南的位置。他们通过象限仪边上的两个小孔，在晚上观察北极星，在中午观察太阳。只要太阳和小孔对齐，一根系有重物的绳子就会在刻度盘上指出纬度。

1930年，一位探险者在南极洲使用六分仪

六分仪

18世纪30年代，英国人约翰·哈德利和美国人托马斯·戈弗雷在互不知情的情况下各自发明了六分仪。航海者只要观察六分仪的望远镜，对齐里面的两面镜子，就能找出太阳和星星相对于地平线的角度，再查表得出他所在的纬度。在很长一段时间里，六分仪都是最佳导航设备。

这些摆锤不会受到船只在水面上颠簸的影响。

▶航海天文钟
约翰·哈里森的航海天文钟解决了海上计时的问题。

110

走时精准

航海者要弄清所在的经度，即往东或往西走了多远，就必须知道航行的准确时间，通过时差可以计算出距离。但是，普通的摆钟在颠簸的船上走时不准。

1735 年，英国钟表匠约翰·哈里森发明了航海天文钟，这种钟在海上也能精准走时。

哇 哦！

有了电子卫星系统后，有些船只可以自主环游世界。

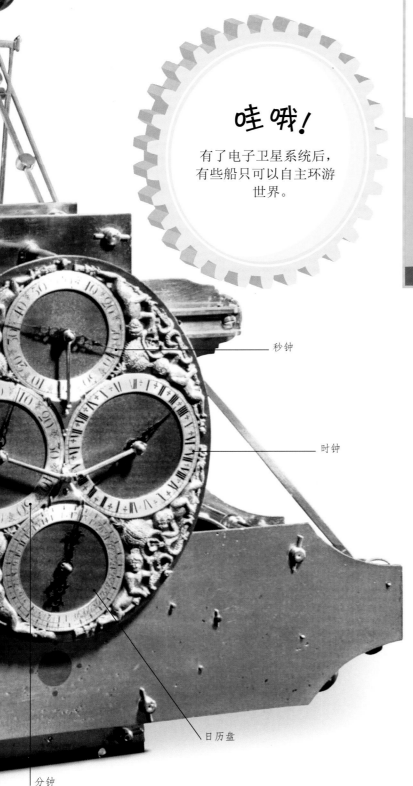

秒钟

时钟

日历盘

分钟

声呐

这种系统运用声波探测海里的物体。它发出声波，天线接收回波。1906 年，美国造船工程师刘易斯·尼克松发明了第一台类似声呐的收听设备，用来探测冰山。1915 年，第一次世界大战期间，法国物理学家保罗·朗之万发明了第一台用来探测潜艇的声呐型装置。

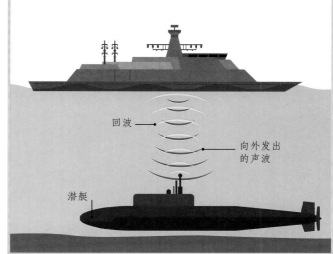

回波

向外发出的声波

潜艇

雷达

1904 年，德国发明家克里斯蒂安·侯斯美尔率先发明了雷达系统。他认识到可以用反弹回的无线电波来发现看不见的物体，比如被浓雾笼罩的船只。第二次世界大战期间，雷达用来探测敌舰。从那以后，雷达就成为重要的导航设备。

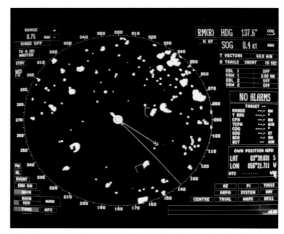

一艘科研船的雷达显示屏上显出一个冰山地带

推动潜水器在水下运动的螺旋桨

木壳

潜水

研制潜艇的早期先驱者是受到海底宝藏故事的诱惑。传说，古希腊国王亚历山大大帝曾进入一个大玻璃缸潜到海中。16 世纪，一种叫作"潜水钟"的充气室很受水下探险者的欢迎。随着人们不断设计和试验可潜水的船，现代潜艇逐渐成形。

旋转的"海龟"

美国发明家戴维·布什内尔的"海龟"号据说是第一艘实用性现代潜艇。这是一个仅能容纳一人的木桶，装有螺旋桨、操舵装置和观景窗。"海龟"号潜艇于 1773 年建成，曾在美国独立战争期间秘密潜到英国战船下放置炸药，但没有完成任务。

第一个气闸

1894 年，美国工程师西蒙·莱克率先在他的潜艇"小虹鱼"号上装了气闸。气闸系统是一个双门舱。潜水员要离开潜艇时，舱内就注满水，这样外面的舱门就能打开。潜水员返回时，外面的舱门关闭，舱内的水被抽干，里面的舱门打开。

潜水器"阿尔文"号模型

潜艇外形像子弹，这样水很容易在它周围流动。

下潜

美国 1964 年建造的"阿尔文"号是个潜水器。潜水器和潜艇不同，需要海面有一组后勤人员保障动力，提供氧气。"阿尔文"号可下潜长达 9 小时，将两名科学家和一名驾驶员送到水面下 4500 米的深处。这台潜水器已经服役了半个多世纪，潜水 4000 多次，至今仍在运行。

管子将空气输送到潜水员的口中。

装备现代水下呼吸器的潜水员

氧气瓶

在水下呼吸

虽然意大利发明家莱奥纳多·达·芬奇早在 15 世纪就设计了潜水服，但直到 1943 年，第一个实用潜水系统才变成现实。法国人雅克·库斯托和埃米尔·加尼昂发明了自持式水下呼吸器（SCUBA），这样潜水员就可以从他们背的氧气瓶里呼吸空气，在水下活动。

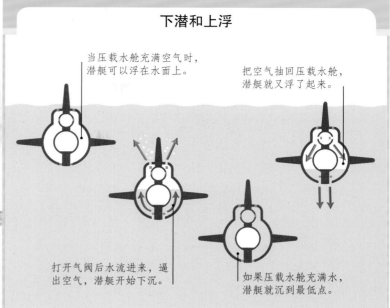

下潜和上浮

当压载水舱充满空气时，潜艇可以浮在水面上。

把空气抽回压载水舱，潜艇就又浮了起来。

打开气阀后水流进来，逼出空气，潜艇开始下沉。

如果压载水舱充满水，潜艇就沉到最低点。

所有潜艇都有两层壳。内壳和外壳之间有很大的空间，叫作压载水舱，里面可以装水。如果要下潜，潜艇就把水泵入压载水舱，使潜艇达到足以下沉的重量。想要再浮到水面，潜艇就把水抽出，使其变轻。

这个叫作"桥"的小平台用于在潜艇浮出水面后观察四周。

今天的潜艇

大多数现代潜艇都是为秘密行动而造，用作战争武器。今天的海军既有柴电动力潜艇（又叫常规潜艇，见下图），又有核动力潜艇。核动力潜艇可以在海里逗留数月，不用升到海面，而且无须加油便可以环游世界。驱动这种潜艇的核反应堆不需要氧气也能产生无尽的动力。核动力潜艇需要回到水面的情况只有两种：补充食物和清除垃圾。

美国夏威夷海军军事演习中的一艘潜艇

漂浮的航母
一架战斗机从美国海军航母"杰拉尔德·R. 福特"号上起飞。航母(航空母舰的简称)是最大的海军舰艇,上面的飞行甲板长达 305 米,可供飞机起降。舰岛上的指挥官负责指挥起降的飞机。

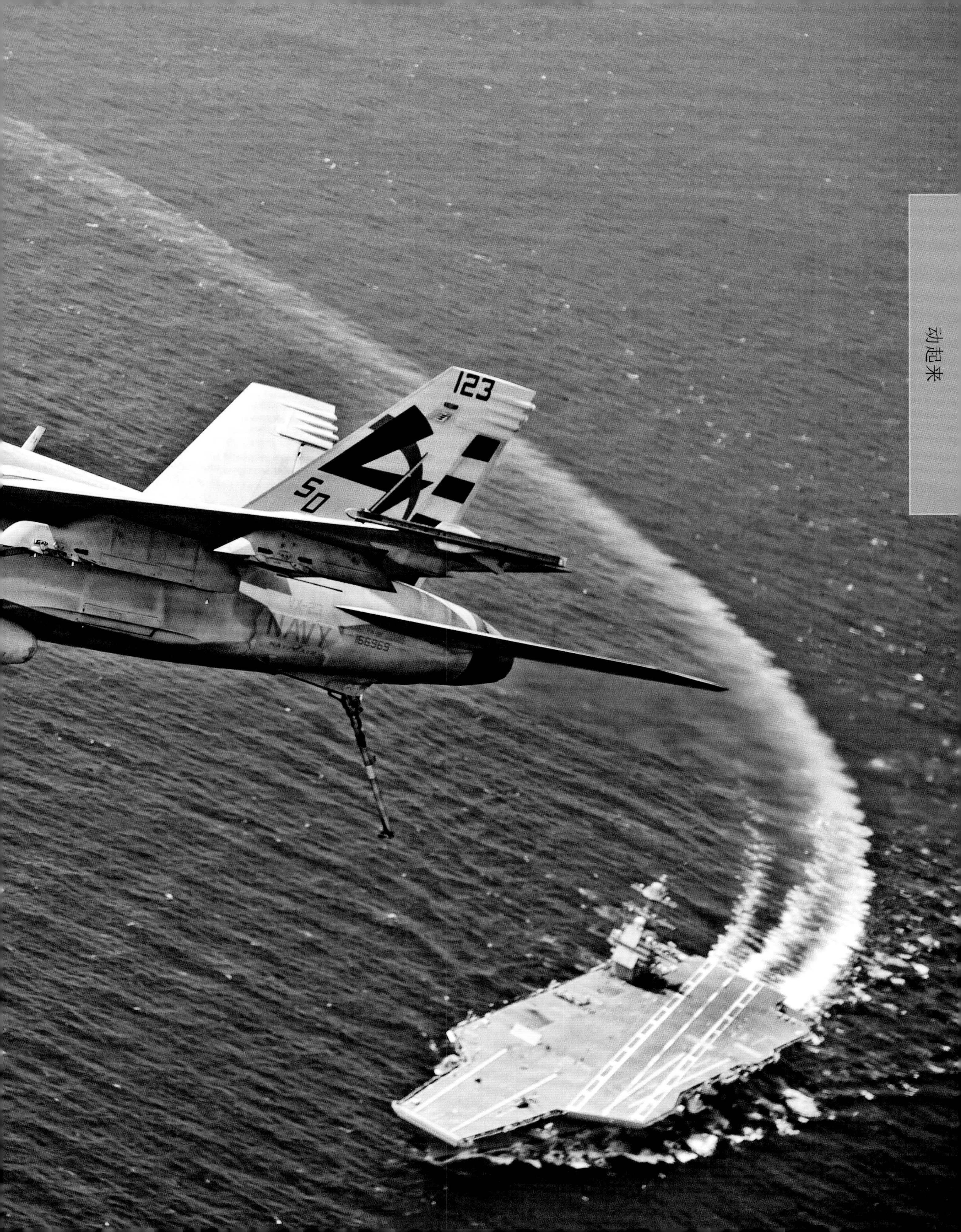
123
SD
VX-23
NAVY
166969

像鸟尾一样的尾翼

斯特林费洛的飞机，1848年

上天

几个世纪以来，人类一直想绑上翅膀，冲向云霄，像鸟儿一样振翅飞翔，但各种尝试往往以悲剧收场。当英国工程师乔治·凯利发现飞行中的物体会受升力等各种力的影响时，带翅膀的飞行器的研发终于有了突破。然而，直到1903年，莱特兄弟（见第118~119页）才掌握了可以控制的动力飞行技术。

动力飞行

1847年，英国发明家约翰·斯特林费洛和威廉·亨森造了一架由小型蒸汽机提供动力的模型飞机，但没有完全飞起来。后来，斯特林费洛又造了一架比原模型飞机小一半的飞机，1848年完成了有史以来第一次动力飞行。

发现升力

尽管人类从18世纪就开始乘热气球飞行，但英国工程师乔治·凯利认为将来飞行还是要靠翅膀。他用风筝做过试验，研究机翼形状。他还建造了滑翔机。1847年，一个10岁的男孩坐着凯利的滑翔机飞上了天空。

尾翼和机翼是用亚麻布做的，用藤架支撑。

凯利的滑翔机

水上飞机

在1903年莱特兄弟取得突破性试飞成功以后，飞机行业迅猛发展。20世纪30年代，空中旅行时代开启，马丁M-130和波音314等巨型"飞船"不断涌现。那时，世界上很多地方还没有建机场，但大多数城市都有河流。所以，人们将这些飞机设计成可以在水上起降。美国著名的水上飞机"飞剪"号大得很，乘客坐上它就像乘坐豪华游轮一样。

电传操纵

在比较老式的飞机上，控制飞机飞行姿态的襟翼是通过拉杆和摇臂等机械系统操纵的。协和式超声速飞机是最早采用电传操纵系统的飞机。飞行员操作这种系统时，他的操控指令会转化成电信号，电信号被传输给电动机，电动机再带动襟翼。在自动驾驶模式下，飞机由飞行管理计算机系统自动控制。

机鼻可以调高或调低，让驾驶员看得更清楚。

协和式超声速飞机

玻璃驾驶舱

20 世纪 60 年代末，机械仪表让位于电子显示器。现代飞机驾驶舱中的仪表显示区有时被称为"玻璃驾驶舱"，因为到处都是显示屏，显示数据读数、计算机更新和飞机的飞行路径。

◀波音314客机
空中旅行是富人的奢侈品。1938~1946年，波音314客机是最奢华的飞机之一，可提供74个座位或40个卧席，还有大厅、更衣室和餐厅。

飞行中的力

飞机飞行时，机翼以一定角度划破气流，机翼上下表面气流的速度差异导致了气压差，从而产生升力。升力与机身重力保持平衡，所以飞机能持续在空中飞行。要想让飞机前行，发动机就要产生推力，与空气阻力保持平衡。

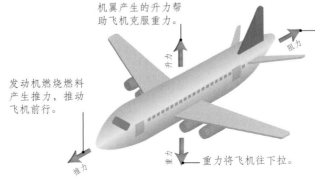

机翼产生的升力帮助飞机克服重力。

空气阻力是空气与飞机表面摩擦并降低飞行速度的力。

发动机燃烧燃料产生推力，推动飞机前行。

重力将飞机往下拉。

莱特兄弟

美国的威尔伯·莱特和奥维尔·莱特兄弟首次成功驾驶动力飞机试飞之后,人类的航空时代开始了。这次试飞于 1903 年 12 月 17 日进行,是兄弟俩用他们研制的"飞行者"号在美国北卡罗来纳州的基蒂霍克完成的。许多先驱者之前都曾尝试过让装有发动机的飞机飞起来,但通通失败了。莱特兄弟的突破在于控制飞机飞行,虽然"飞行者"号只飞了 37 米,但它的起降完全在掌控之中。

哇哦!

兄弟俩抛硬币决定谁先试飞。哥哥威尔伯赢了,但他第一次试飞时发动机熄火了,未能成功。

生平

1867年	1896年	1899年	1903年
威尔伯·莱特出生在美国印第安纳州纽卡斯尔附近的一个农场。4 年后,弟弟奥维尔出生在美国俄亥俄州的代顿。	兄弟俩一开始从事的是自行车修理和制造,后来听说德国飞行员奥托·李林达尔开创了滑翔机飞行,就转行做飞机。	兄弟俩搬到美国北卡罗来纳州的基蒂霍克,开始制造试验飞机来提高飞行技术。	奥维尔驾驶"飞行者"号完成了第一次可控动力飞行,开启了航空新时代。

滑翔机

莱特兄弟在造出他们的第一架动力飞机之前，试验过线控滑翔机。他们试飞滑翔机时要从沙丘上往下跑。驾驶员通过操纵系在臀部的支架操控滑翔机，即用支架拉动与机翼相连的缆线，使机翼弯曲，从而改变滑翔机的方向。

莱特兄弟试验滑翔机，1901年

在自行车车间

莱特兄弟以修理和制造自行车开启了他们的职业生涯。他们运用这些技能和自行车零件制造了他们的第一架飞机——"飞行者"号。飞机是木结构，他们用自行车车链把飞机的螺旋桨连到发动机上。

飞行控制

奥维尔·莱特控制"飞行者"号飞行时，需拉动缆线让机翼弯曲或扭曲，从而使机翼的左边或右边升起来，这叫作翘曲机翼。如今，飞机使用的是可折叠机翼。不过，通过改变机翼形状来控制飞机的想法在当时是一个重大突破。

▲ 首飞
奥维尔·莱特在历史性的首次飞行中是趴在机翼控制装置上的。这次飞行持续了12秒。

1905年	1912年	1948年
奥维尔用"飞行者"号的改进版飞行了38.9千米，仅用时38分钟，飞行地点是俄亥俄州的哈夫曼草原。	1912年5月30日，威尔伯在家中去世，享年45岁。奥维尔成为莱特公司董事长，直到公司1915年易手。	几十年来，奥维尔一直担任飞行顾问。1948年1月30日去世，享年70岁。

从喷气式飞机到太阳能飞机

早期飞机都是由螺旋桨驱动的，大多飞行速度慢。客机在云层中低空飞行，在那里会受到空气乱流的冲击。20世纪30年代喷气发动机发明以后，情况完全不同了。有了喷气发动机，飞机飞得快多了，可以在云层上面气流比较平稳的高空飞行。从此，出现了现代空中旅行，洲际航行仅需几个小时。今天，科学家还在继续开发为飞行提供动力的新方法。

机翼大部分是木制的。

亨克尔He-178
喷气式试验机

首架喷气式飞机

- **发明** 亨克尔He-178喷气式试验机
- **发明人** 汉斯·冯·欧海因
- **时间地点** 1939年，德国

首个喷气发动机是20世纪30年代由德国科学家汉斯·冯·欧海因和英国工程师法兰克·惠特尔研制的，两人各自独立研制完成。1935年，欧海因与德国飞机制造商恩斯特·亨克尔合作，因为亨克尔意识到喷气发动机可以为飞机的超快飞行提供动力。1939年8月27日，亨克尔的试飞员成功地完成首次喷气式飞机的飞行。

喷气式客机

- **发明** 德哈维兰DH 106 "彗星" 客机
- **发明人** 罗纳德·毕晓普
- **时间地点** 1952年，英国

德哈维兰 DH 106"彗星"客机又称"彗星"1号，是第一架进行定期客运服务的喷气式飞机。它的出现将长途旅行的时间缩短了一半。今天，有2万多架喷气式客机把旅客送到世界各地。

▼ 波音777-300ER客机
这种典型的中型客机一次可运载约400名旅客。

波音777是世界上最大的双引擎飞机，由两个喷气发动机提供动力。

最快的喷气式飞机

■ **发明** 洛克希德SR-71"黑鸟"侦察机
■ **发明人** 克拉伦斯·"凯利"·约翰逊
■ **时间地点** 1964年，美国

军用喷气式飞机的速度可以达到声速的3倍。洛克希德 SR-71 侦察机不到两小时就能飞越大西洋。1976 年 7 月 28 日，它的飞行速度达到每小时 3529.6 千米，这是喷气式飞机能达到的最高时速。SR-71 是架"隐形"飞机，外观设计巧妙，涂有能吸收雷达电磁波的特殊黑色涂料，能防止被敌方雷达发现。

安装在飞机下部的发动机收集氧气。

飞行中的美国国家航空航天局X-43A飞机

最快的动力飞机

■ **发明** X-43A高超声速飞机
■ **研发机构** 美国国家航空航天局
■ **时间地点** 2004年，美国

火箭飞行速度快，但需要装载沉重的液氧与其燃料混合。美国国家航空航天局研制出超燃冲压发动机解决了这个难题。装有这种发动机的飞机可以在飞行过程中从空气中获取氧气。X-43A 是一款装有超燃冲压发动机的超声速无人驾驶试验机，2001年首次推出。X-43A 飞机只造了 3 架。第三架在 2004 年进行了测试，以接近 11200千米的时速在空中呼啸而过。

耐热钛机身轻，有利于飞机高速飞行。

太阳能飞机

■ **发明** "阳光动力"1号太阳能飞机
■ **发明人** 安德烈·博尔施伯格和伯特兰·皮卡德
■ **时间地点** 2009年，瑞士

喷气式飞机会造成污染，于是革新者寻求其他方法为飞机提供动力，其中就有太阳能。瑞士飞行员安德烈·博尔施伯格和伯特兰·皮卡德发明的"阳光动力"1 号取得了突破，这架飞机在机翼上装了太阳能电池。第二架飞机"阳光动力"2 号（见上图）于 2016 年完成首次环球太阳能动力飞行，同时也说明清洁技术有助于实现本以为不可能实现的目标。

哇哦！

世界上有2万多架商用喷气式客机，随时都有1.1万余架在空中飞行。

最快的滑翔机

■ **发明** "猎鹰"HTV-2号滑翔机
■ **研发机构** 美国空军和国防部高级研究计划局
■ **时间地点** 2011年，美国

想象一下不到两小时就可以环游世界，这就是用火箭发射的美国"猎鹰"高超声速试验机 2 号（HTV-2 号）可以做到的。它先由火箭运送到高空，然后滑翔回到地球。这是一款试验机，在 2011 年的一次试飞中坠毁。它在坠毁前的最高时速达到 2.1 万千米。

"猎鹰"HTV-2号

其他飞行器

飞机靠机翼才能飞行，但是飞机必须不停地往前飞，机翼才能产生升力。使用旋翼桨叶也是一种飞行方式，旋翼桨叶只需旋转就能让直升机产生升力。因此，直升机和无人机几乎可以垂直起降，还能在半空中盘旋。

飞向天空

1783 年，法国蒙戈尔菲耶兄弟进行了第一次成功的载人飞行，他们乘坐的是丝绸做的热气球（见左图）。热空气比冷空气轻，所以热气球能升起来。其他早期气球充的是氢气，氢气也比空气轻。在此之后的 100 多年里，人类使用气球飞行。

空中巨无霸

100 多年前，大型飞艇就已能载客横渡大西洋。跟气球一样，飞艇也是借助氢气等比空气轻的气体升起来的，但飞艇还装有发动机，可以朝任意方向飞。今天，世界上最大的飞艇是英国的"天空登陆者"10 号（见下图），长 92.05 米。这款试验飞行器不需要跑道，可以将重型货物运送到偏远地区。

尾桨　　双叶片主桨

贝尔-47直升机
仿品

旋翼桨叶

直升机最早主要用于军队，20 世纪 20 年代由德国工程师安东·弗莱特纳和俄裔美国飞机设计师伊戈尔·西科尔斯基等人研制。1946 年，民用直升机贝尔-47 获得世界首个适航证，开始大量生产。这款直升机巧妙设计了双叶片旋翼，机身更加紧凑稳定。

飞行中的力

直升机旋翼旋转可产生升力。飞行员通过总距操纵杆，可以同时增加所有桨叶的角度或桨距，获得更大升力。

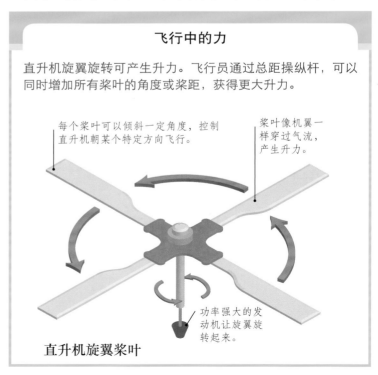

每个桨叶可以倾斜一定角度，控制直升机朝某个特定方向飞行。

桨叶像机翼一样穿过气流，产生升力。

功率强大的发动机让旋翼旋转起来。

直升机旋翼桨叶

每个旋翼都有
两个桨叶。

Volocopter VC200

载客无人机

无人机是小型自动控制飞行器，可以自动驾驶或者遥控。无人机上的多个旋翼可以精准控制它在空中的位置。多数无人机是会飞的微型遥控照相机，可以鸟瞰人们难以涉足或危险的地带。德国研制的 18 旋翼电动飞行器 Volocopter，就像一台会飞的小型汽车，可以搭载两位乘客。

电动空中出租车

虽然德国 Lilium 公司的空中出租车概念还在试验阶段，但它在未来有可能成为人们出行的一种方式。这是一种会飞的车，由无污染、无噪声的电动喷气发动机（不使用化石燃料）提供动力。这款飞行器有 12 个襟翼帮助发动机提供升力。起飞时，襟翼垂直；一旦飞行器升空，襟翼就变为水平状态来提供加速度。

根据不同的飞行模式，襟翼可以从垂直调整到水平状态。

▼ 空中出租车
这辆空中出租车最多可搭载5位乘客。

襟翼可以呈水平状态或垂直状态。

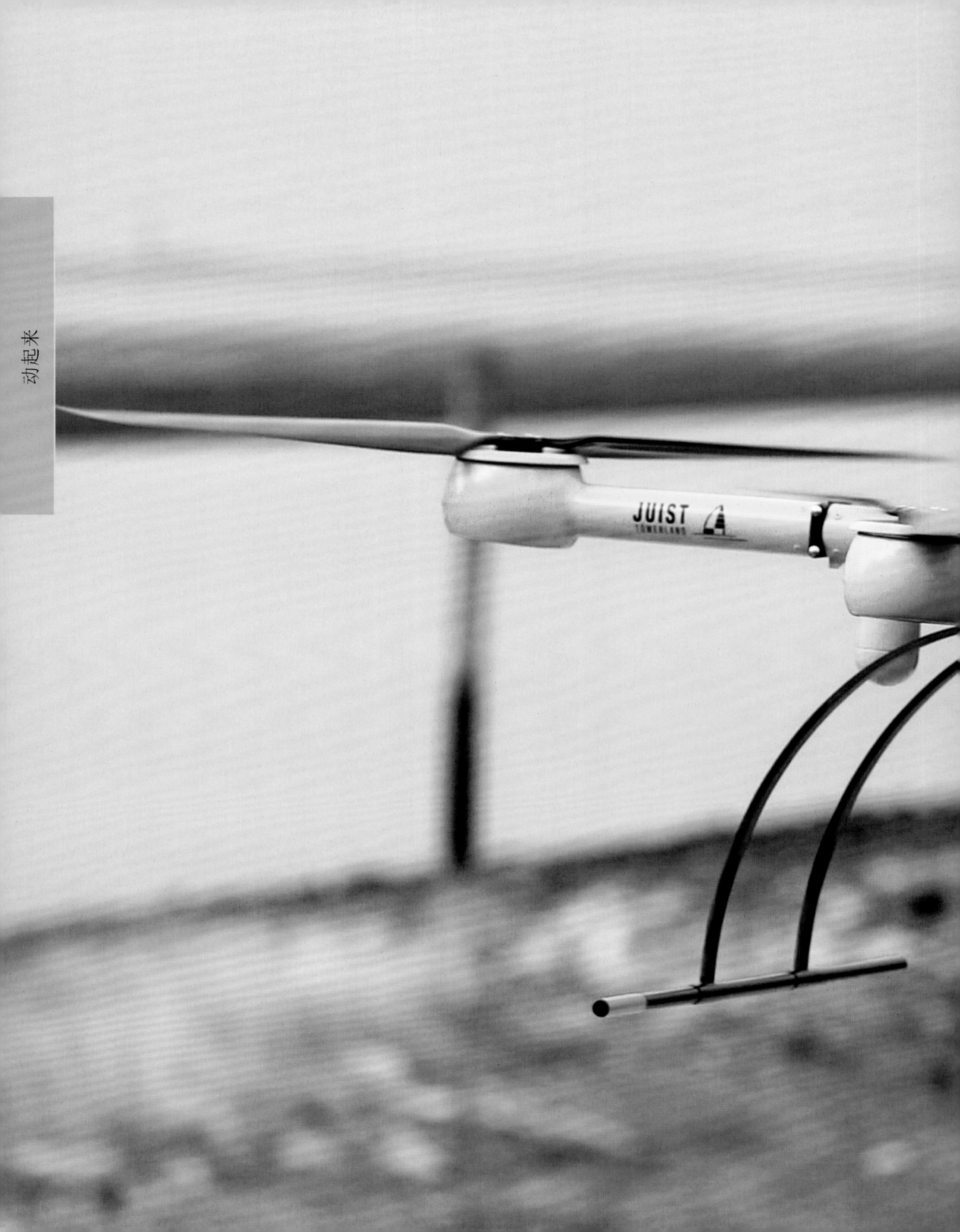
JUIST

无人机送货

无人机指的是不需要飞行员的遥控飞机，用途广泛，可用于侦察和作战。今天，快递公司正在开发无人机用于运送网购物品或医疗用品，甚至送外卖。这里展示的这款试飞无人机叫作"Parcelcopter"，是德国制造的。2013年，德国启动了一个科研项目，研究如何使用无人机投递包裹，这架无人机就是其中的部分成果。

铁路

早期的车靠人力或畜力（马或驴拉）在路上行驶，后来，蒸汽机车的出现推动了铁路的发展。早期蒸汽机（见第 52 页）是固定的，主要为水泵和工厂中的机器提供动力。它们很笨重，不能装在机车上使用。1800 年左右，随着动力强劲的小型高压蒸汽机的出现，铁路取得突破性发展。

第一条公共铁路

1825 年，英国斯托克顿至达灵顿的铁路成为正式运营的首条铁路线。这条铁路是用来运煤的，但开业当天，很多人跳进敞开的车厢一直坐到终点。36 节车厢由"动力"1号机车牵引，满载煤、面粉、工人和乘客。上图是对当时情景的再现。

小常识

- 第一台高压蒸汽机是美国发明家奥利佛·伊文思在 18 世纪 90 年代发明的。
- 理查德·特里维西克在制造首台蒸汽机车的前三年，造出一台蒸汽驱动的小型机动车，取名"吹气的家伙"。
- 第一台有官方记载的时速达到 160 千米的蒸汽机车是 1934 年生产的英国"苏格兰飞人"号，但另一台叫作"特鲁罗城"号的机车可能在 30 年前就达到了该时速。

蒸汽滚滚向前

1804 年，英国工程师理查德·特里维西克制造了世界首台蒸汽机车"潘尼达伦"号。特里维西克在车内装上自己研制的高压蒸汽机。为了证明机车能用，他跟人打赌这台机车能拉 10 吨煤在给有轨马车铺的铁轨上行驶。这台机车行驶了 14 千米，特里维西克赢了。

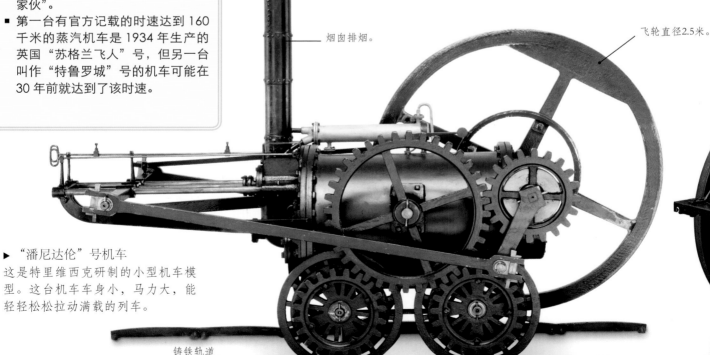

烟囱排烟。

飞轮直径2.5米。

▶ "潘尼达伦"号机车
这是特里维西克研制的小型机车模型。这台机车车身小，马力大，能轻轻松松拉动满载的列车。

铸铁轨道

斯蒂芬森的"火箭"

1829年，英国兰开夏郡的雨山人山人海，5台机车在此展开竞赛，以决出哪台机车能在英国利物浦至曼彻斯特的世界第一条客运铁路线上行驶。赢家是英国工程师罗伯特·斯蒂芬森的"火箭"号，时速一度达到40千米。很快，这台机车成为世界上最著名的机车。

烟囱排放热气和烟雾。

哇哦！

"火箭"号面世不到45年，全世界就铺设了25.7万千米铁轨。

红色方头水平臂板意思是"停车"。

警示信号

臂板信号机有能设置为不同角度的铰链式臂板，可为列车司机发送信号。这种信号机于1842年由英国工程师查尔斯·赫顿·格雷戈里首次使用，可以警示列车司机前面有危险。近些年，信号机已被彩色信号灯替代。

黄色代表预告信号，意思是"谨慎通行"。

水桶给锅炉供水。

火箱加热锅炉。

锅炉烧水产生蒸汽，蒸汽驱动活塞。

机械臂板信号机

动起来

在铁轨上

自 1825 年世界第一条铁路在英国斯托克顿至达灵顿之间开通以来，火车技术取得长足进步。在 100 多年的时间里，蒸汽机车一直称霸铁路，但近 50 年来，内燃机车和电力机车几乎完全替代了蒸汽机车。

电力传动内燃机车

- 发明 EMD FT机车
- 制造商 通用汽车公司机车部
- 时间地点 1939年，美国

这款动力强劲的机车开始运行的时候，正处于内燃机车替代蒸汽机车的过渡时期。不像通常由架空电缆供电的电力机车，电力传动内燃机车可以在现有轨道上运行，无须改造。F 代表英文"fourteen hundred horsepower"（1400 马力）的首字母，T 代表英文"twin"（成对）的首字母，因为 FT 机车一般都是成对销售的。

第一条地铁

- 线路 大都会铁路
- 设计人 约翰·福勒
- 时间地点 1863年，英国

在拥挤的城市建铁路是个难题，但把铁路建在地下就解决了这个难题。世界第一条地铁是伦敦大都会铁路，1863 年 1 月开通。当时的地铁列车由蒸汽机车牵引，煤气灯照明，木制车厢。在狭窄的隧道里，蒸汽机车排出的烟雾常令乘客感到窒息。

电气化铁路

- 线路 都市与南伦敦铁路
- 设计人 詹姆斯·亨利·格雷特黑德
- 时间地点 1890年，英国

现在世界上许多大城市的人们都乘电气化地铁出行。第一条电气化地铁于 1890 年在伦敦建成，起点是伦敦，终点是市郊的斯托克韦尔。该条线路的隧道很窄，地铁列车的车厢很小，人送外号"软壁病房"。

哇哦!

2016年，一辆日本磁浮试验列车的时速达到 603 千米。

最快的蒸汽机车

- 发明 "野鸭"号机车
- 发明人 奈杰尔·格雷斯利
- 时间地点 1938年，英国

蒸汽机车的发展在 20 世纪 30 年代达到顶峰，"野鸭"号机车代表了当时最先进的技术。1938 年 7 月 3 日，"野鸭"号机车从英国伦敦开往爱丁堡，时速达到 203 千米，创造了蒸汽机车时速的世界纪录。

第一辆子弹头列车

- ■ **铁路系统** 新干线
- ■ **建造商** 日本铁路公司
- ■ **时间地点** 1964年，日本

1964年，当流线型电动子弹头列车新干线在日本率先运行时，铁路获得了戏剧性的新生。"子弹头"在特殊铺设的轨道上高速行驶。如今，世界许多国家都开通了高速列车。

磁浮列车

- ■ **铁路系统** 上海磁浮列车
- ■ **建造商** 德国西门子公司和蒂森克虏伯公司
- ■ **时间地点** 2004年，中国

世界上最快的列车没有车轮，也没有发动机。列车由强力电磁驱动，悬浮在铁轨上行驶。这种列车叫作磁浮列车。上海磁浮列车最高时速可达430千米。

铁轨上的磁铁与列车底部的电磁铁相互排斥，让列车悬浮在轨道上。

最快的子弹头列车

- ■ **发明** "复兴"号列车
- ■ **制造商** 中国国家铁路集团有限公司
- ■ **时间地点** 2017年，中国

中国现在有世界上最快的子弹头列车。子弹头列车也就是"高速动车组列车"，简称动车。最新型的动车组列车是"复兴"号，最高时速可达400千米，平均时速为350千米。从北京到上海只需4个多小时。

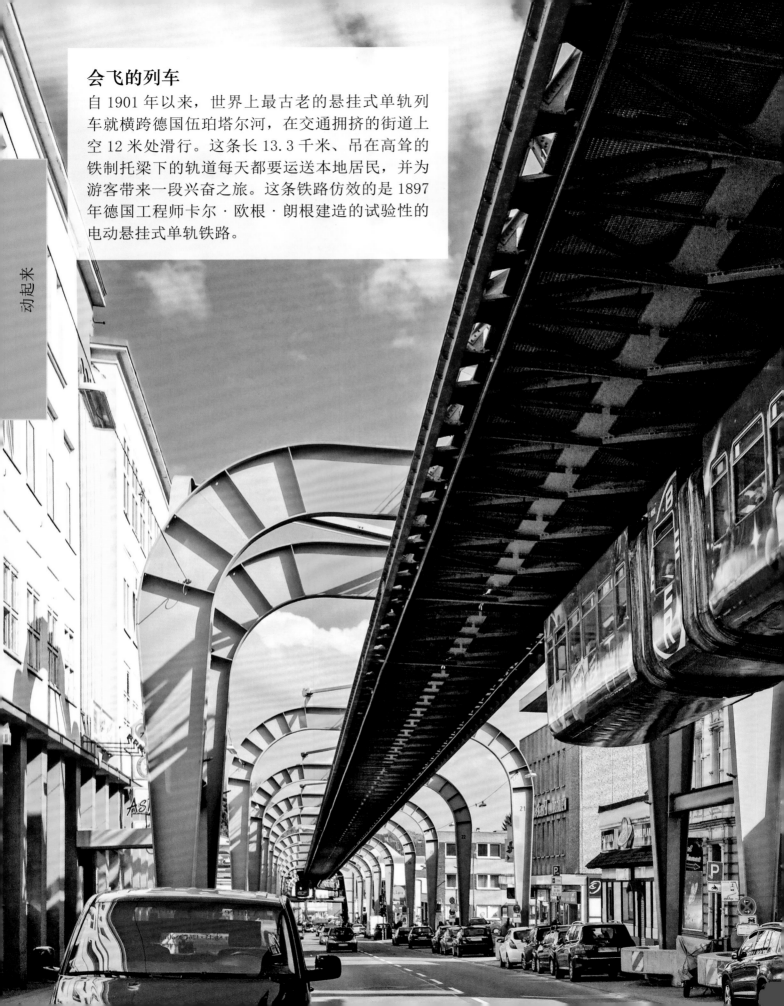

会飞的列车

自 1901 年以来，世界上最古老的悬挂式单轨列车就横跨德国伍珀塔尔河，在交通拥挤的街道上空 12 米处滑行。这条长 13.3 千米、吊在高耸的铁制托梁下的轨道每天都要运送本地居民，并为游客带来一段兴奋之旅。这条铁路仿效的是 1897 年德国工程师卡尔·欧根·朗根建造的试验性的电动悬挂式单轨铁路。

动起来

斯蒂芬森父子

尽管第一台蒸汽机车早在 1804 年就已生产出来，但将蒸汽铁路变成现实的是英国工程师乔治·斯蒂芬森和罗伯特·斯蒂芬森父子。1825 年，父子俩建造了第一条公共铁路（见第 126 页），而且制造了著名的蒸汽机车"火箭"号（见第 127 页）。1830 年，英国利物浦至曼彻斯特开通了第一条客运铁路，所用机车就是"火箭"号。

▶ 父子俩在工作
斯蒂芬森父子是具有实干精神的工程师，他们有着发挥铁路潜力的前瞻性和创造性。

安全灯

因为矿井里的空气含有易燃气体，所以蜡烛很容易在矿井里引起爆炸。因此，1818 年，乔治·斯蒂芬森和英国科学家汉弗莱·戴维都提出了矿工安全灯的设计。在两人的设计中，火焰可以被罩住，不与矿井里的空气接触。很快，斯蒂芬森设计的矿灯就被英格兰东北部的矿工广为使用，直到电灯出现后才停止使用。

斯蒂芬森设计
的安全灯

工程师与设计师

斯蒂芬森父子不仅设计轨道和机车，还是桥梁工程师。乔治·斯蒂芬森设计的横跨英国北威尔士梅奈海峡的铁路桥独具一格。列车在两个箱子状的铁制管道内行驶，管道由一些巨大的砖柱支撑。列车重量分散到"箱子"的 4 个面，所以铁路桥非常坚固。斯蒂芬森的设计影响很大，今天建造的一些桥梁仍然在使用他的设计理念。

"动力"1 号

斯蒂芬森父子在英国城镇斯托克顿和达灵顿之间建造了世界上第一条公共铁路。1825 年，乔治·斯蒂芬森驾驶他们设计的"动力"1 号机车牵引列车在这条铁路上进行了首次行驶。父子俩的想法很聪明，将锅炉平放，这样就可以更有效地为车轮提供动力。

艺术家对"动力"1 号
的再现

锅炉平放

生平

1781年	1803年	1818年	1823年
乔治·斯蒂芬森出生在英国诺森伯兰郡。他的父母很穷，没法送他上学，于是他就到当地一家煤矿干活。	乔治的儿子罗伯特出生。第二年，罗伯特的母亲和小妹妹去世。	乔治·斯蒂芬森发明了矿工安全灯。这种灯既能照明，又能避免矿井里易燃气体爆炸的危险。	斯蒂芬森父子开办公司研制蒸汽铁路，并在英国纽卡斯尔建立了世界上第一家机车制造厂。

乔治·史蒂芬森和罗伯特·史蒂芬森父子

1825年

斯蒂芬森父子建造了斯托克顿至达灵顿的铁路。这条铁路本来是用来运煤的，但也可运送旅客。

1830年

世界上第一条客运铁路开通，斯蒂芬森父子生产的"火箭"号等机车投入使用。

1848年

乔治去世，享年 67 岁。那时，世界上修建的铁路已接近 6.5 万千米。1859 年，罗伯特去世，享年 55 岁。

交流

在人类历史的大部分时期，你想跟相隔较远的人交流只能写信。现在，我们可以随时随地联系别人。

电报

1820 年，汉斯·克里斯蒂安·厄斯泰兹发现，电会产生磁。由此，威廉·斯特金和约瑟夫·亨利研制出电磁铁——一种电流流过时能产生很强磁场的装置。有了电磁铁，塞缪尔·莫尔斯又重新开始做电的实验。最后，一种新的通信方式诞生了。

交流

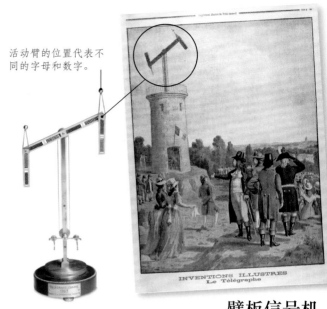

活动臂的位置代表不同的字母和数字。

臂板信号机

法国发明家克劳德·沙普研制出一种远距离传递信号的系统。1794 年，有很多这种顶部装有活动臂的信号塔在法国里尔和巴黎之间传递信息，两地相距 205 千米，传递用时不到一小时。

触针在纸带上压出点和划。

轮子滚动让纸带穿过机器。

莫尔斯电码电报机

弹簧

通电后线圈会有反应。

发报键

莫尔斯电码

莫尔斯意识到信息可以通过一系列电脉冲沿电线传递。起初，他尝试用一个带编号的词汇表，但很不好用。1837 年，他认识了工程师艾尔弗雷德·韦尔，韦尔给字母表的每个字母都设计了一个点划编码，这就是莫尔斯电码。

五针电报机

1837 年，英国人威廉·库克和查尔斯·惠特斯通获得第一台实用电报机的专利。通电之后，电报机上的 5 根磁针能指向字母表中的 20 个字母，将接收到的信息拼出来。1839 年，这种电报机开始在铁路上使用。

刻在表面的字母

5根磁针可以转动，指向字母。

连接电线的端子

**库克和惠特斯通
发明的电报机**

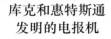

按动一对按键就能发报。

跨越国界

1858 年，"大东方"号邮轮在爱尔兰和加拿大纽芬兰之间铺设了第一条跨洋海底电报电缆（见上图）。由此，欧洲和北美洲的通信时间从轮船越洋所需的 10 天缩减为 17 分钟。

交流

哇哦！

莫尔斯电码电报机发出的第一句话是"上帝创造了何等的奇迹"，从美国巴尔的摩发到华盛顿哥伦比亚特区。

用电发报

莫尔斯和韦尔发明的电报机的工作原理是这样的：按下发报键就能接通电池的电流，把电脉冲沿电线发给另一端的接收机，接收机上由电脉冲驱动的小电磁铁吸引衔铁带动触针，在纸带上留下或长或短的记号，短的是一点，长的是一划。

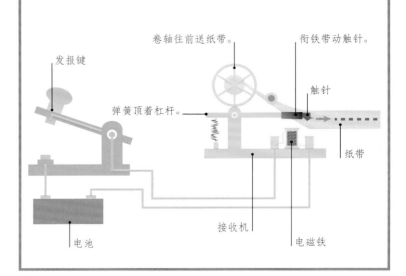

卷轴往前送纸带。

衔铁带动触针。

发报键

触针

弹簧顶着杠杆。

纸带

接收机

电磁铁

电池

测量时间

当人们开始在城镇生活之后，记录时间就变得非常重要。过去时钟是根据太阳所在位置计时的，因此不同地区时间也不同，甚至同一个国家的不同地区时间都不同。这种情况一直持续到铁路出现以后，因为火车时刻表需要采用标准化时间。

日晷

大约 3000 年前，埃及的天文学家利用太阳在天空中有规律的运动来计时。这种早期的时钟叫日晷，用太阳影子落在标示物上的位置计时。

晷针的影子投在晷面上。

北京故宫太和殿前的日晷

机械钟

最早的机械钟大约是 14 世纪初由欧洲人发明的。那时候，谁家里也没有钟，钟被安装在城镇中央的塔楼上。

钟楼通过钟声报时。

葡萄牙塔维拉的钟楼

标准化时间

火车按时刻表运行，也就是说，铁路网每一站的时间都得相同。1840 年，英国大西部铁路线率先采用同一时间。到 1855 年，几乎所有公共机构，包括教堂和市政厅，都按"铁路时间"校准时钟。

英国铁路站站长根据格林尼治时间调整火车站时钟。

交流

伦敦

布鲁塞尔

纽约

香港

莫斯科

时区

1858 年，意大利数学家奎里科·菲罗潘蒂提议采用世界性的时区体系。1879 年，苏格兰裔加拿大人桑福德·弗莱明也提出同样的建议。菲罗潘蒂建议时区以罗马子午线为中心；弗莱明则提议以格林尼治子午线（也叫本初子午线）为国际标准，全球时间以它为参照，计算出 24 个时区。

▲ 世界各地时差
距格林尼治子午线每15个经度都要增加或减少一小时。

格林尼治子午线上的钢制雕塑指向北极星。

0° 经线

1884 年 10 月，国际子午线会议在美国华盛顿哥伦比亚特区召开，与会代表决定将英国格林尼治子午线定为 0° 经线。

哇哦！

据说,美国国家标准与技术研究院的NIST-F1原子钟走时很准,3000多万年都不会快一秒或慢一秒。

格林尼治子午线的标志是一根钢条。

◀ 第一个原子钟
这是世界上第一个能正常运行的原子钟，1955年制造。

原子钟

第一个可用的原子钟是 1955 年英国国家物理实验室的路易斯·埃森和杰克·帕里制造的。这个钟计时最精准，是根据原子内部的振动计时的。

交流

报时

早期报时装置要靠有规律地燃烧的蜡烛，或穿过小孔的水流。最早的机械钟利用金属棒（平衡摆）有规律的摆动来控制表盘上指针的走动。后来，时钟就使用可来回摆动的钟摆。钟摆的摆动带动齿轮，齿轮再驱动指针。

它被称为日本灯钟是因为它看起来像一盏灯。

日夜钟

- **发明** 日本灯钟
- **发明人** 未知
- **时间地点** 19世纪，日本

大约在 1870 年以前，日本将白天和夜晚都均分为 6 个小时。白天一小时时长不等于夜晚一小时，而且两者都会因季节而异。日夜钟有两套计时机制，一套管白天，一套管夜晚。

**19世纪的
日本灯钟**

水运仪象台的小尺寸模型

苏颂的水钟

- **发明** 水运仪象台
- **发明人** 苏颂
- **时间地点** 1088年，中国

水钟是最早不依赖太阳观测而进行报时的装置。中国苏颂的水钟，即水运仪象台，于 1088 年制造，是当时世界上最复杂的设计之一。水运仪象台总高约 12 米，它由水车带动，上面有 160 多个小木人，每到整点小木人就出来报时。

第一只表

- **发明** 怀表
- **发明人** 彼得·亨莱因
- **时间地点** 16世纪初，德国

16 世纪初，德国纽伦堡锁匠彼得·亨莱因把钟的大零件缩小，制成便于携带的装置，也就是"怀表"。但是，这种鼓形小钟这时通常是戴在脖子上或连在衣服上的，实际上还不能放进口袋里。大约一个世纪以后，更小的钟，即第一批真正的怀表，才设计出来。

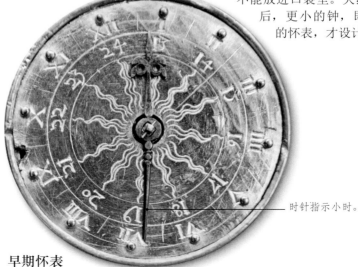

时针指示小时。

早期怀表

特里摆轮骨架钟，
19世纪

走时更准的钟

- ■ **发明** 摆钟
- ■ **发明人** 克里斯蒂安·惠更斯
- ■ **时间地点** 1657年，荷兰

克里斯蒂安·惠更斯不仅是物理学家、天文学家和数学家，他还发明了摆钟。在他发明摆钟之前，最好的钟一天的走时误差大约为15分钟，但摆钟的误差只有15秒左右。

惠更斯首个摆钟的模型

使用砝码

- ■ **发明** 摆轮
- ■ **发明人** 未知
- ■ **时间地点** 17世纪，欧洲

加装砝码的摆轮可来回摆动，不停地压紧或松开弹簧。摆轮每次摆动都会发出嘀嗒声或一个节拍，驱动齿轮，让指针往前走。

电子表

- ■ **发明** 汉米尔顿Electric 500电子表
- ■ **制造商** 汉米尔顿公司
- ■ **时间地点** 1957年，美国

汉米尔顿Electric 500是第一款使用电池的电子手表，也是第一款从不用上发条的手表。公司宣传说这是一款未来手表，发行了几种比较现代的款式，如盾形的探险系列（见左图）。

汉米尔顿探险系列

数字式电子表

- ■ **发明** 汉米尔顿普尔萨P1电子表
- ■ **制造商** 汉米尔顿公司
- ■ **时间地点** 1972年，美国

1972年，手表品牌汉米尔顿发售了一款数字显示式电子表。这款表是18K金表，贵得离谱。不过，很快就出现了比较便宜的大众款，如图中的这款。

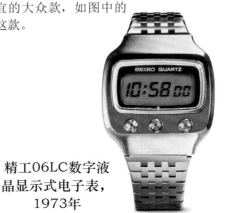

精工06LC数字液晶显示式电子表，1973年

哇哦！

早期手表是为女性设计的首饰。第一只手表可能是19世纪中期给一位贵族制作的。

智能手表

- ■ **发明** TrueSmart智能手表
- ■ **制造商** 欧迈特公司
- ■ **时间地点** 2013年，美国

第一款具有智能手机功能的智能手表是TrueSmart手表，2013年初面世。此后，很多大公司，如三星、索尼、苹果等，也推出了自己的智能手表。

交流

电话

电话发明之前，人们就知道声音可以沿线传播——孩子们用两个锡罐和一段绳子就能做到。20世纪下半叶，很多人在寻找传递语音的更好的办法。1876年，苏格兰人亚历山大·格雷厄姆·贝尔实现了突破，他把声音转换成电流沿电线传递出去。

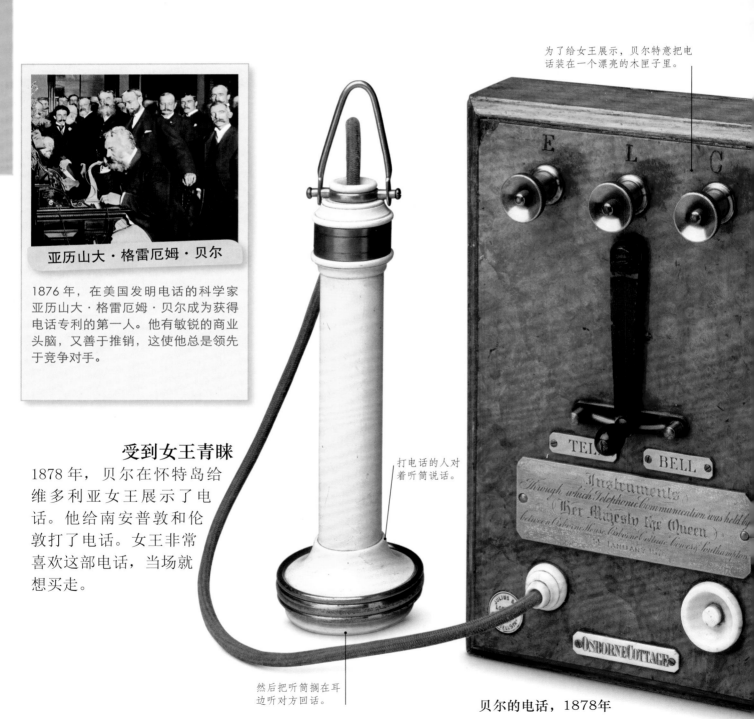

亚历山大·格雷厄姆·贝尔

1876年，在美国发明电话的科学家亚历山大·格雷厄姆·贝尔成为获得电话专利的第一人。他有敏锐的商业头脑，又善于推销，这使他总是领先于竞争对手。

为了给女王展示，贝尔特意把电话装在一个漂亮的木匣子里。

打电话的人对着听筒说话。

受到女王青睐

1878年，贝尔在怀特岛给维多利亚女王展示了电话。他给南安普敦和伦敦打了电话。女王非常喜欢这部电话，当场就想买走。

然后把听筒搁在耳边听对方回话。

贝尔的电话，1878年

◀连线
打电话的人要拿起话筒，告诉接线员想打的电话号码，然后接线员就把电线插入交换机，帮双方连线。

打电话的人可以把手指伸进与电话号码对应的孔眼，并转动拨号盘。

电话交换机

早期电话是成对的，只能相互连通。直到发明了电话交换机，把所有本地电话都连在交换机上，才能想给谁打电话就给谁打电话。

移动电话

第一批便携式无绳电话于20世纪80年代面世。就算有几百万人打电话，无须接线员电话也照样能自动接通。

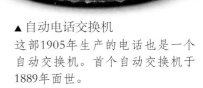

发明第一部实用移动电话（手机）的马丁·库珀博士

▲自动电话交换机
这部1905年生产的电话也是一个自动交换机。首个自动交换机于1889年面世。

发短信

第一条短信是1992年发出的，内容是"圣诞快乐"。发短信一开始还不是很流行，因为直到1996年才出现第一部全键盘手机。

哇哦！

人类通过电话说的第一句话是："沃森先生，请过来，我找你。"打电话的人是亚历山大·格雷厄姆·贝尔。

打电话

最早的电话有两套设备，用单线连接，只能连通两个终端。现在的电话是无线的，可以跟世界各地的人通话。因为有了智能手机和视频通话功能，现在通话时还能看到对方。

烛台电话

- ■ 发明 烛台电话
- ■ 制造商 美国贝尔电话公司
- ■ 时间地点 1892年，美国

烛台电话是第一款立式电话，也是最早大规模生产的电话之一。烛台电话上端是话筒，旁边有听筒，通话时把听筒搁在耳边，比如西电公司生产的烛台电话（见右图）。这种电话一直用到 20 世纪 20 年代后期。

听筒

话筒

后来的烛台电话跟这个一样，带有旋转式拨号盘。

西电公司镀镍烛台电话，
20世纪20年代

旋转式拨号盘有孔眼，拨号更方便了。

旋转号盘电话，
20世纪30年代

旋转号盘电话

- ■ 发明 50AL型烛台电话
- ■ 制造商 贝尔系统
- ■ 时间地点 1919年，美国

自从自动电话交换机出现以后，人们就可以直接通话了。接着，约在 1905 年旋转式拨号盘出现以后，打电话更简便了。后来，手持电话开始流行，这种电话既有旋转式拨号盘，又带有话筒和听筒。

每个键都会向交换机发出不同的声音。

按键拨号

- ■ 发明 西电1500型电话
- ■ 制造商 贝尔系统
- ■ 时间地点 1963年，美国

按键电话有拨号用的电子按键，用起来比旋转号盘电话便捷得多。这种电话在 20 世纪 60 年代就已面世，但直到 20 世纪 80 年代才进入大部分家庭。

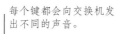

按键电话

哇哦！

2019年，
全世界超过60%的
人都有手机。

144

移动通话

- **发明** 无绳电话
- **制造商** 索尼公司
- **时间地点** 20世纪80年代，日本

20 世纪 60 年代，美军前无线电报务员乔治·斯韦格特设计的无绳电话样机获得了专利。然而，直到 20 世纪 80 年代日本索尼公司推出第一款面向市场销售的无绳电话后，大多数人才用上无绳电话。

现代无绳电话

早期移动电话

- **发明** 诺基亚3210手机
- **制造商** 诺基亚公司
- **时间地点** 1999年，芬兰

诺基亚 3210 手机于 1999 年推出，是史上最流行、最成功的手机之一。手机装有三款游戏，机壳可以更换，铃声可以设定，加上价格合理，所以深受青少年欢迎。很多人的第一部手机都是诺基亚。

诺基亚3210手机

卫星电话

天线

- **发明** 全球星GSP-1700卫星电话
- **制造商** 铱星公司和全球星公司
- **时间地点** 1998年或1999年，美国

卫星电话连接在轨卫星，不用连接地面基站。这就是说，卫星电话几乎可以在世界任何地方拨打。卫星电话服务收费不菲，但在没有固定电话和移动电话网络的边远地区，它们是极为有用的。

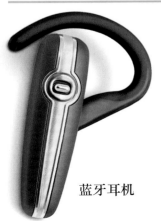

早期的卫星电话

小常识

- 亚历山大·格雷厄姆·贝尔建议接电话时先说"啊嗨"（ahoy）。
- 2014 年，全球手机数量超过世界人口总数。
- 诺基亚手机收到短信时的铃声是"SMS"（"short message service"的英文缩写，意为"短消息业务"）的莫尔斯电码。
- 最早的手机充电 10 小时只能打半小时电话。
- 美国电话号码前面如果有 555，表示这个号码是虚构的。

早期智能手机

- **发明** 诺基亚N系列手机
- **制造商** 诺基亚公司
- **时间地点** 2005年，芬兰

当诺基亚推出 N70 手机时，人们见识了一款可以当作便携式计算机、照相机、全球定位系统和音乐播放器的手机。然而，两年之后，苹果公司就推出 iPhone 触屏智能手机，主宰了手机市场。

诺基亚N97手机

免持无线技术

- **发明** 蓝牙设备
- **制造商** 爱立信公司
- **时间地点** 1994年，瑞典

蓝牙是瑞典人发明的，可以无线交换数据。蓝牙用一种特殊无线电频率交换数据，从而建立一个小范围网络。它可以与电话连接，让你腾出双手；它还能与计算机连接，不用数据线也能传输文件。

蓝牙耳机

智能手机

智能手机一半是手机，一半是掌上电脑。我们不仅用智能手机联系，还用智能手机听音乐、看视频、玩游戏、购物、照相和查询信息，还在社交软件上记录我们的生活。今天的生活离开智能手机简直难以想象。然而，20 年前还没有智能手机。

爱立信R380手机，2000年

iPhone手机和以前的手机大不相同，屏幕大，机身薄。

iPhone手机屏幕大，操作系统独特，是第一款适合上网浏览的手机。

早期智能手机

2000 年，爱立信推出 R380 手机，这是最早的智能手机。随后，黑莓手机问世，风行一时。黑莓是最早带有全键盘的手机之一，还可以查邮件，进行有限的上网浏览。

触摸和敲击

2007 年，苹果公司推出第一款 iPhone 手机，彻底改变了手机行业。iPhone 手机比以往任何手机都方便，而且它具有突破性的触屏技术，能提供很多功能，如音乐和视频等。

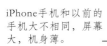

▲ 应用程序
iPhone手机有一点很独特，那就是用户可以很方便地在手机上安装新的应用程序（App）。

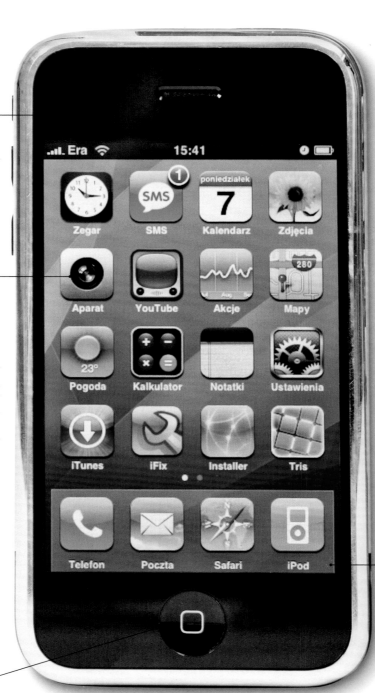

iPod音乐播放器是苹果公司最著名的产品之一。不过现在的iPhone手机可以做到iPod所能做的一切，甚至更多。

Home键是iPhone手机屏上唯一的按钮。

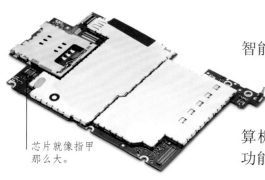

芯片就像指甲那么大。

电脑

智能手机是由一块芯片控制的。不要把芯片与 SIM 卡弄混：SIM 卡用来与外部网络连接；芯片是一种小型计算机处理器，它使手机的许多功能得以运行。

表情符号

最早的表情符号是 1998 年日本一家手机运营公司职员栗田穰崇设计的。它们能用简单的"表情"特征传达人类复杂的情感。

说"茄子"

以前，肖像只能由画家画，或者使用照相机的定时拍照功能拍照。现在，有了智能手机的前置摄像头和自拍杆等新发明，我们都迷上了自拍。

哇哦！

三星智能手机制造商做过一项调查，发现 18~24 岁的年轻人拍的照片有 30% 是自拍照。

智能技术

为了吸引消费者，智能手机机身越来越薄，运行速度越来越快，当然也越来越"聪明"。新的智能技术可以用手机摄像头当扫描仪，翻译菜单上的外文等。

◀ 人脸识别

有的手机有人脸识别功能，可帮助机主安全解锁。有些手机能识别眼睛的虹膜特征，有些则用红外线扫描整个脸部。

▼ 指纹扫描

2007 年，带指纹扫描功能的智能手机面世。不过，这种技术到 2013 年 iPhone 5S 推出后才广为流行。

超级计算机

2018 年，"神威·太湖之光"超级计算机面世，成为世界上运行速度最快的计算机。这台计算机安放在中国东部的无锡市，每秒可以运算 9.3 亿亿次，运行速度大约是现有的第二快超级计算机"天河二号"的 3 倍。"天河二号"也是中国制造的超级计算机。

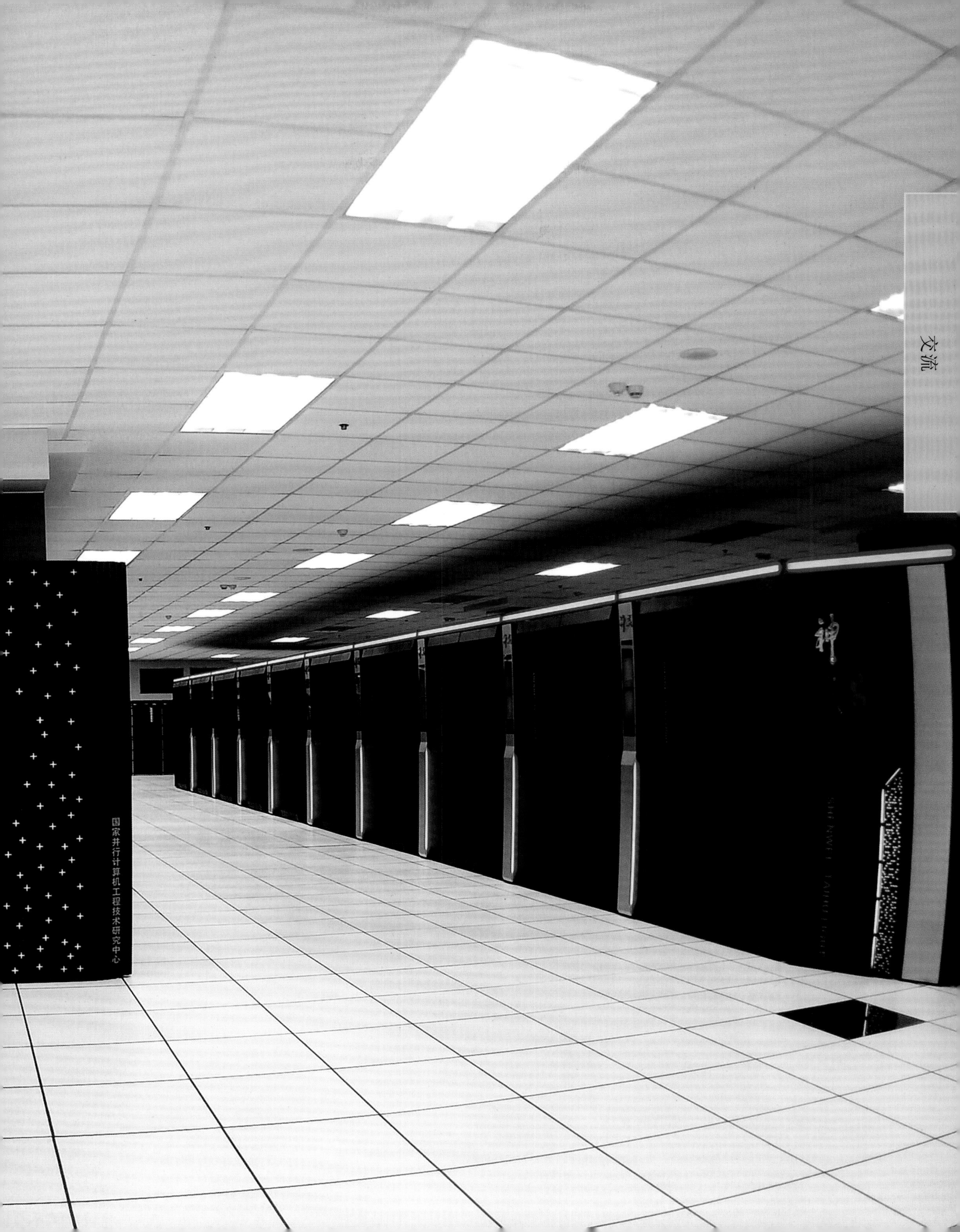
神
国家并行计算机工程技术研究中心

无线电

1887 年，德国物理学家海因里希·赫兹发现了无线电波。他认识到无线电是一种能量，能够像光一样以波的形式传播，但他没发现无线电有什么潜在的实际用途。然而，别的科学家抓住这一机遇，不到 10 年，人们不用电线就能向世界各地发送信号了。

哇哦！

早期矿石收音机需要配耳机，所以一次只能一个人听。

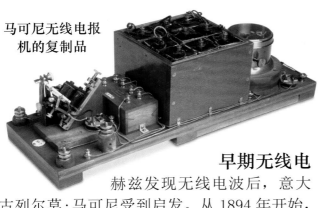

马可尼无线电报机的复制品

早期无线电

赫兹发现无线电波后，意大利人古列尔莫·马可尼受到启发。从 1894 年开始，他做了很多试验，能将无线电信号发送到 3.2 千米外的地方。1896 年，他获得世界上第一个无线电专利。

真空三极管

1906 年，美国发明家李·德福雷斯特在英国科学家约翰·弗莱明的研究基础上研制出真空三极管。它能放大微弱的电信号，对无线电的发展至关重要。美国人称德福雷斯特为"无线电之父"。

带基座的真空三极管，1906 年

亚历山德森交流发电机

亚历山德森交流发电机是电气工程师厄恩斯特·亚历山德森和雷金纳德·费森登 1904 年发明的一种旋转电机。它能产生高频交流电，是最早产生不间断无线电波的设备之一。

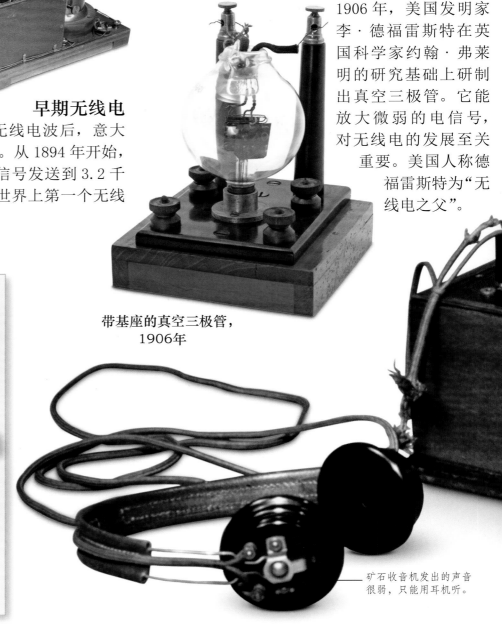

矿石收音机发出的声音很弱，只能用耳机听。

无线电的发展

早期的发送机只能短时间发送无线电波。然而，若想听到清晰的声音，需有连续不断的无线电波。1906年，美国工程师雷金纳德·费森登发明了一台能够产生连续电波的发电机。他的第一次广播是在1906年的平安夜。1909年开始出现定时广播，但直到第一次世界大战后定时广播才普及。

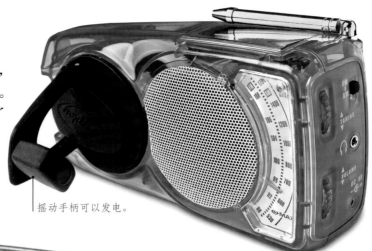

摇动手柄可以发电。

发条式收音机

20世纪90年代初，英国发明家特雷弗·贝利斯设计了一款不用电的收音机，适合在边远地区使用。这种收音机由发条发电机提供电力，这种发电机将能量储存在弹簧里。后来的收音机（如上图）用摇动手柄产生的能量给电池充电。

矿石收音机——收音机出现早期常见的一种最简单的无线电接收机

▲ 矿石收音机
20世纪20年代，家用收音机开始风靡起来，当时已有这种收音机。

数字收音机

数字广播早在20世纪80年代初就问世了，是由德国慕尼黑广播技术研究所开发的，但直到21世纪初数字广播才广为使用。现在，广播公司可以提供比以往更多的服务和更优质的信号。

收音机

收音机的发明是极具革命性的，但此后收音机的发展就不那么显著了。数字收音机极大地扩大了我们的收听范围，但我们现在的收听体验和一个世纪以前相比并没有很大差别。

超外差式收音机

- **发明** 超外差接收电路
- **发明人** 埃德温·霍华德·阿姆斯特朗
- **时间地点** 1918年，法国

埃德温·霍华德·阿姆斯特朗出生在纽约，从孩提时代起就痴迷收音机。成年后，他发明了至今仍非常流行的调频广播系统。第一次世界大战期间，他在美国陆军通信部队实验室发明了超外差接收电路。这种接收方式的性能优于高频放大式接收，所以至今仍广泛应用于远程信号的接收，并且已推广应用到测量技术等方面。

超外差式收音机，1925年

小常识

- 1908 年，李·德福雷斯特到法国巴黎度蜜月，在埃菲尔铁塔顶部播放音乐，成为历史上第一位电台音乐节目主持人。
- 1920 年，世界上第一家商业电台 KDKA 在美国匹兹堡开始广播。

军用背负式电台

- **发明** SCR-300步话机
- **制造商** 摩托罗拉公司
- **时间地点** 1940年，美国

1940 年，摩托罗拉公司应美国军方邀请，开发一款用电池供电的便携式无线电收发设备，在第二次世界大战期间供军队使用。这是第一款被戏称为"步话机"的无线电收发设备。

手持对讲机

- ■ 发明 AM SCR-536对讲机
- ■ 制造商 摩托罗拉公司
- ■ 时间地点 1940年，美国

我们现在所说的对讲机原来叫作步话机，也就是双向式手持无线电收发设备。最早出现的是摩托罗拉公司生产的 AM SCR-536 对讲机。它是为军队制造的，很笨重。这种对讲机很快就被小型轻便的型号替代，后者在服务机构和工地很受欢迎。

天线 ——

哇哦!

全世界一半以上的人上不了网。因此，对很多人来说，无线电依然是最好用的通信方式。

UFT 432对讲机，
20世纪70年代

便携式收音机

- ■ 发明 TR82收音机
- ■ 制造商 宝树公司
- ■ 时间地点 1959年，英国

第一批晶体管收音机很贵，但很快有其他厂家推出了更便宜的收音机。第一批便携式收音机中最具代表性的是英国宝树公司 1959 年推出的 TR82 收音机。它由大卫·奥格尔设计，很时髦，中间有一个很大的刻度盘，上面刻有各家电台的名称，这使它深受欢迎，尤其在青少年中。直到现在，人们都还觉得这款收音机的设计很经典。

晶体管收音机

- ■ 发明 Regency TR-1收音机
- ■ 制造商 得克萨斯仪器公司和Idea公司
- ■ 时间地点 1954年，美国

Regency TR-1 将收音机从一件笨重的家具变成可以放进口袋里的东西，这得益于 1947 年发明的一种小型固体器件——晶体管。晶体管替代了原来放大信号用的笨重的电子管。这款收音机由得克萨斯仪器公司提供晶体管，Idea 公司设计制造。人们收听音乐的方式由此改变。

交流

按钮使换台和调整模式更容易。

数字收音机

- ■ 发明 Alpha 10收音机
- ■ 制造商 雅俊公司
- ■ 时间地点 1999年，英国

尽管数字广播在 20 世纪 80 年代就有了，但直到 1999 年，世界上第一台家用数字收音机才开始销售。这款收音机又大又贵，几年之后才出现大众买得起的小型收音机，如英国 Pure 公司 2002 年率先推出的 Evoke 1 收音机。

153

交流

IV

连接大陆

世界上 99% 的数据是由大洋底部的海底通信电缆传输的，包括互联网数据。海底通信电缆是由专用船只和陆地设备铺设的，下沉深度达 8000 多米，跟珠穆朗玛峰的高度差不多！铺设电缆必须注意避开暗礁和沉船等障碍物。

交流

照相机

在古代，人们用暗箱投射影像，但还不能用它来照相。真正的照相机直到19世纪20年代才出现。最初的照片要花好几个小时曝光。现在有了数字技术，照完相马上就能看到照片。

有了光圈，光线就能进入照相机。

哇哦！

现存最早的一张照片是约瑟夫·尼塞福尔·涅普斯于1826年拍的，拍的是他从法国庄园楼上窗口看到的景色。

最早的照片

最早的照片是约瑟夫·尼塞福尔·涅普斯于1826年拍摄的，很模糊。最早发明可行照相术的是他的同事路易·达盖尔。1839年，吉鲁-达盖尔式银版照相机成为世界上最早商业化生产的照相机。

银版法

右边这张1843年的银版照片是用镀银的铜板曝光几分钟后生成的。铜板上的图像只有用加热的汞气熏蒸才能显影。1841年，威廉·福克斯·塔尔博特创造了另一种早期照相术"卡罗法"。这种方法跟银版法不同，一张底片可以冲洗出很多张照片。

照片曝光时，三脚架保持照相机稳定。

吉鲁-达盖尔式银版照相机，1839年

暗箱

1570年，人们将暗箱改良成更大的版本。在暗室的一面墙上凿一个小孔，自然光通过小孔聚焦，把外部景色的图像投射到对面的墙上。在苏格兰爱丁堡就有这样一个实例（见左图）。

彩色照片

最早的彩色照片要求摄影师用红、蓝、绿三种滤镜照三张照片，然后用投影仪把它们叠加起来。1907年，法国吕米埃兄弟获得"彩色底片"技术专利，可以将三种颜色合在一张底片上。

彩色底片需要长时间曝光，所以大部分照的是静态场景。

底片位于匣子后部。

◀ 果园里的佩姬，1909年 这张彩色照片是英国早期摄影师约翰·西蒙·沃伯格拍摄的。他从19世纪80年代开始从事摄影。

闪光灯

为了在黑暗的地方采光，早期的摄影师使用闪光粉，即把镁粉和氯酸钾等混在一起，在盘状器皿里点燃。但是，这么做很危险。1929年，一家德国公司推出了闪光灯——把镁箔放在灯泡里。

镁箔由灯丝通电点燃。

灯丝

德国闪光灯，1929年

明胶干板

明胶干板是1871年发明的，比以前的底片更敏感，曝光时间短。照相第一次不需要三脚架或其他支撑物。人们可以手持小型照相机拍摄快照。

胶卷

1885年，美国人乔治·伊士曼推出了透明的、可卷曲的摄影胶片。这样可以使用一卷胶片拍多张照片，而不是只能用单张底片。伊士曼推出了柯达照相机，1888年开始销售。柯达照相机可以手持，使用方便。从此，不只专业摄影师能照相，更多业余人士也能照相。

柯达照相机里面装有可曝光100次的胶卷。

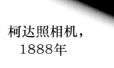

柯达照相机，1888年

胶卷用完后，必须把照相机送回厂家冲洗照片。

最初的柯达胶卷，1890年

拍照

以前，人们只在特殊场合，如节假日或婚礼上才照相，因为买胶卷、冲洗胶卷，既费钱又费时。现在，我们可以拍一整天，甚至不再需要专门的照相机，手机就能照相。

哇哦！

据估计，我们每两分钟拍的照片数量相当于整个19世纪全球人拍的照片数量总和。

1903~1915年制造的柯达3A号折叠照相机

新闻照相机

- **发明** 快速格拉菲照相机
- **制造商** 格拉菲公司
- **时间地点** 1912年，美国

新闻照相机拍出的照片比一般照相机拍出的照片尺寸大，不过这款照相机还是比较小巧的，非常容易操作。不仅摄影记者可以用，别的人也能用，只要你需要一部快速拍照的靠谱的照相机。

袖珍照相机

- **发明** 柯达1号折叠袖珍照相机
- **制造商** 伊士曼柯达公司
- **时间地点** 1897~1898年，美国

柯达公司是照相机行业的先驱，不断为业余摄影爱好者生产更小更廉价的照相机，其中包括这款早期折叠式照相机。1912年，柯达又推出一款更小的可以放进口袋里的袖珍照相机。

闪光灯

快速格拉菲照相机

双镜头反光照相机

- **发明** 禄来福来照相机
- **制造商** 弗兰克和海德克公司
- **时间地点** 1929年，德国

双镜头反光照相机（简称双反）有两个镜头，一个用来摄影，一个用来取景，见上图的禄来福来2.8F。摄影者可以通过一个45°的镜面从上方看镜头，将照相机放在齐腰的高度。有了这种技术，照相机能被端得更稳。

35毫米照相机

- **发明** 徕卡标准照相机
- **发明人** 奥斯卡·巴纳克
- **时间地点** 1932年，德国

20世纪的前25年，35毫米（胶卷宽度）成为照相机的主要制式。

早在1913年，就已有使用35毫米胶卷的照相机。后来，徕卡公司的小型照相机，如这款代表性的徕卡标准照相机（见左图），对这种制式的推广起到了重要作用。

徕卡标准照相机，1932年

布朗尼"闪光灯"IV照相机

布朗尼闪光灯系列

- **发明** 布朗尼"闪光灯"IV照相机
- **制造商** 伊士曼柯达公司
- **时间地点** 1957年，英国

1898年，柯达公司创始人乔治·伊士曼请公司照相机设计师设计一款尽可能便宜的照相机，因此就出现了布朗尼照相机。这一系列照相机使用极为方便，谁都会用，畅销不衰。到20世纪50年代，柯达公司又推出了布朗尼闪光灯系列。这种照相机更好用，使用者可以装闪光灯拍照。

SX-70照相机，1978年

宝丽来照相机

- **发明** 宝丽来SX-70照相机
- **发明人** 埃德温·赫伯特·兰德
- **时间地点** 1972年，美国

珍妮弗·兰德拍完照问她父亲："为什么我不能现在就看到照片？"她父亲是宝丽来公司的创始人埃德温·赫伯特·兰德。于是，兰德就发明了首部面向市场的一次成像照相机。兰德不断发明创造，后来推出代表性的SX-70一次成像照相机，照完相很快就能打印出照片。这款照相机在20世纪70年代风靡一时。

哈苏照相机

- **发明** 哈苏500 EL照相机
- **发明人** 维克托·哈塞尔布拉德
- **时间地点** 1969年，瑞典

哈苏公司原来是一家贸易公司，第二次世界大战期间开始生产照相机。该公司生产的照相机质量上乘。1969年，美国国家航空航天局将哈苏500 EL照相机选作航天员登月用照相机，使哈苏公司更加闻名遐迩。

GoPro HERO4号照相机

数字照相机

- **发明** 美能达RD-175照相机
- **制造商** 美能达公司
- **时间地点** 1995年，日本

数字照相机又称数码相机。20世纪90年代中期，不用胶卷而用电子方式拍照和存储照片的照相机首次面向市场销售。最早推出的便携式数字照相机可能是美能达RD-175，于1995年上市。

运动照相机

- **发明** GoPro HERO照相机
- **发明人** 尼克·伍德曼
- **时间地点** 2004年，美国

GoPro系列照相机是冒险运动爱好者的最爱。冲浪爱好者尼克·伍德曼想边冲浪边拍照，但苦于没有合适的设备可用，于是他发明了这种运动照相机。最初的一款是在2001年发明的，使用35毫米胶卷。后来的款式运用了数字和录像技术，还加装了专用广角镜头。

无人机摄影

- **发明** SOLO无人机
- **制造商** 3D Robotics公司
- **时间地点** 2015年，美国

可应用导航系统且装有数字照相机的小型无人机最初是为了军用，现在已经很常见了。越来越多的摄影者可以用无人机从空中拍摄精彩的照片。

奥林巴斯单反数字照相机，2015年

电影

1891 年，美国爱迪生公司展示了活动电影放映机。这种放映机可以放映"活动的照片"，但一次只能让一个人通过窥孔观看。四年后，电影就能放给几百人观看了。1927 年，首部有声电影《爵士歌王》面世。

交流

辉煌的特艺公司

人们早期对色彩的处理就是手工给胶片染色。从 1932 年开始，特艺公司推出一款摄影机（见下图），用三条胶片分别记录红、蓝、绿三种颜色。这成了当时的标准工艺，一直延续到 20 世纪 50 年代中期。

用摄影机拍摄

早期电影只能放映一分钟左右，而且只能显示一个场景。1896 年生产的这款电影摄影机（见左图）可以转动，跟踪拍摄动作。1897 年英国维多利亚女王的钻石庆典游行很可能就是用它拍摄的。

保护筒内装有胶片卷轴。

卷轴上装有三条胶片，分别记录三种不同的颜色。

迈布里奇拍摄的骑手骑马奔跑，1877年

特艺公司的三条胶片摄影机，1932年

移动的影像

电影摄影是通过快速投射照片而造成的一种动态错觉。英国人埃德沃德·迈布里奇是电影摄影的先驱，他拍了一些动物的照片，然后把印在一个旋转着的玻璃圆盘上的照片连续快速地投射到屏幕上，这是电影发展的一个关键阶段。

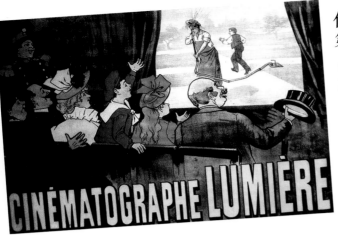

付费观众

第一部向付费观众公映的电影是奥古斯特·吕米埃和路易·吕米埃兄弟1895年12月在法国巴黎放映的。他们放映了自己拍摄的10个短片。

东芝DVD播放机，1996年

激光技术

20世纪70年代，随着录像带放像机的出现，电影进入千家万户。1997年，好莱坞电影公司发行了首批数字影碟（DVD），声音和图像质量更好，菜单使用也更方便，有时还装有互动游戏，观影体验显著提升。

DVD

用3D眼镜观影

3D电影实验可以追溯到19世纪90年代末，但付费观众看到的第一部3D电影是1922年在美国洛杉矶上映的《爱的力量》。这也是第一部需要使用带反色镜片的3D眼镜观看的电影。在1986年偏光镜片出现以后，3D眼镜的质量得到提升。2009年上映的3D电影《阿凡达》非常火爆，由此3D电影的流行达到顶峰。

现代3D眼镜

现代电影摄影机

现代电影摄影机不再使用胶片，而是使用数字技术进行拍摄。送到电影院的影片也是数字文件。首部数字电影是1999年上映的《星球大战前传Ⅰ：幽灵的威胁》。

"杰尼斯"数字电影摄影机，2006年首次使用，用于拍摄《超人归来》

镜头遮光罩防止镜头受到阳光直射。

电视

好几个人几乎同时致力于研发电视。1923年，约翰·洛吉·贝尔德为英国大型广播公司BBC研制了一套机械系统。1934年，美国的菲洛·法恩斯沃思展示了一台电子式电视。然而，对我们今天的这种电视做出重要贡献的是两位俄裔工程师——艾萨克·休恩伯格和弗拉基米尔·兹沃里金。

哇哦！

最早公开放送的电视画面是1926年放送的，画面中是腹语表演者用的人偶。它的样子很吓人，名字叫比尔。

早期的电视节目

尽管早些时候也有电视节目放送，比如1936年柏林奥运会，但1936年11月2日开始的BBC节目才是公认的世界上第一个定期播出的公共电视节目。

阴极射线管

电视发展过程中的第一大步是发明了阴极射线管。第一根阴极射线管是德国物理学家卡尔·费迪南德·布劳恩1897年制造的。它将电子沿玻璃管发射到荧光屏上，荧光屏就会亮起来。通过控制哪些荧光点发亮，就能形成一幅图像。

玻璃管末端是荧光屏。

加热阴极会发出电子。

旋转圆盘电视

苏格兰工程师约翰·洛吉·贝尔德用一个旋转圆盘使投影灯的灯光扫过要在电视上投影的物体，将图像转变为电信号，再在接收器里用一个同步旋转圆盘来重现图像。1926年，他做了一次公开演示。然而，用这种机械系统生成的图像不如电子生成的图像清晰。

遥控器

1950年，美国珍妮斯无线电公司制造了第一部电视遥控器，叫"懒骨头"（见上图）。它可以开关电视，还能换台。遥控器用电线连在电视上。1955年，第一部无线遥控器面世。

贝尔德发明的电视，1929年

装有旋转盘的匣子

小屏幕显示动态图像。

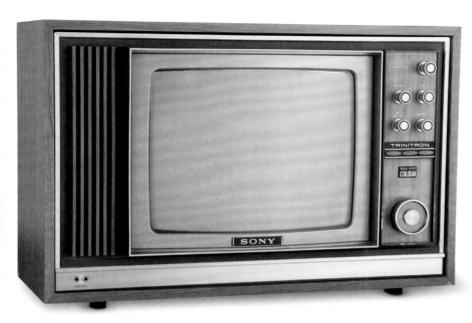

彩色电视

1951 年 6 月 25 日，美国哥伦比亚广播公司播放了第一个彩色电视节目，可惜有眼福的人寥寥无几，因为当时大部分人家只有黑白电视。1967 年，英国生产了第一台彩色电视。直到 20 世纪 70 年代，彩色电视的销量才超过黑白电视。

20世纪70年代流行的
索尼特丽珑彩色电视

数字电视

彩色电视之后的最大变革可能就是能够接收数字电视信号而不是模拟电视信号的数字电视的出现。进入 21 世纪以来，电视台播出的电视节目声音更清晰，画面更逼真，频道也更多。

英国电信BT Vision
数字电视机顶盒

专业数字高清
摄像机

高清电视

"高清"（高分辨率，HD）是一种电视显示技术，可以提供类似于影院体验的画面质量，画面更清晰，色彩更丰富。最早的高清电视节目是日本 1989 年播放的《自由女神像》和《纽约港》，但是到了 21 世纪高清电视节目才开始普及。

德国一家数据中心的服务器机柜

流媒体

近年来，电视产业发展迅猛。自从有了互联网，我们就能看现场直播。现在，我们想看什么就看什么，在哪儿都能看节目。我们甚至不需要电视，用手机或笔记本电脑就能看节目，也可以不依赖广播公司，只需要快速连接到计算机服务器就行。

大屏幕

大多数科技产品在发展过程中都是越做越小，比如早期的电话、计算机和照相机都很大。但是，电视屏幕正好相反，越做越大。最早的电视屏幕跟笔记本电脑差不多大小。如今，最新款的电视屏幕就像是迷你影院屏幕。

交流

早期电视

- **发明** 德律风根FE-1电视
- **制造商** 德律风根公司
- **时间地点** 1934年，德国

最早的电视使用的是约翰·洛吉·贝尔德的机械系统。20世纪30年代，德国造出首批电子式电视以后，这种老式系统就被淘汰了。法国、英国和美国很快相继推出自己的电视。早期电视都置于很大的木箱外壳内，屏幕小，屏幕尺寸大多只有30厘米（12英寸）。

彩色电视，20世纪70年代

彩色电视

- **发明** 西屋H840CK15电视
- **制造商** 西屋电气公司
- **时间地点** 1954年，美国

虽然1951年美国就播出了首批彩色电视节目，但直到3年后，西屋电气公司的彩色电视才对公众出售，还有别的公司也生产彩色电视。但是，彩色电视因为价格贵，彩色电视节目少，所以卖得不好。直到20世纪70年代，几乎所有电视节目都是彩色的了，彩色电视才真正快速发展起来。

现代电视

- **发明** 飞歌 Predicta电视
- **制造商** 飞歌公司
- **时间地点** 1958年，美国

有笨重木箱外壳的电视存在的时间并不长。随着技术的进步，电视移动起来更方便了，还吸收了新元素。例如，这款飞歌Predicta电视就有世界上第一个旋转屏幕。20世纪50年代，电视还是奢侈品，设计师希望让电视看起来尽可能具有超前气质。

飞歌Predicta电视的屏幕可以向任意方向旋转。

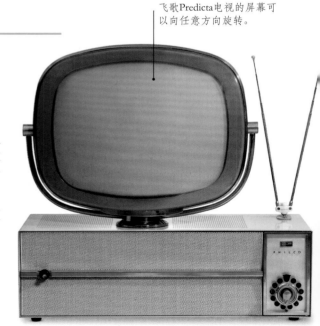

便携式电视

- **发明** 飞歌Safari电视
- **制造商** 飞歌公司
- **时间地点** 1959年，美国

第一台真正的便携式电视是飞歌 Safari，它跟背包差不多大小，用一块小电池供电。1970 年，松下推出了一款手袋大小的电视 TR-001。1978 年，英国发明家克莱夫·辛克莱发布了一款近似口袋大小的电视 MTV1（见下图）。

可伸缩天线

长15厘米，宽10厘米。

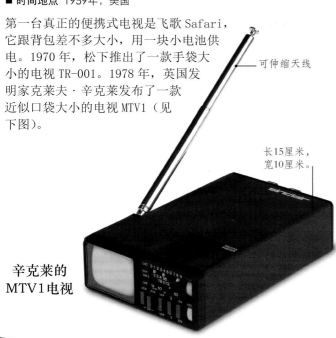

辛克莱的 MTV1电视

OLED电视

平板等离子电视

- **发明** 等离子显示屏
- **发明人** 唐纳德·比策和吉恩·斯赖尔
- **时间地点** 1964年，美国

平板等离子电视很薄很轻，可以挂在墙上。等离子显示屏是伊利诺伊大学的两位教授唐纳德·比策和吉恩·斯赖尔于 1964 年发明的。屏幕是由无数个充满气体的小管构成，通电后小管会发出红光、绿光或蓝光。小管由电路控制，每个小管的亮度不断变化，从而形成动态画面。直到 1997 年，首批平板等离子电视才对公众出售。

OLED电视

- **发明** 索尼XEL-1电视
- **制造商** 索尼公司
- **时间地点** 2008年，日本

OLED（有机发光二极管）通电后会发光。OLED 显示屏由数以百万计这种显示器件构成。OLED 电视很节能，屏幕超薄，画质非常清晰。2008 年，索尼公司推出首批 OLED 电视，但价格太高，很多人买不起。

超薄大屏幕能显示高清画面。

3D电视

- **发明** Viera VT20 等离子3D高清电视
- **制造商** 松下电器公司
- **时间地点** 2010年，日本

2009 年，詹姆斯·卡梅隆导演的科幻电影《阿凡达》上映，3D 电影似乎成了电影发展的方向。电子公司纷纷生产 3D 电视，第二年首批 3D 电视面世，结果只是流行一时。到了 2017 年，已经没人想买 3D 电视了。

交流

书面交流

5000 多年前，苏美尔人用刻在泥板上的符号交流。2000 多年前，中国人在纸上写字交流。书面交流的下一个大飞跃是在 1450 年左右，德国人发明了印刷机，为纸质书、报纸（17 世纪问世）和杂志（18 世纪问世）的发展铺平了道路。

比克比罗笔

圆珠笔

交流

便士邮政

邮政服务自古就有。然而，第一枚邮票是英国于 1840 年 5 月 1 日发行的黑便士邮票（见右图）。这是英国政府推出的一项邮政改革措施，目的是让所有人都寄得起信。

墨水均匀流畅

传统钢笔要蘸墨水或灌墨水，而且墨水会干掉或渗漏。19 世纪 80 年代，美国人约翰·J. 劳德研制出了早期圆珠笔，里面装有墨水，可以随时写字。这种笔后来被匈牙利人拉斯洛·比罗改良。

1870年，明信片发行时都自带一枚邮票。

希望你在身边

现存最古老的明信片是 1840 年英国作家西奥多·胡克从伦敦寄出的，用的是一枚黑便士邮票，收信人是他自己。美国第一张类似明信片的邮件是 1848 年寄出的，上面印有广告，由广告方支付邮资。

德国明信片，1870年

指尖阅读

法国盲人路易·布拉耶在还是学生的时候就知道用凸点写字的方法，这也是士兵夜晚交流的一种方法。他改良了这种方法，并于 1829 年发表，这就是布拉耶盲字。这种盲字至今仍在使用。

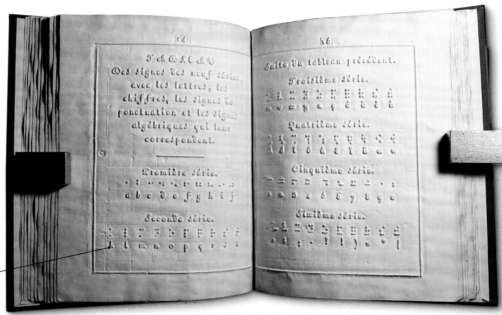

布拉耶盲字使用6个点的代码，可以区分不同的字母。

用布拉耶盲字出版的第一本书，1829年

一份文稿可以使用碳纸打出多份。

敲击键

说来凑巧，发明实用型打字机的美国人克里斯托弗·肖尔斯以前是报纸编辑，他想找到一种比笔"写"得更快的工具。1873 年，他在另外两位发明家卡洛斯·格利登和塞缪尔·索尔的帮助下，造出了这种机器。

带有字模的操纵杆击打有墨的色带后，字迹便印到纸上。

克兰德尔打字机，1875年

在早期的键盘上，打字员快速打字的时候按键会卡住。1875年，肖尔斯发明了全键盘（QWERTY键盘）。

明亮的灯光

自从 1962 年发明了发光二极管（LED），1964 年发明了液晶显示屏（LCD），大部分纸质招牌和广告牌已经被明亮的五颜六色的街牌和路牌取代，图中展示的是中国香港九龙街景。现在，智能数字广告牌能检测迎面来车的品牌、型号及出厂年份，由此为司机推送有针对性的广告。

交流

计算机

英国发明家、数学家查尔斯·巴贝奇设计了三种计算机。他设计这些计算机的目的是存储和计算，输出计算结果。巴贝奇的设计具有开创性，所以很多人称他为"计算机之父"。

比尔·盖茨

每台计算机都要用到软件，即告诉计算机如何执行任务的一套指令。1975年，美国计算机科学家比尔·盖茨与人联合创办了微软公司。微软后来成为世界上最大的软件公司，盖茨也由此跻身全球富豪行列。

巴贝奇的差分机1号部件

计算机械

查尔斯·巴贝奇虽然设计了第一款自动计算机械，但并没有制造出来。直到1991年，他的差分机2号在设计了142年之后，才在英国伦敦被制造出来。

早期计算

现代计算始于第二次世界大战期间。1941年，德国工程师康拉德·楚泽造出 Z3 计算机，这是世界上第一台可编程的通用数字计算机，但不是电子计算机。它体积庞大，占满了整个房间。这台计算机帮助楚泽完成了航空设计方面的计算。

▶ 计算巨人

"巨人"计算机是英国在1943~1945年研制的一台计算机，用来破解德军密码。

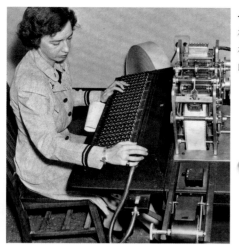

◀给"马克"1号计算机编程，1944年

格雷丝·霍珀在给霍华德·艾肯研制的"马克"1号计算机编程。二战期间，人们用"马克"1号进行原子弹设计的计算。

越来越小，越来越快

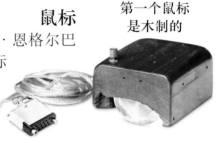

微处理器是计算机的"发动机"。早期计算机跟衣柜一样大，有的比衣柜还大。1947年，晶体管出现以后，整个处理器就缩小成一个小型集成电路板，运算速度极快，计算机也随之变小了。

这种早期处理器的每个子电路都有几千个晶体管。

格雷丝·霍珀

20世纪40年代，格雷丝·霍珀参加了美国海军，成为第一批计算机程序员。她协助开发了COBOL，这是最早的编程语言之一。这种计算机编程语言目前仍在使用。她从计算机里取出一只被困的蛾子时，还创造了"bug"（计算机程序错误）一词。

鼠标

第一个鼠标是木制的

1964年，美国工程师道格拉斯·恩格尔巴特发明了一个能移动计算机光标的轮式装置。他称之为"鼠标"，因为它看起来像带尾巴的老鼠。

IBM个人计算机，20世纪80年代

个人计算机

最早的个人计算机（又称"个人电脑"）诞生于20世纪70年代，但要自己组装，仅供专业人士使用。1981年，个人计算机革命真正开始，IBM推出首批个人计算机，彻底改变了人们工作、娱乐和交流的方式。

交流

家用电脑

最早的计算机是方形的，很重，后来计算机的体积就越来越小，处理能力也越来越强。智能手机的能力比早期衣柜大小的计算机强大得多。计算机进入家庭后俗称"电脑"。

组装电脑

- **发明** 阿尔塔8800电脑
- **制造商** 微型仪器与遥感系统公司（MITS）
- **时间地点** 1974年，美国

最早的个人电脑很多都是卖给发烧友的，要自己组装。阿尔塔8800上了《大众电子》杂志封面以后销量猛增，开启了个人电脑革命。

家用电脑

- **发明** 雅达利400/800电脑
- **制造商** 雅达利公司
- **时间地点** 1979年，美国

供非技术人员使用的第一批家用电脑诞生于1979年。其中独领风骚的机型由得克萨斯仪器公司和雅达利公司生产，雅达利的电脑尤为畅销。家用电脑最常见的用途是玩电子游戏，不过有些人也用电脑处理文字和做基本的编程。

苹果电脑

- **发明** 苹果II电脑
- **制造商** 苹果公司
- **时间地点** 1977年，美国

1977年，苹果公司（当时叫苹果电脑公司）的联合创始人史蒂夫·沃兹尼亚克设计了苹果 II 电脑。苹果 II 是苹果公司最早售卖的普及型产品之一。这款电脑能显示彩色图像，有声音，外壳是塑料的，后来所有个人电脑纷纷效仿。

屏幕显示器可以显示16种颜色。

苹果II是第一款使用塑料外壳的电脑。

苹果II电脑，20世纪70年代

第一款笔记本电脑

- **发明** 爱普生HX-20笔记本电脑
- **制造商** 精工爱普生公司
- **时间地点** 1981年，日本

爱普生HX-20的打印装置就像收银机的打印装置一样。

爱普生 HX-20 是第一款笔记本电脑，由日本精工爱普生公司出品并推向国际市场。这款电脑大小像 A4 纸，重 1.6 千克。电脑屏幕跟计算器的显示屏差不多大小。

爱普生HX-20笔记本电脑，1981年

GRiD Compass笔记本
电脑，1982年

翻盖式笔记本电脑

- **发明** GRiD Compass笔记本电脑
- **制造商** GRiD系统公司
- **时间地点** 1982年，美国

1982 年，第一款具有现代笔记本电脑特征，尤其是能"翻盖"的笔记本电脑面世。这款电脑很贵，主要卖给美国政府。美国海军曾使用过这种笔记本电脑，美国国家航空航天局也曾使用它们在宇宙飞船上执行航天任务。

苹果麦金塔电脑

- **发明** 苹果麦金塔电脑（Mac）
- **制造商** 苹果公司
- **时间地点** 1984年，美国

麦金塔电脑是为大众设计的一款使用方便、价格低廉的电脑，1984 年出品，但是当时价格并不低。直到 20 世纪 90 年代初，苹果公司推出了更具价格竞争力的机型，麦金塔电脑才走俏。

上面有一个手柄，便于把电脑提起来搬运。

苹果麦金塔
128K电脑

触屏

- **发明** 宝意昂 MC 200笔记本电脑
- **制造商** 宝意昂公司
- **时间地点** 1989年，英国

触屏是一种特殊表面，可以跟踪手指的位置和移动来切换屏幕。英国宝意昂公司生产的笔记本电脑是最早用触屏取代了鼠标的电脑。

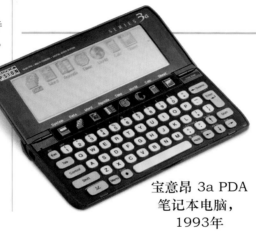

宝意昂 3a PDA
笔记本电脑，
1993年

平板电脑

- **发明** 微软平板电脑
- **制造商** 微软公司
- **时间地点** 2002年，美国

20 世纪 90 年代，很多公司都在研发平板电脑。第一款商业销售的平板电脑是由微软公司设计的，于 2002 年面世。这款电脑很重，使用不便。2010 年，苹果公司发布 iPad，由于改良了触屏技术，其中还装了许多很酷的应用程序，平板电脑变得流行起来。

苹果iPad

变形本

二合一电脑

- **发明** 康柏"协奏曲"电脑
- **制造商** 康柏公司
- **时间地点** 1993年，美国

这款二合一便携式电脑既是笔记本电脑也是平板电脑。早期的康柏"协奏曲"是 1993 年研制的。然而，这种理念过了近 20 年才流行起来，契机是华硕公司 2011 年推出了 Eee Pad 变形本。

交流

万维网

我们很多日常活动都依赖万维网，这种方便的系统让所有人都能上网，便于用户在互联网上检索和浏览信息。社交媒体是很多人最喜欢的交流方式。我们上网购物、支付账单、看电视和玩游戏。有些国家还在网上进行投票选举。

连接

1989 年，英国计算机科学家蒂姆·伯纳斯-李在瑞士日内瓦附近的欧洲粒子物理实验室工作时开发了万维网。他设想建立一个计算机互联的开放平台，让世界各地的人共享信息与合作。

蒂姆·伯纳斯-李自己的电脑就是第一台服务器。为了保证不断网，他在上面贴了张标签：这台机器是服务器，请勿关机！

▼ 蒂姆·伯纳斯-李
蒂姆·伯纳斯-李站在他用来开发万维网的计算机旁。

网吧文化

20世纪90年代，家里都不能上网。1991年，美国旧金山的一些咖啡店装了与其他咖啡店相互联网的电脑。1994年初，英国伦敦当代艺术中心开设了首家能上网的咖啡馆。

第一个网页

1991年8月6日，第一个网页（见上图）面世，设计者是蒂姆·伯纳斯-李。他在这个网页中介绍了万维网项目的有关情况，简单说明了网页制作方法。

在越南第一家网络咖啡馆上网的顾客，1996年

文字和图片

早期网站只有文字，没有图片。1993年，美国伊利诺伊大学的国家超级计算应用中心推出了支持图片的浏览器Mosaic。现在的网站看起来更有吸引力，也更方便浏览。Mosaic为万维网的普及贡献了力量。

哇哦！

连接到互联网上的设备比地球上的人还多。

有了浏览器，人们就能上网浏览网页。

全球网络

万维网出现之前就有网络社区。然而，当校友网（1995年）、六度网（1997年）、领英网（2003年）、聚友网（2003年）、脸书网（2004年）和推特网（2006年）等网站出现以后，网络社区更为活跃。

▲ 建网站
2003年，WordPress等创建网站的平台出现，方便了人们自建网站。

埃达·洛夫莱斯

埃达·洛夫莱斯出生于 1815 年，原名埃达·奥古斯特·戈登。她父亲是英国浪漫主义诗人乔治·戈登·拜伦，即拜伦勋爵。埃达后来成了数学家。有人认为第一个计算机程序就出自她手，她的想法启发了 20 世纪中期开始开展的早期编程研究。

科学教育

埃达小时候父母离异。母亲担心她继承父亲变化无常的脾性，就让她学习科学。年轻的埃达对工业革命时期的种种新发明都非常痴迷。

分析机

17 岁前后，埃达结识了数学家、发明家查尔斯·巴贝奇。她对巴贝奇关于分析机的想法很感兴趣，因为这种机器能够做复杂的运算。分析机具有现代计算机的所有基本要素。

分析机的现代模型

▶埃达·洛夫莱斯
埃达的丈夫是洛夫莱斯伯爵，所以她的头衔是洛夫莱斯伯爵夫人。

生平

1815年	1816年	1828年	1833年
12月，埃达出生于英国伦敦，是浪漫主义诗人乔治·戈登·拜伦唯一合法的孩子。	1月，她母亲安娜贝拉认为丈夫精神失常，带着一个月大的埃达离开了她父亲。	埃达天资聪颖，13岁就设计了自己的飞行装置。	有人介绍她认识了数学家、发明家查尔斯·巴贝奇。

巴贝奇机器
上的穿孔卡

计算机编程

埃达写了很多有关巴贝奇分析机潜在可能性的笔记。例如,她在一封书信(见下图)中写道,"不用人动脑子,也不用人动手,分析机就能计算出来"——换句话说,这就是计算机程序。

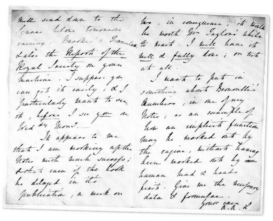

埃达写给巴贝奇的信,1842年

埃达的遗产

遗憾的是,巴贝奇的分析机一直没有造出来,埃达的想法也停留在理论阶段。然而,她的远见卓识令人钦佩。事实上,又过了100年,在计算机发明之后,她的研究工作的重要性才彰显出来。

▶ 想法变成现实
埃达提出的编程理念影响了很多领域,尤其是航空航天。

1843年	1844年	1851年	1852年
埃达发表了有关巴贝奇分析机的笔记,其中包括复数序列的算法。	埃达设计了能理解人类情感的数学模型,称之为"神经系统微积分"。	埃达嗜赌,她创建了一个赌马的数学模型,但效果不佳。	36岁的埃达因患癌症,英年早逝,被安葬在她父亲的墓旁。

在家里

无论是厨具、保洁工具，还是娱乐休闲的小玩意和游戏产品，我们的家里随处可见各式各样的发明，这些发明让我们的生活舒适惬意。

灯泡

19世纪大部分时间，科学家都在想办法将电转变成光。他们想要制造经久耐用的家用电灯。英国发明家约瑟夫·斯旺和美国发明家托马斯·爱迪生分别在大西洋两岸开展各自的研究，最终提出了解决办法——白炽灯。白炽灯的发明彻底改变了世界。

黑暗中的生活

电灯发明以前，世界要黑暗得多。居家照明靠的是用动物脂肪和蜂蜡制成的蜡烛，以及油灯和煤气灯。这些都远远不如电——一只100瓦灯泡的亮度是一支蜡烛的100多倍。

照亮道路

1809年，英国科学家汉弗莱·戴维发明了弧光灯。弧光灯的原理是通过两个碳棒之间的空气传递一道明亮的电弧，就像是人工控制的闪电。这是最早的实用灯光，但这种灯光线太亮，不适合家用，主要用于街道照明。

弧光灯照亮美国纽约街头，1881年

▶ 斯旺发明的灯泡
1878~1879年，斯旺发明的灯泡第一次展示在世人面前，图中所示是复制品。他的灯泡虽然能照明，但持续时间不是很长，不具备商业价值。

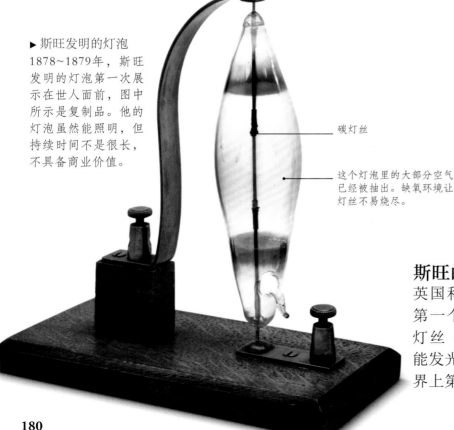

碳灯丝

这个灯泡里的大部分空气已经被抽出。缺氧环境让灯丝不易烧尽。

哇哦！

19~20世纪，美国灯泡销量直线上升，1885年大约是30万只，1945年是7.95亿只。

斯旺的灯光

英国科学家约瑟夫·斯旺制造了第一个适合家用的灯泡，用的是灯丝（一种很细的物质，通电后能发光）。1879年，他们家成为世界上第一个用灯泡照明的家庭。

爱迪生的奇思妙想

斯旺展示灯泡的第二年，美国发明家托马斯·爱迪生（见第186~187页）用碳化竹做灯丝，发明了自己的灯泡。为了保证灯泡能广泛使用，爱迪生还设计建造了为电灯供电的发电厂和配电系统。于是，电灯第一次进入了千家万户。

灯泡内几乎是真空的。

环形灯丝

连接电线，输送电流。

现代灯泡

如今，许多通过加热灯丝产生光亮的家用白炽灯泡正在被节能灯泡取代。节能灯包括小型荧光灯和 LED 灯（见第183页），如上图。有些 LED 灯可以用手机等智能设备控制，只要把智能设备与中央集线器连接就行。

在家里

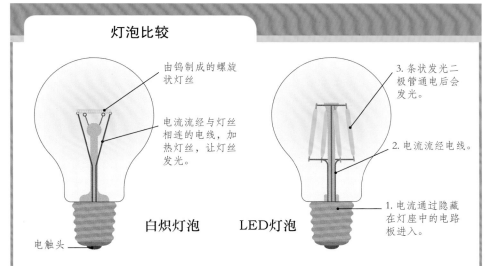

灯泡比较

由钨制成的螺旋状灯丝

电流流经与灯丝相连的电线，加热灯丝，让灯丝发光。

白炽灯泡

电触头

3. 条状发光二极管通电后会发光。

2. 电流流经电线。

1. 电流通过隐藏在灯座中的电路板进入。

LED灯泡

打开开关时，电流经过灯丝，使灯泡发光。由于灯泡内含有的是惰性气体，不是氧气，所以灯丝不会很快烧尽。

发光二极管 (LED) 是由半导体制成的。打开开关时，电子就在半导体中移动，产生光能。

◀强强联合

这种早期的爱迪生灯泡1879年就诞生了。尽管斯旺和爱迪生一开始在发明专利的归属上有争议，但在1883年，两人还是在英国联手成立了爱迪生和斯旺联合电力公司，后来改称爱迪斯旺电力公司。

照亮世界

灯泡发明出来以后，晚上的世界前所未有地明亮起来。灯泡的发明为许多其他类型灯光的出现铺平了道路，同时也第一次把电送进百姓家里。电力随之很快被应用于各种家庭设备。

移动的灯光

■ **发明** 车头电灯
■ **制造商** 美国电动汽车公司
■ **时间地点** 1898年，美国

汽车前照灯最初用油或煤气做燃料，但这样会存在火灾隐患。最早的车头电灯性能不是很好，灯丝很快就会烧坏，还需要有自己的供电系统，所以使用成本高。20 世纪初，车头电灯得到改良。1912 年，美国凯迪拉克汽车公司想到一个办法，用汽车点火系统为车头电灯供电。上图是一辆 1915 年生产的福特 T 型车的车头电灯。

霓虹灯

■ **发明** 霓虹灯
■ **发明人** 乔治·克洛德
■ **时间地点** 1910年，法国

法国物理学家乔治·克洛德发现，带氖气的玻璃管通电后会产生强烈的红光。这种光不是很亮，不足以用于家庭照明，但克洛德认为将它用于广告牌也许效果很好。1912 年，第一个霓虹灯招牌在巴黎一家发廊外点亮。很快，世界各地纷纷涌现出霓虹灯广告牌。

▶ **灯光闪耀**

美国加利福尼亚州的这款霓虹灯颜色多样，用到了不同的气体：红色用的是氖气，蓝色用的是氢气，橘红色用的是氦气，绿色用的是汞蒸气，黄白色用的是氪气。由于氖气（氖气英文"neon"的发音近似于"霓虹"）是最早用于此途的气体，所以这种带气体的发光灯管称为霓虹灯。

节能灯

- **发明** 荧光灯
- **发明人** 埃德蒙·格尔默、弗里德里希·迈尔和汉斯·施潘纳
- **时间地点** 1926年，德国

在荧光灯里，电流穿过汞蒸气产生看不见的紫外光。当紫外光照到灯泡内壁的荧光涂层上时，就转化成可见光。早期荧光灯都很大，直到20世纪70年代，美国工程师爱德华·哈默研制出小型紧凑型荧光灯（节能灯）。

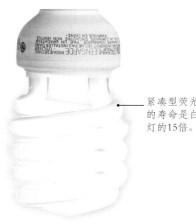

紧凑型荧光灯的寿命是白炽灯的15倍。

探照灯

- **发明** 氙灯
- **制造商** 欧司朗照明公司
- **时间地点** 20世纪40年代，德国

氙灯是一种弧光灯，里面装满高压氙气。电流通过时，氙气会发出明亮的光。氙灯一般用于电影放映机、探照灯和灯塔。美国拉斯维加斯卢克索酒店（见上图）顶部发射出的世界上最明亮的光束就是氙灯发出的。

激光灯

- **发明** 激光
- **发明人** 西奥多·H.梅曼、阿瑟·肖洛、查尔斯·汤斯和戈登·古尔德
- **时间地点** 1960年，美国

激光是一种强烈而又很窄的光束，是原子在受激辐射放大过程中发出的光。激光主要用于工业，如用光纤电缆传递信息、把信息传到太空。激光灯颜色鲜艳，亮度高，常用在剧场、广场、公园等场所。

音乐会上可以用激光制造壮观的场面

LED灯

- **发明** 发光二极管
- **发明人** 小尼克·霍洛尼亚克
- **时间地点** 1962年，美国

发光二极管（LED）是一种能将电能转化为光能的半导体电子元件。由于拥有节能、寿命长、材质比较坚硬等优点，LED灯泡近年来已经开始取代白炽灯泡。这种灯通过振动硅等半导体材料中的电子产生电流，从而发光。LED灯泡可以做得很小，遥控器开关键上的小灯就是LED灯。

彩色装饰灯通常是LED灯。

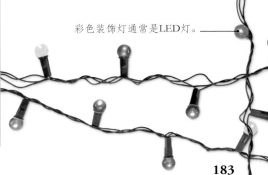

鱼和太阳能

随着电灯和其他电器在世界各地广泛使用，人类对能源的渴求也在增长。2017年，这家大型太阳能发电厂在中国浙江投入使用。它建在一个养鱼场的上面，不仅节省空间，而且有两种收入来源：一是养鱼，二是太阳能电池板发电。该发电厂占地面积2.99平方千米，年发电量足以供10万户人家使用。

托马斯·爱迪生

托马斯·爱迪生发明了很多东西，如灯泡、留声机、电影摄影机等，这些发明改变了人们的生活。爱迪生组建了一支庞大的研究和发明团队，协助他设计和测试他的创意。同时，他也总是快速地向其竞争对手发起挑战。

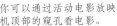

你可以通过活动电影放映机顶部的窥孔看电影。

爱迪生发明的活动电影放映机

爱迪生实验研究所

1876 年，爱迪生在美国新泽西州门洛帕克建了一个实验研究所。爱迪生一生中在美国获得的专利有1093 项，在世界其他地方获得的专利有 1200 项。

发明业

对爱迪生来说，发明是一种生意。用他的话说："凡是不好卖的东西，我都不想发明。"他早期卖得很好的一项发明是活动电影放映机。1888 年，爱迪生申请了活动电影放映机的发明专利，这种放映机一次只能让一个人看电影。

生平

1847年	1859年	1869年
2 月 11 日，爱迪生出生在美国俄亥俄州，但他是在密歇根州长大的，主要在家里由母亲教育。	12 岁时，爱迪生救了一个差点被火车撞死的 3 岁孩子。孩子的父亲很感激爱迪生，就教他发电报。爱迪生成了报务员，业余时间搞发明。	爱迪生完成第一个重大发明——一台用电报发出股价信息的设备。他用 4 万美元卖掉了这项专利，年仅 22 岁就成为全职发明家。

爱迪生发明的股票机

电流之战

19世纪80年代，爱迪生与电气工程师乔治·威斯汀豪斯就什么是提供电能的最佳方式争执不下。爱迪生钟爱直流电，而威斯汀豪斯倡导交流电。最终，爱迪生承认了交流电更好，因为交流电传输的距离更远。

爱迪生为美国第一家发电厂制造的直流发电机，1882年

有限的成功

爱迪生的许多发明，如电动投票计数器、（带混凝土家具的）混凝土房屋和电动笔等，都不是很成功。当然，爱迪生并不这么认为。他研制灯泡的时候说过："我没有失败，我只是找到了一万种行不通的方法。"

装有电池的电动机

爱迪生和同事在新泽西州的实验研究所中测试新电灯

爱迪生发明的电动笔

1879年	1895年	1904年		1931年
1877年发明留声机（见第204页）以后，爱迪生发明了一个更受欢迎的装置——灯泡。	爱迪生把留声机连到活动电影放映机上，制造了第一个有声电影系统。	爱迪生发明了小汽车用的蓄电池，发了一笔大财。		爱迪生于10月18日逝世，享年84岁。美国各地熄灯1分钟以示哀悼。

爱迪生在装有他发明的蓄电池的电动汽车旁留影

高压电

图中，塞尔维亚裔美国科学家尼古拉·特斯拉悠闲地坐在他发明的特斯拉线圈旁，线圈在空气中释放强大的电流。这种线圈频率很高，能产生极高的电压，可以无线输电。

电池

人们早就知道电的存在。古希腊学者做过静电实验，18 世纪美国发明家本杰明·富兰克林证明了闪电是一种电。但是直到 19 世纪初，意大利科学家亚历山德罗·伏打制造了第一个电池，大家才知道电流是如何产生的。

伏打电堆

另一位意大利科学家亚历山德罗·伏打认为加尔瓦尼的解释不对。他认为产生电流的是金属，而不是动物。为了证实这一点，1800 年，他制造了世界上第一个电池。"伏打电堆"是由叠加起来的三种圆片构成的，包括铜片、锌片和盐水泡过的纸片。

铁片

用金属棒刺激腿部时腿部会动。

Fig: 17.

F　　　G

加尔瓦尼实验图示　　铜棒

跳动的青蛙

1780 年，意大利科学家路易吉·加尔瓦尼发现，用不同金属刺激死青蛙的腿部神经，可以让青蛙肌肉痉挛，就像青蛙还活着一样。他认为这是由于青蛙体内产生了一种电，并称之为"动物电"。

电荷经过湿纸片从一种金属流动到另一种金属，产生微弱的电流。

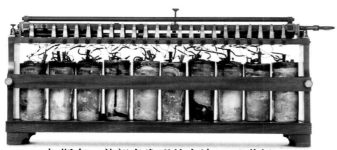

加斯东·普朗泰发明的电池，19世纪

更长的寿命

早期的伏打电池使用寿命不是很长。这种电池使用化学物质，一旦化学物质耗尽，电池就无法使用了。1859年，法国物理学家加斯东·普朗泰发明了可充电的铅酸蓄电池，解决了这个问题。现在的很多电池，如智能手机上的锂离子电池，都是可充电电池。

用起来更安全

早期电池使用液体，通常装于玻璃瓶内，用起来必须非常小心。1886年，德国科学家卡尔·加斯纳发明了干电池，使用起来更容易，使用范围也更广泛。他的电池使用的是用锌皮封装起来的糊状电解质（电流流经的物质）。

霍恩斯代尔风电场的99台风力机之一

存储能源

电池不仅能供电，还能用来蓄电。现在很多公司生产的电池能把太阳能电池板或风电场产生的电能存储起来。没有阳光、没有风的时候，可以用这些存储起来的电能给电网供电。

碱性电池工作原理

碱性电池放到设备中后，会使电池的两个电极（正极和负极）之间发生化学反应，从而产生电能。然后，电能通过集电体从电池传导给设备。

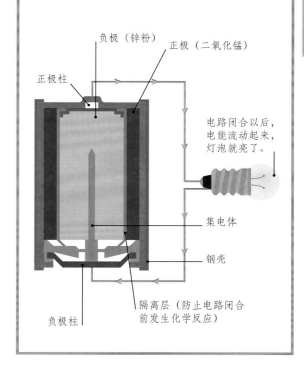

负极（锌粉）
正极（二氧化锰）
正极柱
电路闭合以后，电能流动起来，灯泡就亮了。
集电体
钢壳
负极柱
隔离层（防止电路闭合前发生化学反应）

◀超大电池

这个超大的蓄电池是美国特斯拉公司于2017年12月在澳大利亚霍恩斯代尔风电场建成的，可以为3万户人家供电。

清洗

世界上第一台洗碗机是 19 世纪一个名叫约瑟芬·科克伦的美国富人发明的，据说发明的初衷是为了避免仆人打碎盘子。她发现当时还没有这种机器，就公开表示："如果没人打算发明洗碗机，我就自己来做吧。"1893 年，这台机器面世，随后很快出现了多种家用清洗设备。

湿衣服的水流回桶里。

连到热水阀上的洗碗机，1921年

第一台洗碗机

科克伦的洗碗机使用时要把盘子放在金属网架上，用手柄转动金属网架。盘子转动时，先喷热肥皂水，然后喷干净的冷水，最后就能得到干干净净的盘子了。但是，她的机器很大很笨重。直到 20 世纪 50 年代，小型家用洗碗机才开始流行起来。

桶里有一只机械臂搅动衣服。

现代洗碗机

现代洗碗机的使用方法跟科克伦的洗碗机不一样，是将盘子叠放在静止不动的架子上。上下喷水臂不停旋转，把水喷到盘子上——先喷冷水预洗一遍，再喷含有洗涤剂的热水，然后再用清水冲洗。最后，加热器加热空气，把盘子烘干。

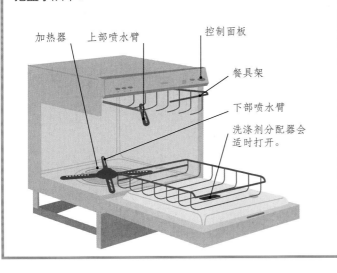

加热器　　上部喷水臂　　　　　控制面板

餐具架

下部喷水臂

洗涤剂分配器会适时打开。

第一台洗衣机

19 世纪，洗衣房就已经出现，里面配备了大型蒸汽洗衣机。但是，直到 1908 年，美国发明家阿尔瓦·费希尔才发明第一台取得商业成功的电动洗衣机"雷神"。"雷神"有一个能旋转的圆筒，里面装有洗涤用的水。虽然这款洗衣机设计得很一般，衣服还得用手拧干，但销路很好，很多厂家争相模仿。"雷神"后来的型号（见右图）都有滚筒，可以把衣服上过多的水挤干。

湿衣服放在滚筒之间，把过多的水挤出。

转动滚筒的手柄

干衣机

在 19 世纪还没出现干衣机之前，大多数人是把衣服挂在室外晾干，或者放在火旁烤干。20 世纪 20 年代，电动干衣机出现。这种干衣机使用电动机快速旋转金属桶里的衣服，桶上有排水孔。它还能产生热量把衣服烘干，就像现代干衣机一样。

早期德国干衣机，1929年

"雷神"洗衣机，约1929年

现代洗衣机

今天的洗衣机比"雷神"进步了很多。滚筒洗衣机的洗衣桶是水平放置的，可高速旋转去除衣服上的水分。洗衣机有分开放置洗衣液和衣物柔顺剂的洗涤剂投入盒，还设置了各种程序，可洗涤从毛料到涤纶等不同材质的衣服。

洗涤剂

现代洗涤剂是由表面活性剂制成的。表面活性剂是一种化学物质，能让油脂分解到水溶液中，便于洗掉衣物上的油脂。表面活性剂是德国化学家在第一次世界大战期间发明的，20 世纪40 年代由美国研究人员戴维·拜尔利进行了改良。

袋装洗涤剂

开罐

- **发明** 开罐器
- **发明人** 罗伯特·耶茨
- **时间地点** 1855年，英国

说起来很奇怪，1810年就发明罐头了，但40多年后才发明了好用的开罐器。早期的罐头要用锤子和凿子才能打开，开罐过程很危险。1855年，英国一家餐具公司发明了一种简单的手持工具。这种工具有一个刀刃，沿罐头边缘划动就能打开罐头。图中所示的开罐器是20世纪30年代的产品。

"吐司大师"烤面包机的
杂志广告，1951年

烤面包

- **发明** 弹出式烤面包机
- **发明人** 查尔斯·斯特里特
- **时间地点** 1919年，美国

1893年，第一台电动烤面包机面世，但这种烤面包机并不完美——你不关机它就会一直烤，结果面包都烤焦了。1919年，美国发明家查尔斯·斯特里特发明了一种定时烤面包机，会把烤好的面包弹出来，这种烤面包机最早用于餐饮业。1926年，一款家用烤面包机"吐司大师"面市。从此以后，烤面包机就进入了百姓的厨房。

厨房设备

在不久前，大多数厨房和烹饪的活儿，如搅拌、切、烤等，都得靠手工完成，费时费力。从19世纪中期开始，发明家就开始研制厨房设备。这些设备不仅包括节省人们准备食物的时间和精力的工具，还有便于储存食物的容器。

下拉拉杆可使咖啡流进杯子。

磨好的咖啡粉装在一个可以卸下来的过滤器里。

意式浓缩咖啡机，2007年

更快地煮咖啡

- **发明** 拉杆式浓缩咖啡机
- **发明人** 阿希尔·加贾
- **时间地点** 1938年，意大利

自1884年以来，人们就有了快速煮咖啡的想法。那年，意大利都灵的安杰洛·莫里翁多获得蒸汽咖啡机专利，但这种大型机器不是很成功。1903年，另外两个意大利人路易吉·贝泽拉和德西代里奥·帕沃尼改进了蒸汽咖啡机的设计。到了1938年，意大利工程师阿希尔·加贾制造了第一台用拉杆操作的蒸汽咖啡机。这种咖啡机比早期咖啡机小，但水压更高，能够制作出类似于现代意式浓缩咖啡的标准杯装咖啡。

不粘锅

- 发明 特氟龙
- 发明人 罗伊·普伦基特
- 时间地点 1938年，美国

像其他许多发明一样，煎锅表层的不粘涂层也是偶然发现的。美国化学家罗伊·普伦基特在杜邦公司研究用于冰箱制冷的气体时，偶然发现了一种超滑物质——聚四氟乙烯。这种物质后来被称为特氟龙，应用到煎锅上，从此就成了烙饼一族的福音。

食物保鲜

- 发明 特百惠保鲜盒
- 发明人 伊尔·特百
- 时间地点 1946年，美国

第二次世界大战以后，出现了大量能将食物保鲜的产品。其中，有一种叫特百惠的冰箱用塑料盒，盒盖是密封的，上面有获得专利的密封标志。这种盒子是以美国发明家伊尔·特百的名字命名的。"特百惠"在20世纪50年代风靡一时，因为当时人们家里经常举办"特百惠派对"，这个派对是由女销售员布朗妮·怀斯发起的。

超快烹饪

- 发明 微波炉
- 发明人 珀西·斯潘塞
- 时间地点 1945年，美国

美国工程师珀西·斯潘塞在做磁控管（一种能发出微波的设备）试验时，突然发现口袋里的巧克力莫名其妙地融化了。他意识到是微波导致了巧克力中的水分子振动，从而产生热量把它融化了。他所在的雷神公司将他的发现转化成一款新式炊具——微波炉。

一款叫作"雷达炉"的早期微波炉，约1958年

切割

- 发明 食物料理机
- 发明人 皮埃尔·凡尔登
- 时间地点 1971年，法国

大约在1919年就有了用来揉面和搅拌液体的厨房食物搅拌机。但是，直到几十年之后，法国工程师皮埃尔·凡尔登才发明了第一台食物料理机，这种机器能切割、混合、搅拌固体食物。凡尔登称自己发明的料理食物的机器为"玛捷斯"。

现代食物料理机

保持凉爽

19世纪中期冰箱发明以后，彻底改变了我们的饮食习惯和存储食物的方式。冰箱温度低，抑制了导致食物变质的细菌的生长，可以使食物保鲜的时间更长。有了对制冷的认识，人们又研制出空调，这样人们在炎热的天气里也可以更为舒适地生活。

早期冰箱调节温度的压缩机位于顶部。现在大多数冰箱的压缩机在底部。

厚厚的隔热门使冰箱内保持低温。

这个冰盒是用来装冷冻食品和冰块的。

▶ 美国通用电气公司的"Monitor-Top"冰箱，1934年
这款冰箱是由美国通用电气公司的克里斯蒂安·斯滕斯特鲁普发明的，是世界上第一台密封冰箱。

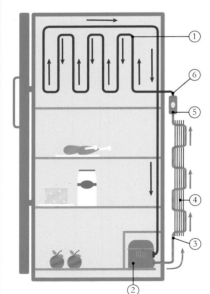

压缩式冰箱工作原理

1. 在蒸发器内，液态制冷剂蒸发，同时吸收冰箱内的热量，产生制冷效果。

2. 压缩机压缩制冷剂蒸汽，让制冷剂蒸汽升温升压。

3. 制冷剂蒸汽通过在冰箱背后的冷凝器，降温后又变成液态。

4. 热量通过散热片从冰箱散发出去。

5. 膨胀阀（毛细管）使液态制冷剂降压。

6. 制冷剂回到冰箱内，整个流程周而复始。

冰箱的工作原理是把热量从冰箱内转移到冰箱外。制冷剂通过一系列管路在冰箱内流动。制冷剂在冰箱内时是冷的，吸热，到冰箱外时会升温散热，然后重新进入冰箱。

制冷

人工制冷方法是18世纪中期苏格兰物理学家威廉·卡伦发明的。直到1899年，美国人阿瑟·马歇尔才获得第一台机械制冷机的专利。第一台家用冰箱叫"杜美尔"，是美国工程师小弗雷德·沃尔夫1913年研制的。

从日本一艘冷藏船上卸载冷冻金枪鱼，2005年

冷冻食物

冷藏不仅让食物在家中保存的时间更长，而且也改变了我们的饮食习惯。19世纪70年代冷藏船发明以后，彻底改变了全球食物供应。容易变质的鱼、肉等食物现在可以冷冻起来运往世界各地。

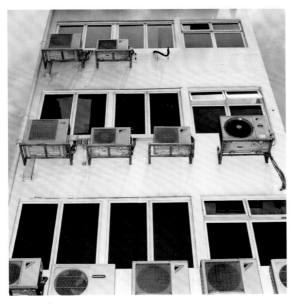

室内更凉爽

空调是美国工程师威利斯·卡里尔于1902年发明的，空调的工作原理和冰箱很相似。制冷剂在建筑物内部和外部循环，通过风机装置在室内吸热，向室外散热。

速冻

20世纪20年代，美国博物学家克拉伦斯·伯宰在加拿大因纽特人使用的一项技术的基础上，研制出"速冻"冷冻法。速冻可以迅速将食品温度降到很低，保鲜效果比慢速冷冻好。

工作人员用速冻方法保存海鲜

智能冰箱

20世纪90年代末以来，很多公司设法完善智能冰箱。这种冰箱会知道哪种食品快吃完了，还会自动在网上订货。三星Family Hub智能冰箱（见下图）装有摄像头，方便主人用智能手机检查冰箱存货，即使不在家也能检查。

简单吃点

有的时候，一种小吃或甜食也会风靡全球。虽然很难预测什么产品会热销，但只要对大众口味做出正确判断，发明家就能大发其财。然而，除非他们为自己的创意申请专利，或者像可口可乐一样严守配方秘密，否则他们将发现竞争对手会胜过他们而名利双收。

在家里

现代的弗赖伊（Fry）巧克力

巧克力

- ■ **发明** 固体巧克力块
- ■ **发明人** 弗朗西斯·弗赖伊
- ■ **时间地点** 1847年，英国

最早食用巧克力的是3000多年前生活在今墨西哥一带的奥尔梅克人和玛雅人。他们用可可豆和香料制作了一种叫作"xocolatl"的苦饮料。16世纪，西班牙殖民者在这种饮料里放糖，制成甜饮料。但直到1847年，世界上才生产出第一块固体巧克力块，是一位英国糖果商用可可粉、可可脂和糖搅拌而成的。

冰甜点

- ■ **发明** 冰激凌
- ■ **发明人** 未知
- ■ **时间地点** 约公元前200年，可能在中国

冰激凌的起源不详。古希腊、古罗马和古代中国等古老文明都有过用雪冷冻的点心。我们现在所知的冰激凌配方最早是17世纪欧洲王室独享的，后来逐渐传入民间。

▼ 冰激凌车
1961年，两名男童在英国赫尔吃甜筒。移动冰激凌车在很多国家都能见到。

汽水

- **发明** 可口可乐
- **发明人** 约翰·彭伯顿
- **时间地点** 1886年，美国

这种世界上广受欢迎的饮料源于美国药剂师约翰·彭伯顿创制的一种草药。这些成分被制成糖浆，与苏打水混合，其中曾含有酒精和当时合法的可卡因，不过二者后来都被去除了。如今，可口可乐的日销量超过18亿瓶。

早餐谷类食物

- **发明** 玉米片
- **发明人** 约翰·哈维·凯洛格
- **时间地点** 1894年，美国

美国医生约翰·哈维·凯洛格办了个健康疗养院，院中病人吃的东西虽然都很平常，但凯洛格医生认为这些食物特别健康。早餐，他只给病人吃谷类食物，是用煮好的玉米片做的。这种食物很受病人欢迎，于是凯洛格的弟弟威尔·基思决定大规模生产。很快，玉米片便销往世界各地。

夹着吃

- **发明** 切片面包
- **发明人** 奥托·罗韦德尔
- **时间地点** 1928年，美国

美国工程师奥托·罗韦德尔花了一些时间才完善了他的面包切片机。他遇到的最大问题是面包片很快就会变质。为了解决这个问题，他发明了一种机器，不仅能把面包切成片，还能把切片面包包起来保鲜。很快，美国销售的面包几乎都是预先切成片的。

现代面包切片机可以确保每片面包的厚度一致。

在家里

吹泡泡

- **发明** 泡泡糖
- **发明人** 沃尔特·迪默
- **时间地点** 1928年，美国

会计师沃尔特·迪默在美国费城一家口香糖公司工作期间，发现用弹性超强的口香糖能吹出大泡泡。这种新型口香糖叫作泡泡糖，很快畅销全美国。但是，因为迪默没有申请发明专利，所以其他公司很快便如法炮制。

现代盒装泡泡糖

最早的泡泡糖是粉红色的，因为那是当时工厂里唯一可用的彩色食用染料。

吃面条

- **发明** 方便面
- **发明人** 安藤百福
- **时间地点** 1958年，日本

挂面可以存放很长时间。挂面发明后，20世纪70年代又出现了新式快餐——杯装方便面。杯装方便面是将面饼和调味料装在用发泡聚苯乙烯材料制成的杯形容器里，加开水泡上几分钟就变成快餐。

小常识

- 1938年，美国厨师露丝·格雷夫斯·韦克菲尔德发明了巧克力曲奇饼干的配方，以1美元的价格卖给了雀巢公司。但该公司需要为她终生提供免费巧克力。
- 口香糖是美国科学家托马斯·亚当斯于1869年发明的，原料是糖胶树胶，即墨西哥的一种树的树干汁液。

真空吸尘器

在家里

带风箱的真空吸尘器，1910年

风箱

到 19 世纪中期，科学家已经知道了真空吸尘的原理——在设备内制造部分真空，吸进污物和灰尘。然而，直到 20 世纪初，才有发明家设计出一款用起来比较方便的吸尘装置，受到大众的欢迎。

早期吸尘器

1860 年，美国发明家丹尼尔·赫斯发明了第一台吸尘器。这台吸尘器由一个带有旋转刷的轮式地毯清扫机组成。刷子装在风箱（一个可以挤压的气袋）下面，上下推动风箱就能制造真空。但是，这个发明并不成功。

动力真空吸尘器

1901 年是一个转折点，英国工程师休伯特·塞西尔·布思发明了一个吸尘"怪物"，绰号"喘气的比利"。这个"怪物"装有汽油发动机，重 1800 千克，必须用马车拉。它没有刷子，用长管子吸尘。

▼ 喘气的比利

布思发明的吸尘器太大，不能进家门，只能停在街上，把软管伸进各家窗户吸尘。

H.CECIL BOOTH'S VACUUM

CLEANERS of RUGS CHAIRS

CARPETS CURTAINS TAPESTRIES

胡佛吸尘器

1907 年，美国一个叫詹姆斯·斯潘格勒的看门人发明了一台小型便携式吸尘器。这台机器上面装有一个旋转刷、一个除尘的电扇和一个集尘的枕套，还有一个移动吸尘器的扫帚把。斯潘格勒把他的吸尘器设计专利卖给了美国的一位皮革制造商威廉·胡佛，胡佛后来成立了世界领先的真空吸尘器公司，制造经过改良的斯潘格勒吸尘器。

看起来很现代的胡佛吸尘器，1954年

移动吸尘器的手柄

灰尘收集到这个透明的塑料圆筒里，当它装满时就把它清空。

戴森吸尘器

在 20 世纪大部分时间里，真空吸尘器是用布袋集尘的，但布袋越满吸尘能力越弱。1979 年，英国发明家詹姆斯·戴森（见第 202~203 页）发明了一款新式无袋真空吸尘器——气旋式真空吸尘器（见左图）。

前面的刷子扫除灰尘。

戴森研制的第一款热销的气旋式真空吸尘器"G-Force"，1990年

扫地机器人

进入 21 世纪，许多扫地机器人面世。这些设备装有传感器，传感器能自动引导它们在吸尘时绕过家具等物体。最早出售的扫地机器人是 2001 年面世的伊莱克斯集团的"三叶虫"（见上图）。

气旋式真空吸尘器

在气旋式真空吸尘器中，旋转风扇会制造真空，将带灰尘的空气吸入机器。然后，气体通过多圆锥过滤系统，快速旋转，灰尘和空气便被分离开来。灰尘落进集尘筒，集尘筒满了就清空，无须使用集尘袋。

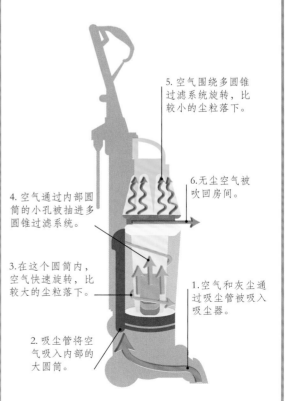

5. 空气围绕多圆锥过滤系统旋转，比较小的尘粒落下。

6.无尘空气被吹回房间。

4. 空气通过内部圆筒的小孔被抽进多圆锥过滤系统。

3.在这个圆筒内，空气快速旋转，比较大的尘粒落下。

1.空气和灰尘通过吸尘管被吸入吸尘器。

2. 吸尘管将空气吸入内部的大圆筒。

詹姆斯·戴森

詹姆斯·戴森是近几十年来最成功的英国发明家之一，他发明了许多室内和室外使用的设备，最著名的是气旋式真空吸尘器。他的所有发明都有一个相似的幕后故事——戴森发现某个广泛使用的现有设备有瑕疵，就决定革新改进。

▶ 在车间
戴森的车间已生产50多种气旋式真空吸尘器，既有巨型工业吸尘器，也有手持吸尘器。

球轮手推车

戴森第一个成功的大发明是一种新式独轮手推车。他在花园干活的时候手推车的轮子经常陷进泥里，于是他就发明了一种球轮手推车。他把轮子换成塑料球，这样就分散了轮子的负载，使手推车更易于在松软的地面上推行。

塑料球装在手推车前面，便于人们推车时把握方向。

气旋式真空吸尘器

1978年，戴森利用气旋技术着手发明无袋真空吸尘器。他造了5127台样机后才造出一台成品。20世纪80年代中期，戴森的第一款气旋式真空吸尘器"G-Force"在日本推出。后来的一款戴森DC01型吸尘器畅销全球，促使其他公司也纷纷生产自己的气旋式真空吸尘器。

失败

戴森也有过几次失败的发明，如2000年生产的双筒洗衣机CR01。这种洗衣机有两个反向滚筒，本意是为了比其他牌子的洗衣机更容易甩干衣服。然而，这款洗衣机价格很贵，销量差，几年后就停产了。

CR01的两个滚筒有5000多个孔，可以快速排水。

生平

1947年	1970年	1974年	1978年
戴森于5月2日出生。20世纪60年代中学毕业后，他到英国皇家艺术学院学习家具设计和室内设计。	大学期间，戴森协助设计了英国军用高速登陆艇"罗托克海上卡车"。	戴森开办了公司，生产自己的第一个成功的发明——球轮手推车。该发明荣获1977年建筑设计创新奖。	戴森开始研制气旋式真空吸尘器。1983年，他研制出一款吸尘器，但找不到厂家投资他的产品。

1986年	1993年	2006年	2016年
在一家日本公司的资助下，戴森在日本推出第一款气旋式真空吸尘器"G-Force"。	戴森 DC01 型吸尘器在英国发布，不到两年，就成为英国最畅销的真空吸尘器。2002 年，戴森进入美国市场。	他的公司再次大获成功，推出一款升级版的喷气式干手器 Airblabe（见右图）。 	近年来，戴森推出了无叶风扇和加湿器，2016 年推出一款吹风机。

录音

直到 19 世纪晚期，人们听音乐还只能到现场去听。后来，1876 年电话的发明，表明声音可以通过电传输，这促使美国发明家托马斯·爱迪生（见第 186～187 页）开始探索是否有可能将声音记录下来。他发明的留声机开启了唱片业的大门。

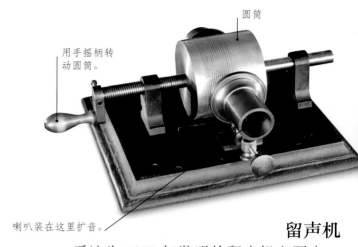

圆筒

用手摇柄转动圆筒。

喇叭装在这里扩音。

留声机

爱迪生 1877 年发明的留声机主要由一个喇叭、一根钢针和一个包着锡箔的旋转圆筒组成。当声音传入喇叭时，同时旋转圆筒，钢针便在锡箔上划出一道道凹槽。如果要回放录音，就让钢针沿着已划出的凹槽重复振动。后来的留声机使用蜡筒录制和播放录音。

无电录音

早期录音时，音乐家直接对着一个大喇叭演奏，使声波振动录音针。喇叭只能收集少量的声音，录音效果很差。19 世纪 70 年代发明的麦克风改善了声音效果，当然，这比 20 世纪 20 年代出现的更灵敏的"超声"麦克风还差得很远。

▼大声演奏
麦克风发明之前，音乐家聚集在一个大喇叭前录音。

磁带

1928 年,出生在奥地利的德国工程师弗里茨·波弗劳姆发现了一种方法,可以把声音录到涂有磁性氧化铁粉的带子上,带子上的磁性微粒能把声音储存下来。20 世纪 30 年代,在波弗劳姆发明的基础上,第一台磁带录音机问世。

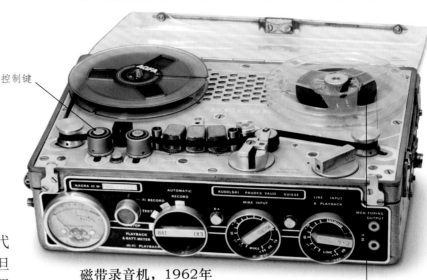

控制键

磁带录音机,1962年

塑料磁带

多声道录音

虽然多声道录音技术在 20 世纪 40 年代第二次世界大战结束时就已经问世,但直到 50 年代,美国音乐家莱斯·保罗才率先用这种技术录制音乐。他意识到在一条宽磁带上放置多个录音头,就能把同时演奏的多个音乐家的演奏音乐分别录下来。这项发明问世以后,音乐制作人能更好地把控和处理已录好的音乐的声音。

多声道录音机,20世纪70年代

▶ 家庭录音
现在科技已经非常发达了,音乐发烧友可以用智能手机、平板电脑等日常设备录制高质量的多声道音频。

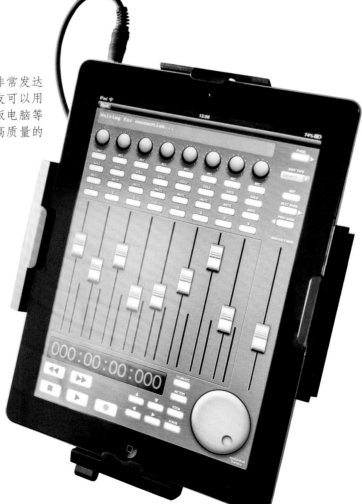

数字录音

20 世纪 70 年代后期,磁带录音开始被数字录音取代。这种技术将以电信号形式记录的声音转换为数字代码,数字代码可以再转换回声音。这个想法是英国科学家亚历克·里夫斯于 1937 年率先提出的。

在家里

爱迪生的每个蜡筒可以存储两分钟左右的音频。

听音乐

多年来，我们用来听音乐的设备发生了巨大的变化。在 20 世纪的大部分时间里，音乐设备上的大多数改进都是为了改善音质。近年来，发展趋势是把设备做小做轻。唱片的收纳及播放唱片的设备，原来要占用大量空间，现在则可以随身携带。

第一张唱片

- **发明** 录音
- **发明人** 托马斯·爱迪生
- **时间地点** 1877年，美国

1877 年，爱迪生发明了录音的方法。1888 年，他研制出第一种广泛使用的听音乐的载体——蜡筒。每个蜡筒用硬蜡铸成，外表有与录音对应的凹槽。蜡筒可以用留声机（见第 204 页）播放。早期留声机用发条操作。

早期唱片直径只有13厘米，后来就变大了。

扁平唱片

- **发明** 贝利纳留声机
- **发明人** 埃米尔·贝利纳
- **时间地点** 1887年，美国

留声机很受欢迎，但价格昂贵，也很占地方。德裔美国发明家贝利纳发明了一种比较便宜、体积较小的留声机，这种留声机的唱针可以在扁平的唱片上追踪声槽。这种唱片不仅更耐用，更容易生产（用模子就能冲压出来），更好保存，而且还能录制更多音乐——录音时长可达 5 分钟。

密纹唱片

- **发明** 45转和33转黑胶唱片
- **制造商** 美国胜利唱片公司（45转唱片）和哥伦比亚唱片公司（33转唱片）
- **时间地点** 1948年，美国

早期唱片播放时每分钟转 78 转。1948 年，推出了两款播放时间更长的唱片。这两种唱片都是用一种叫作乙烯基的塑料制成的，但播放速度不一样。45 转唱片（EP）每面录音时长约 4 分钟，而 33 转唱片（LP）每面录音时长可达 25 分钟。

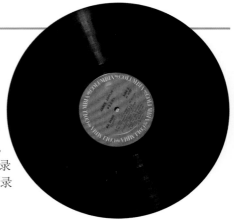

乙烯基唱片，俗称黑胶唱片，1971 年

便携式音乐播放器

- ■ **发明** 随身听
- ■ **发明人** 井深大、大贺典雄、木原信敏、盛田昭夫和大曾根幸三
- ■ **时间地点** 1979年，日本

1962年，荷兰飞利浦公司推出了可储存音乐的磁带——盒式录音带。这项发明为1979年第一款真正的便携式音乐播放器——索尼随身听的诞生铺平了道路。这是索尼公司联合创始人井深大的点子，因为他想在坐飞机时听音乐。

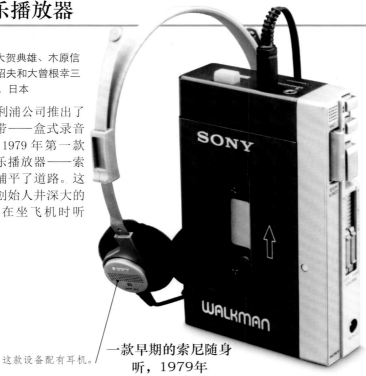

这款设备配有耳机。

一款早期的索尼随身听，1979年

激光唱盘不像黑胶唱片那么容易刮伤。

数字声音

- ■ **发明** 激光唱盘
- ■ **制造商** 飞利浦公司和索尼公司
- ■ **时间地点** 1982年，荷兰和日本

20世纪八九十年代，激光唱盘（CD）替代黑胶唱片成为主要的声音存储载体。基于美国人詹姆斯·罗素20世纪60年代研发的技术，激光唱盘将声音以数字信息形式存储在塑料盘的凹槽中，播放时用激光读盘。

2001年苹果公司推出便携式数字多媒体播放器iPod后，MP3播放器风靡全球

转动这个轮盘就能浏览设备上存储的音乐。

压缩的声音

- ■ **发明** MP3
- ■ **发明人** 卡尔海因茨·勃兰登堡
- ■ **时间地点** 1989年，德国

数字录音占用计算机很多内存。1989年，一种新的技术诞生了，这就是MP3。这种技术通过去除人们一般听不见的声音，大大压缩了音频文件——一首40MB的歌曲可以压缩到4MB。1999年，第一批MP3投放市场。如今，人们可以在智能手机上听音乐。

耳机通过无线电波与智能手机联通。

无线声音

- ■ **发明** 蓝牙耳机
- ■ **制造商** 很多厂家
- ■ **时间地点** 2002~2004年，很多国家

耳机的一大问题是把听音乐的人和音乐播放器拴在了一起。人们尝试用无线电解决这个问题，但直到21世纪，这个问题才最终得到解决，这得益于20世纪90年代瑞典电信巨头爱立信公司发明的蓝牙。有了这种无线电技术，数据就能短距离传输，人们就能以无线的方式自由地欣赏智能手机上的音乐。2002年，首批蓝牙耳机投放市场。

游戏与消遣

室内游戏早在几千年前就有了，现在仍有很多人乐此不疲。通常这些游戏只是为了娱乐，但有些游戏能起到教育作用，比如教人数学、逻辑思维的技巧，以及如何预先规划。这里展示的很多游戏世界各地都有人玩。

现代世界地图拼图（局部）

拼合图形的智力游戏

- **发明** 拼图
- **发明人** 约翰·斯皮尔斯伯里
- **时间地点** 1766年，英国

据说，世界上第一个拼图是英国制图师斯皮尔斯伯里于1766年制作的，目的是用来教学。他把一张欧洲地图贴在木板上，然后用曲线锯把木板锯成小块，这样学生就能通过重新拼装地图来学习地理知识。

古老的棋盘游戏

塞尼特棋盘和棋子，约公元前1258年

- **发明** 塞尼特
- **发明人** 埃及人
- **时间地点** 约公元前3100年，埃及

最早的棋盘游戏塞尼特是在一个有30个方格的小棋盘上玩的，棋盘分3排，一排10格。据推测，玩家轮流在棋盘上走棋子，最先清光棋盘上所有棋子的人获胜。据说，这种游戏代表了人的灵魂通向来世的旅程。

现代棋盘游戏

- **发明** 大富翁系列游戏
- **发明人** 伊丽莎白·马吉和查尔斯·达罗
- **时间地点** 1904年和1935年，美国

大富翁系列游戏是有史以来最受欢迎的棋盘游戏之一，原名"大地主游戏"。它是美国游戏设计师伊丽莎白·马吉创造的，她希望通过这款游戏向资本主义的产权制度和贪婪的地主发出警告。后来这款游戏之所以大受欢迎，是因为另一位设计师查尔斯·达罗将它改成如何设法获得财富的棋盘游戏《大富翁》。

查尔斯·达罗是第一位游戏设计界的百万富翁

哇哦!

有史以来最大的拼图是用551232块拼图零片拼成的一朵巨大的莲花。

结构游戏

- **发明** 乐高积木
- **发明人** 哥特弗雷德·柯克·克里斯蒂安森
- **时间地点** 1958年，丹麦

积木通过凸粒和凹槽扣在一起。

1958年，丹麦乐高集团获得一款新型拼插塑料积木的专利，这就是现在的乐高积木。20年后，公司推出各种系列主题积木，孩子们可以搭建各种模型，比如航天火箭和中世纪城堡，甚至可以建一座城镇。仅仅几块乐高积木几乎有无限构造的可能性——6块经典的2×4乐高积木能有9亿多种组合方式。

在家里

◀红龙
乐高创意百变系列积木之一：红色动物系列不仅能拼出喷火龙，还能拼出蛇或蝎子。

像火一样的乐高积木用来拼出龙嘴喷出的火焰。

角色扮演游戏

- **发明** 《龙与地下城》
- **发明人** 加里·吉盖克斯和戴夫·阿尼森
- **时间地点** 1974年，美国

《龙与地下城》是一款幻想主题的角色扮演游戏。游戏者扮演一个角色，如战士或巫师，进行长达数天甚至数周的冒险。每一次行动都通过掷骰子决定。骰子有很多面，少的有4个面，多的有20个面。《龙与地下城》面世后带动了许多类似的角色扮演游戏。

这种骰子叫D20，有20个面。

《龙与地下城》中的7个骰子

3D游戏

- **发明** 魔方
- **发明人** 厄尔诺·鲁比克
- **时间地点** 1974年，匈牙利

这种多色方块是一位匈牙利建筑学教授发明的，它几乎可以扭出无数种花样。要想"解开难题"，你要设法把方块复原，使每面只有一种颜色。魔方已经售出约3.5亿个，是有史以来最畅销的益智玩具。

跟计算机下棋

- **发明** 阿尔法围棋
- **开发商** 谷歌深度思维公司
- **时间地点** 2014年，英国

20世纪60年代，能够玩国际象棋等复杂棋盘游戏的计算机就已经面世。随着时间的推移，计算机变得越来越强大。2014年，英国深度思维公司（已被谷歌收购）开发出一个会下围棋的计算机程序。这个程序叫作阿尔法围棋，它已经打败多名世界围棋高手。

2017年，阿尔法围棋战胜世界围棋高手——中国棋手柯洁

电子游戏

最初计算机是用来完成严肃任务的，如破解敌军密码。但到了20世纪50年代，大学研究人员开始用计算机研发好玩的电子游戏。这些早期研发促使了70年代初第一批家用电子游戏机的出现。从此以后，电子游戏成为世界上最受欢迎的娱乐形式之一。

首个家庭游戏系统

- **发明** 玛格纳沃克斯-奥德赛游戏机
- **发明人** 拉尔夫·亨利·贝尔
- **时间地点** 1972年，美国

奥德赛是第一款能够与电视连接的游戏机，但只能玩一些简单游戏，如《乒乓球》。这款游戏机走俏后，很多厂家争相模仿，催生出了游戏机业。

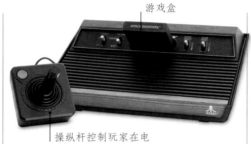

游戏盒

操纵杆控制玩家在电视屏幕上的活动。

盒式游戏

- **发明** 雅达利2600游戏机
- **发明人** 雅达利公司诺兰·布什内尔和特德·达布尼
- **时间地点** 1977年，美国

20世纪70年代，雅达利雄霸家用游戏机市场。比较早的游戏机只能玩自带的游戏，但雅达利2600游戏机有更多选择，可以玩独立游戏盒里的游戏，它是最早的这类游戏机之一。这款游戏机使当时的一些游戏，如《太空侵略者》和《大金刚》，流行起来。

日本游戏

- **发明** 任天堂娱乐系统
- **制造商** 任天堂公司
- **时间地点** 1983年，日本

电子游戏产业刚开始是美国一统天下，但20世纪80年代，日本推出任天堂娱乐系统后便取而代之。任天堂成了最热门的游戏机，美国1/3左右的家庭都有这种游戏机。

笨重的操纵杆换成了更薄的带按键的控制板。

任天堂经典款，1985年

哇哦！

据说，第一个电子游戏是《双人网球》，是由美国物理学家威廉·希金博特姆于1958年研发的。

掌上游戏机

- **发明** 任天堂"游戏男孩"游戏机
- **发明人** 任天堂公司冈田智
- **时间地点** 1989年，日本

任天堂公司推出"游戏男孩"游戏机以后，在20世纪90年代和21世纪初称霸掌上游戏机市场。2004年，公司又推出任天堂DS，销量超过1.54亿，任天堂DS也成为有史以来最畅销的掌上游戏机。这些游戏机带火了以角色驱动的游戏，如《超级马里奥兄弟》。

家用游戏机

- **发明** 索尼PS2游戏机
- **发明人** 索尼公司久多良木健
- **时间地点** 2000年，日本

20世纪90年代，另一家日本公司索尼进入游戏机市场。索尼公司第一款PS（Play Station）游戏机于1994年发售，相当成功。但真正改变游戏方式的是它的第二款游戏机PS2。这款游戏机还能播放DVD和CD，是一体式家用游戏机，现在已经卖出15亿台，它有可能是史上最畅销的家用游戏机。

控制器随着屏幕上的活动而震动。

体感游戏

- **发明** 任天堂Wii游戏机
- **制造商** 任天堂公司
- **时间地点** 2006年，日本

到了21世纪，尽管有来自索尼和微软的激烈竞争，但任天堂依然获得了巨大成功，因为它推出了Wii游戏机。从此，通过身体移动控制游戏的玩法流行起来。有了这种技术，玩家就能把遥控设备当作虚拟体育器材，参加网球、高尔夫和拳击等游戏比赛。

游戏机和电脑

- **发明** Xbox游戏机
- **制造商** 微软公司
- **时间地点** 2001年，美国

日本在游戏机业称霸多年后，2001年，美国强势回归，推出功能强大的Xbox游戏机。它的后继者"Xbox One"的流媒体服务更厉害，玩家可以用遥控的方式在电脑上玩游戏。

在笔记本电脑上玩Xbox游戏

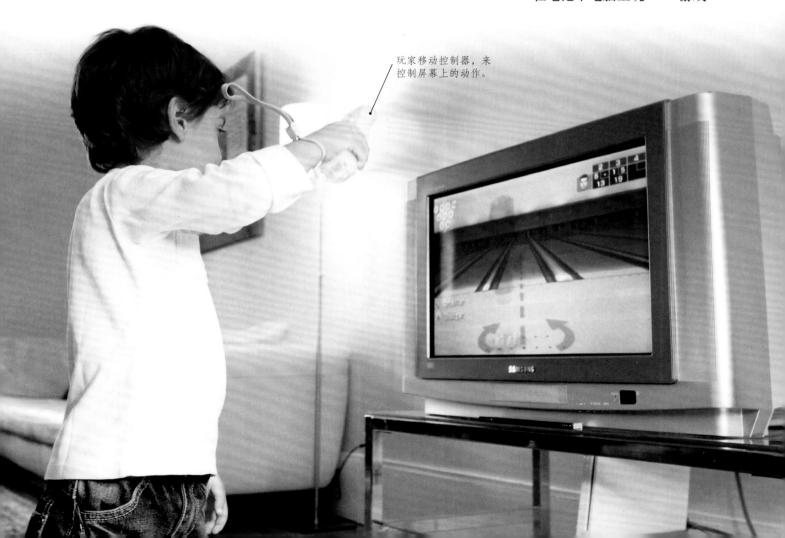

玩家移动控制器，来控制屏幕上的动作。

抽水马桶

抽水马桶冲走致病的污物，拯救了无数人的生命。奇怪的是，抽水马桶在 16 世纪发明以后并没有马上普及。后来，有人想出将污物和异味一起清除的办法后，这种冲洗装置才广为流行。

约翰·哈林顿

1596 年，英国诗人约翰·哈林顿发明了第一个抽水马桶。它带有一个水箱，可以把水冲入马桶，将马桶里的东西冲进下面的水坑。尽管哈林顿给伊丽莎白一世做了一个抽水马桶，但他设计的马桶并不受欢迎。

S 形存水弯马桶

早期抽水马桶有个问题，那就是难闻的气味会从下水管冒出来。1775 年，苏格兰发明家亚历山大·卡明斯想出一个解决方案：用一个 S 形存水弯来防止异味散发。

S形存水弯

S形存水弯马桶，1870年

排水系统

19 世纪中期抽水马桶广泛使用以后，人们开始建设污水排水系统。英国工程师约瑟夫·巴泽尔杰特在英国伦敦地下建造了四通八达的排水系统。这一排水系统使伦敦更加卫生安全，有助于制止霍乱等致命疾病的传播。

约瑟夫·巴泽尔杰特（图下中）视察伦敦新型排水系统的建设进展，19世纪60年代

拉链子冲水。

◀ 高处抽水
这款1912年的抽水马桶有一个安装在高处的水箱——重力有助于增加冲水的速度和力度。

水从水箱冲出，经过水管冲进马桶。

陶瓷马桶

马桶技术的一大突破是英国陶瓷制造商托马斯·特怀福德于19世纪80年代设计的一体式陶瓷马桶。以前的马桶都封闭在木箱里，这种新式马桶是独立式的，如左图中这款华丽的马桶，更容易清洗。

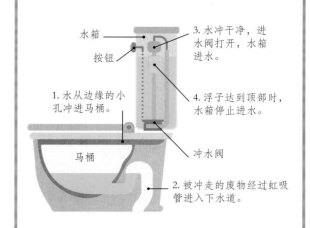

抽水马桶的工作原理

推动按钮时，打开冲水阀，水就从水箱冲进马桶。然后，水和废物从马桶里被吸进虹吸管，进入下水道。马桶底部 U 形存水弯里的水可以阻止异味从下水道返回厕所。

水箱
按钮

3. 水冲干净，进水阀打开，水箱进水。

1. 水从边缘的小孔冲进马桶。

4. 浮子达到顶部时，水箱停止进水。

马桶

冲水阀

2. 被冲走的废物经过虹吸管进入下水道。

装有铰链的木座板可以抬起来，也可以放下去。

手纸

约在 6 世纪中国人就开始使用手纸，他们可能是最早使用手纸的人。在西方，发明手纸的是美国发明家约瑟夫·加莱蒂，时间是 1857 年，但厕所卷纸是斯科特兄弟在 1890 年发明的。手纸到 20 世纪才广受欢迎，因为一开始大家都不好意思买。

按一下按钮，喷嘴会喷出温水。

座圈温度可以由使用者调节。

超级马桶

20 世纪 70 年代以来，日本人一直致力于生产技术先进的马桶。这些马桶通常都有附加功能，如座圈加温、自动翻盖和除臭，甚至能播放音乐，各种功能都用控制面板控制。这种高科技马桶又称为"卫洗丽"，因为一款非常流行的日本马桶就叫这个牌子。

保持形象

并非所有发明都给我们的生活方式带来了重大变革，有些发明只是为我们的日常生活提供一点急需的帮助。有的让我们拥有一口洁白的牙齿，有的让我们的皮肤保持健康，有的可以给我们的头发做造型，有的可以给我们的指甲染色。这里介绍一些以美容为主题的发明。有了这些发明，我们不仅看起来更美，而且自我感觉更好了。

在家里

哇哦！

现代指甲油最初是受到汽车喷漆的启发而诞生的。

洁白亮丽的牙齿

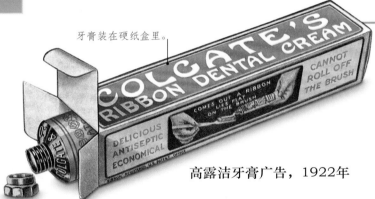

牙膏装在硬纸盒里。

高露洁牙膏广告，1922年

- 发明 管状牙膏
- 发明人 华盛顿·谢菲尔德
- 时间地点 1892年，美国

19世纪，使用专用的清洁膏刷牙的做法已很普遍，这种清洁膏最初是罐装的。19世纪90年代，英国牙膏生产商高露洁公司使美国牙医华盛顿·谢菲尔德的发明得以普及，即把牙膏装在可折叠的金属管里。据说，谢菲尔德是在看到管装颜料时突发灵感。高露洁牙膏广告有句口号："一条丝带滑出，平躺在牙刷上。"

湿剃须

- 发明 安全剃须刀
- 发明人 金·坎普·吉列
- 时间地点 1901年，美国

19世纪，男子剃须用的是直刃剃刀，十分危险。美国销售员、发明家金·坎普·吉列发明了一种更加便宜安全的剃须工具——一次性刀片。顾客买一个刀柄，往里面装一片价格低廉的刀片。刀片变钝时就把它扔掉，再换一片新的。

吉列剃须刀，
20世纪30年代

美甲

- 发明 液体指甲油
- 制造商 蔻丹公司
- 时间地点 1917年，美国

中国人早在公元前3000年就给指甲染色了。20世纪初，指甲油通常是以膏状或粉状的形式出现的。1917年，美国蔻丹公司推出首款液体指甲油。

指甲油广告，1937年

彩唇

- **发明** 旋转口红
- **发明人** 小詹姆斯·布鲁斯·梅森
- **时间地点** 1922年，美国

自古以来，人们就涂嘴唇，但往往都是用刷子。20世纪初，有人想到把固体口红放入可滑动的金属容器中。很快，人们就发明了旋转管，这种装置至今仍在使用。

一幅女士正在涂口红的插图，1930年

干剃须

- **发明** 电动剃须刀
- **发明人** 雅各布·希克
- **时间地点** 1928年，美国

1928年，美国陆军上校雅各布·希克用他从先前的一项成功发明——刀柄中储存刀片的剃须刀中赚到的钱，发明了首款电动可干用剃须刀。后来的此类发明还有很多。1937年，英国雷明顿公司推出的刀片上包有一层防护箔。1939年，荷兰飞利浦公司研制出旋转式剃须刀。

这种装电池的剃须刀外壳有槽纹，便于手握。

发胶

- **发明** 喷雾罐
- **发明人** 埃里克·罗塞姆
- **时间地点** 1927年，挪威

挪威化学工程师埃里克·罗塞姆发明的喷雾罐一开始并不走俏。第二次世界大战期间，美国化学家莱尔·古德休把它改造成美军用的驱虫设备"灭虫弹"，人们才发现了喷雾罐的潜力。二战后，喷雾技术广泛应用于家庭，包括发胶，见上图1955年的发胶广告。

防晒

- **发明** Ambre Solaire防晒油
- **发明人** 欧仁·舒莱尔
- **时间地点** 1926年，法国

法国化学家欧仁·舒莱尔发明的Ambre Solaire防晒油是首款推向大众市场的防晒用品，可保护皮肤不受紫外线辐射的伤害，因为紫外线会导致皮肤癌。这种防晒油于20世纪30年代出品，当时日光浴在法国南部很流行。二战期间，军人也把它抹在身上防晒。

希克电动剃须刀，约1934年

Fig. 1.

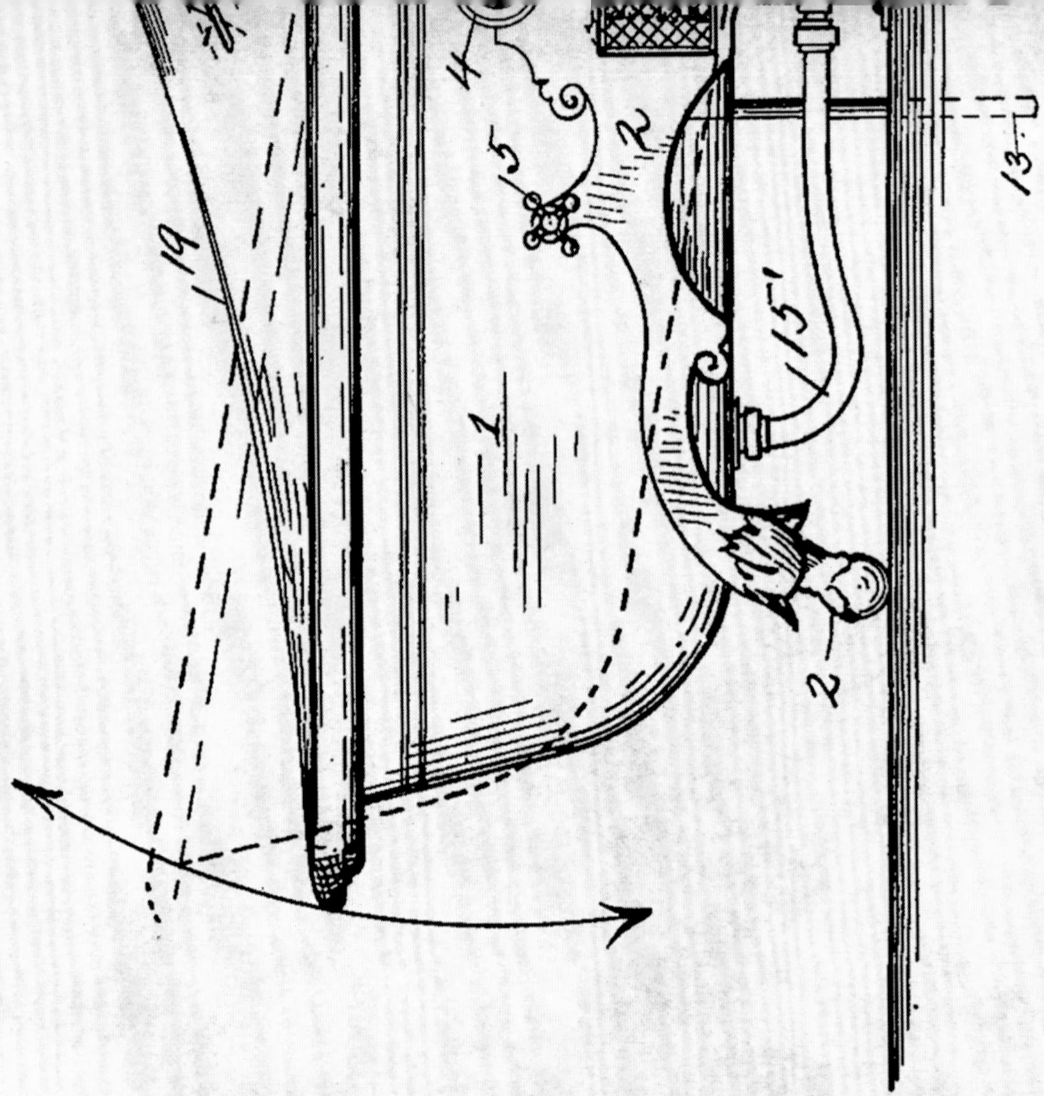

Witnesses:

Wm G. Walter

Jed Davenport

Inventor.

Otto A. Hensel.

by his attorney

M. E. Harrison.

放松一下

19 世纪，水疗是治疗各种疾病的一种流行方法。下图是美国人奥托·亨塞尔于 1900 年注册的一项专利"摇摆浴缸"。浴缸上下轻轻摇摆，将水花溅到人身上。在脖子和浴缸之间围一道帘子，避免浴缸的水溅到外面。今天，人们有了多种放松方式，如桑拿和漩涡浴。

No. 643,094.

O. A. HENSEL.

ROCKING OR OSCILLATING BATH TUB.

(Application filed Jan. 6, 1899.)

(No Model.)

Patented Feb. 6, 1900.

2 Sheets—Sheet I.

衣柜里

在人类历史上，服装引发了一些重大变革。织布机等纺织机械的发明是 18 ～ 19 世纪工业革命的主要推动力。虽然世界各地衣服各异，但有时候一件很实用的衣物会风靡全球。

一根针上下移动，把布料上下的线连起来。

防雨

1824 年，苏格兰化学家查尔斯·麦金托什发明了一种用橡胶填充织物做的雨衣。这种雨衣就以发明家的名字命名，叫作"麦金托什"。但是，这种雨衣到了热天容易熔化。为了解决这个问题，英国工程师托马斯·汉考克研发了使橡胶更结实的硫化工艺。

快速缝补

19 世纪中期，好几个美国发明家都提出了缝纫机的设计。但从 1851 年开始，艾萨克·辛格发明的缝纫机最为成功。然而，他的发明和另一位发明家伊莱亚斯·豪的发明太相似了，豪就跟他打官司，结果是豪获胜。两人后来共同经营。

麦金托什雨衣，1922 年

轻型材料做的鞋子透气性好。

现代胸罩

据说，一位名叫玛丽·雅各布的美国女子发明了首款现代式样的轻型胸罩，并于 1914 年获得专利。传说有一次她穿新连衣裙时，笨重的紧身胸衣露了出来，于是她就用两块手帕和几根丝带做了一件替代紧身胸衣的内衣。

橡胶底

运动鞋

1832 年，美国发明家韦特·韦伯斯特申请了一项专利，将橡胶鞋底粘到皮革鞋面上，做成一种轻便的鞋子。但是，真正的运动鞋直到后来发明了抓地好的模压橡胶鞋底后才面世。最早一批运动鞋于 1916 年推出，其英文名为"sneaky shoes"，意思是"偷偷摸摸的鞋"。这是因为橡胶底很轻，穿上这种鞋就能悄悄接近别人。

买得起的尼龙袜

20世纪30年代美国化学家华莱士·卡罗瑟斯发明了尼龙以后，以前只能用丝绸做的长筒袜改用尼龙制成，其价格一下子变得很便宜。第二次世界大战以后，美国一家针织厂把两条尼龙长筒袜连起来，生产出一种两条裤腿的新服装，现在叫作连裤袜。

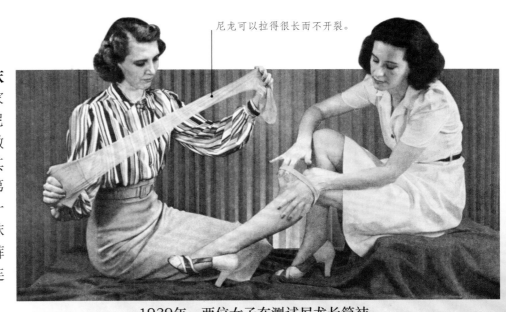

尼龙可以拉得很长而不开裂。

1939年，两位女子在测试尼龙长筒袜

透气排汗的衣服

戈尔特斯面料是美国工程师罗伯特·W. 戈尔1969年研发的，用来制作户外服装。他发现，让聚四氟乙烯，也就是我们常说的特氟龙，迅速膨胀，能生成一种既防水又透气的新材料，便于排汗。

▲ 全天候服装
现在，人们用戈尔特斯面料制作各种透气、防水的衣服，如滑雪服和其他运动服。

扣件

做好一件衣服不仅要衣料、款式和大小都合适，而且还要确保衣服穿上身后不会散开、掉落。自古以来，富有创造力的人们发明了大量巧妙的衣服扣件，从搭扣、纽扣到复杂的拉链、扣眼、钩扣等。

衣服扣好

- **发明** 纽扣
- **发明人** 可能是印度河流域文明的人
- **时间地点** 约公元前2500年，巴基斯坦摩亨佐达罗

现存最古老的纽扣来自大约 5000 年前巴基斯坦和印度北部的印度河流域文明。这种扣子是贝壳做的，可以扣到布制的扣环里，也许它更多的是一种装饰作用。直到 13 世纪，可以扣一排排扣子的结实扣眼才被发明出来。

佩戴好你的剑

- **发明** 搭扣
- **发明人** 可能是罗马人
- **时间地点** 可能在公元前100年左右的意大利

谁也不知道搭扣最早是什么时候出现的，但它们的确被罗马人广泛使用，主要是被士兵用来固定铠甲和武器。在 15 世纪生产方式改进以前，欧洲的搭扣都很贵，主要是富人佩戴。

铜扣，7世纪

钩扣

中世纪的扣件

- **发明** 钩和扣眼
- **发明人** 未知
- **时间地点** 14世纪，英国

衣服上最简单的一种扣件是一个小金属钩，可以正好钩住扣环或扣眼。这种钩扣在中世纪就广为使用，据说最早使用它的是英国人。这种扣件现在仍在使用，尤其是在胸罩上。

尿布扣件

- **发明** 安全别针
- **发明人** 沃尔特·亨特
- **时间地点** 1849年，美国

安全别针使用弹簧机构将别针安全地固定在卡扣里。如图所示，它经常用来把片状布料，比如尿布，固定在一起。安全别针是美国发明家沃尔特·亨特发明的。他把专利卖给了一家公司，只赚了 400 美元，这家公司后来以此却赚了数百万美元。

◀ **钢制别针**
亨特的安全别针是用黄铜做的，而现在的安全别针通常是不锈钢的，有各种规格。

公扣的凸起部分按入母扣的孔中。

公扣和母扣扣合了。

孔

啪嗒扣上

- **发明** 按扣
- **发明人** 黑里贝特·鲍尔
- **时间地点** 1885年，德国

在中国古代，两个相互扣合的小圆片偶尔被当作扣件使用。现代金属按扣是德国发明家黑里贝特·鲍尔19世纪末发明的，他把这种扣子称为"弹簧扣"。按扣常用在童装上，因为它们很容易开合。有时候它们也用在成人服装上。

哇哦!

"扣子"的英文单词"button"源自古日耳曼语，意思是"突出的东西"。

现代魔术贴

把拉链拉好

- **发明** 拉链
- **发明人** 吉迪昂·森贝克
- **时间地点** 1913年，瑞典

最早像拉链一样的扣件是美国发明家怀特科姆·贾德森1893年发明的。它有一排金属眼和金属钩（不是现代拉链那样的链牙），用一个滑动装置把它们挤压在一起。这种扣件设计虽巧妙，但不是很好用。于是，贾德森聘请瑞典科学家吉迪昂·森贝克进行改进。1913年，森贝克研制出我们今天这种拉链。

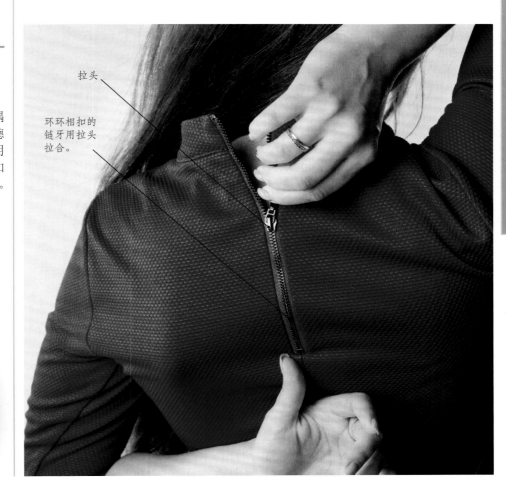

拉头

环环相扣的链牙用拉头拉合。

钩毛搭扣

- **发明** 威扣
- **发明人** 乔治·德梅斯特尔
- **时间地点** 1955年，瑞士

德梅斯特尔看到有些种子上面有小钩，便于它们附着在兽皮等粗糙的表面。受此启发，他发明了钩毛搭扣。他制作钩毛搭扣用了两种材料：一种有小钩，另一种有小环，二者被压合之后就粘紧了。他给自己的发明起名叫"Velcro"（威扣），源自法文"velours croché"，意思是"钩绒"。现在钩毛搭扣又被称作魔术贴。

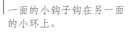

一面的小钩子钩在另一面的小环上。

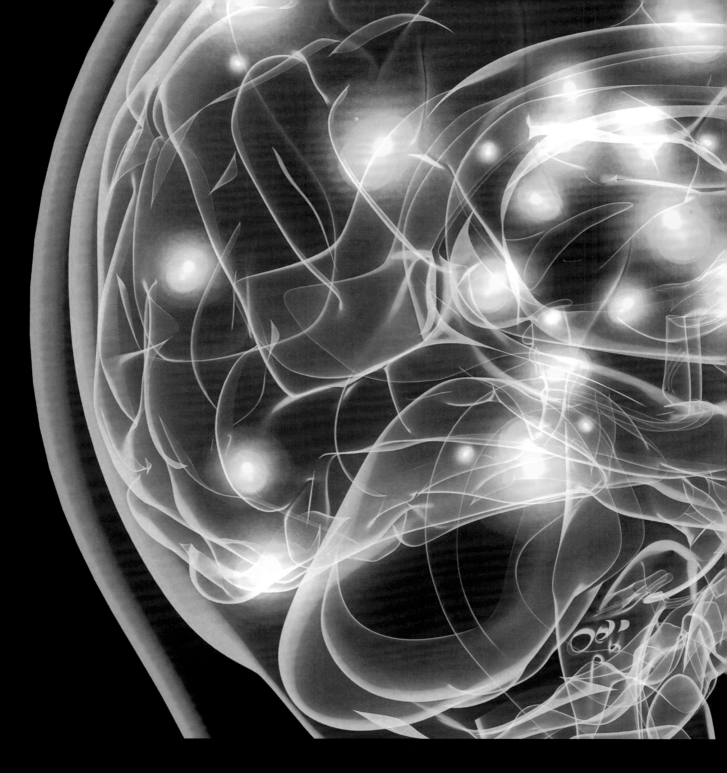

保持健康

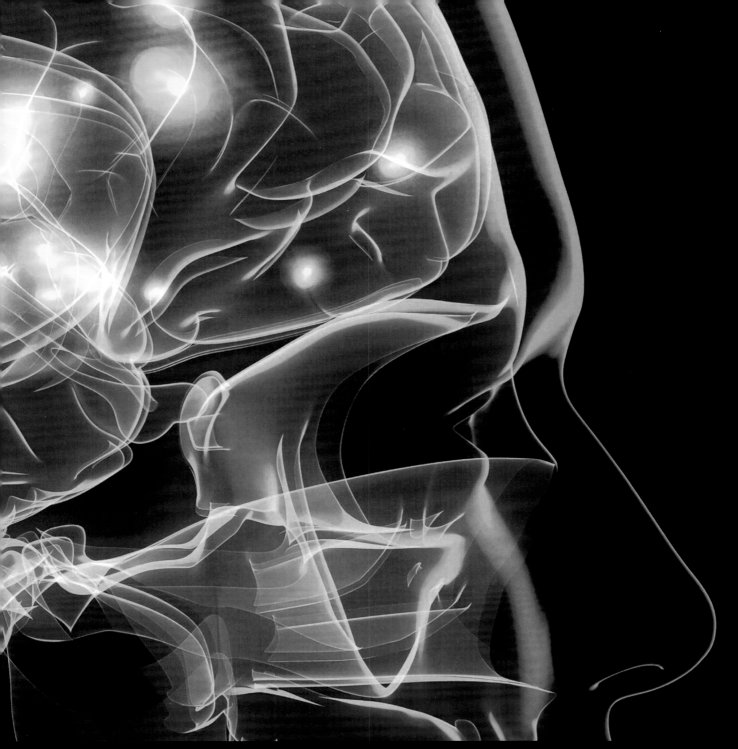

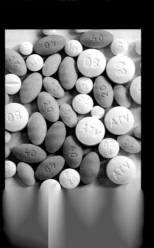

两百年来，医学技术突飞猛进，各种发明层出不穷。医生能够更好地探究病因，治疗疾病。

查看体内

1895 年以前，给病人做体内检查需要开刀。德国科学家威廉·伦琴发现 X 射线以后，体内检查有了新方法。X 射线是一种像光一样的电磁辐射，可以穿透器官等身体比较柔软的部位，被骨头等密度较大的部位吸收，最后将不同密度部位的阴影清晰地显示在 X 射线照片上。从那以后，科学家又发明了其他很多安全检查人体内部的方法。

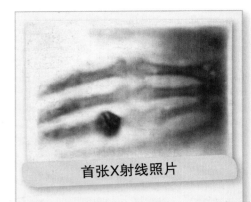

首张X射线照片

伦琴在做阴极射线管实验时，发现它发出一种神秘的射线，这种射线似乎可以穿透固体物质。1895 年，他用这种射线拍了第一张 X 射线照片——一张他妻子戴戒指的手的照片（见上图）。

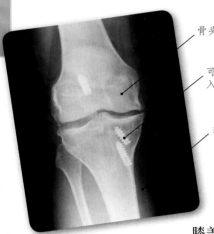

骨头显示为白色区域。

可以清楚地看到植入体内的骨钉。

软组织部位是模糊的。

膝盖的X射线照片

命名不明物

伦琴不知道这种射线是什么，就称之为"X 射线"（X 代表"不明物"）。伦琴因此获得 1901 年诺贝尔物理学奖。今天，医生常用 X 射线检查骨折情况或体内异物，其中包括外科手术植入物。

发光

1957 年，美国医生巴兹尔·希尔朔维茨和拉里·柯蒂斯发明了纤维内窥镜。这是一种细软管，内置玻璃或塑料纤维，光信号可以沿管传输。把软管插入病人体内，就能将体内影像传给医生。

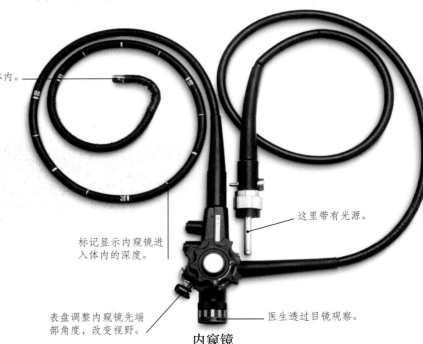

先端部进入体内。

这里带有光源。

标记显示内窥镜进入体内的深度。

表盘调整内窥镜先端部角度，改变视野。

医生透过目镜观察。

内窥镜

超声成像

超声波扫描仪最早在 20 世纪 50 年代开始使用，可以将高频超声声束传入体内。骨头、肌肉等不同器官和组织发出不同的回声，生成一个二维的声波图。这种检查没有不良作用，通常用来检查子宫里的胎儿（见左图）。

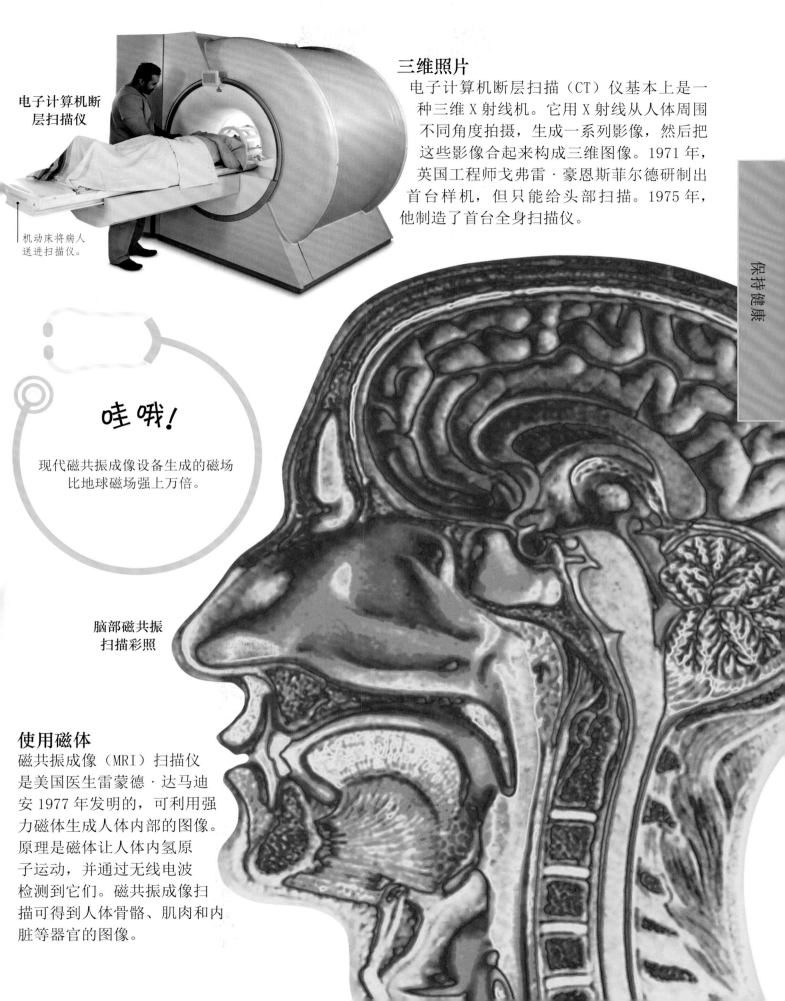

电子计算机断层扫描仪

机动床将病人送进扫描仪。

三维照片

电子计算机断层扫描（CT）仪基本上是一种三维 X 射线机。它用 X 射线从人体周围不同角度拍摄，生成一系列影像，然后把这些影像合起来构成三维图像。1971 年，英国工程师戈弗雷·豪恩斯菲尔德研制出首台样机，但只能给头部扫描。1975 年，他制造了首台全身扫描仪。

哇哦!

现代磁共振成像设备生成的磁场比地球磁场强上万倍。

脑部磁共振扫描彩照

使用磁体

磁共振成像（MRI）扫描仪是美国医生雷蒙德·达马迪安 1977 年发明的，可利用强力磁体生成人体内部的图像。原理是磁体让人体内氢原子运动，并通过无线电波检测到它们。磁共振成像扫描可得到人体骨骼、肌肉和内脏等器官的图像。

▲ 在实验室里
1911年，玛丽·居里在法国巴黎索邦大学自己的实验室里工作。

生平

1867年	1891年	1897年	1903年
11月7日，玛丽·斯克洛多夫斯卡出生在波兰华沙，青少年时期曾在华沙的飞行大学偷偷学习科学。	她来到巴黎求学，结识了索邦大学教授皮埃尔·居里。1895年，两人结婚。	第一个女儿艾琳出生。艾琳后来也成了科学家，1935年获得诺贝尔化学奖。	居里夫妇荣获诺贝尔物理学奖，居里夫人成为首位获得诺贝尔奖的女科学家。

艾琳·居里

玛丽·居里

波兰裔法国物理学家、放射化学家玛丽·居里是同时代最伟大的科学家之一，也是放射性（原子核自发地放射出各种射线的现象）研究的先驱。她的研究工作加深了我们对放射性的了解，后来就有了癌症放射治疗的方法。她发现了两种放射性元素，成为第一位两次获得诺贝尔奖的科学家。

可以提取钋和镭的铀矿石

新元素

居里夫人抵达巴黎时，科学家们刚发现铀等元素带有放射性。1898 年，居里夫人在与丈夫皮埃尔·居里合作研究及独立研究的过程中，又发现两种放射性元素——钋和镭。

巾帼不让须眉

在 19 世纪末的欧洲，女性大多与科学界无缘。在居里夫人的家乡波兰，女子甚至不能上大学，所以她只好偷偷学习。当她移居法国巴黎，并在那里先后拿到物理、数学两个学位之后，她的事业才蒸蒸日上。居里夫人的杰出成就为其他女科学家的发展铺平了道路。

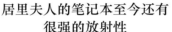
居里夫人的笔记本至今还有很强的放射性

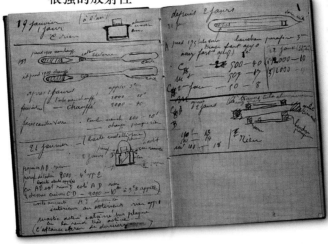

治疗癌症

居里夫人的发现推动了放射疗法的发展，也就是用高能辐射治疗癌症。可惜，当时人们对辐射的危害了解得还不够，据说居里夫人就是因为长年受到辐射而患上恶性白血病去世的。

小居里

第一次世界大战期间，居里夫人让 20 辆卡车装上 X 射线装置，用 X 射线扫描伤兵体内的子弹和骨折处。她甚至亲自开着卡车去战场。到战争结束时，人们用这些被称为"小居里"的卡车（见左图）检查过 100 多万伤员。

1906年	1911年	1934年	1995年
丈夫在一起交通事故中遇难，居里夫人接替丈夫的工作出任索邦大学教授，成为该校首位女教授。	居里夫人第二次获得诺贝尔奖，这次是化学奖。她是唯一一个两次获得诺贝尔奖的女科学家，也是唯一一个获得不同学科诺贝尔奖的科学家。	居里夫人病逝，享年 66 岁。生前长期患病，据说是多年接触辐射所致。	居里夫妇的遗骸被移葬巴黎先贤祠，那里是法国最杰出人士的安葬地。

更好的诊断

直到大约 200 年前，医生诊断病情的手段还只有两样：一是他自己的专业能力，二是患者对症状的描述。后来，人们研发出大量检查病人健康状况、查找病因的工具。这样一来，医生看病就不用再靠猜测，而变得更加科学了。

小常识

■ 古希腊人率先提出了"诊断"的概念，意思是识别疾病。他们认为生病是 4 种体液过剩或不足造成的，这 4 种体液是血液、黄胆汁、黑胆汁和黏液。

■ 19 世纪，有些科学家认为一个人精神是否健康可以用颅相学诊断。颅相学是研究头部形状和大小的学问。

拉埃内克听诊器

用木头和黄铜制成的空心单管

听体内声音

- **发明** 听诊器
- **发明人** 勒内·拉埃内克
- **时间地点** 1816年，法国

听诊器用来听肺部和心脏发出的声音，并凭此诊断它们是否有异常。最早的听诊器是一根简单的木管，用时搁在患者的胸上。带胸件、胶管和耳件（便于医生两个耳朵听）的现代听诊器直到 19 世纪晚期才研制出来。

看眼内状况

- **发明** 检眼镜
- **发明人** 赫尔曼·冯·亥姆霍茨
- **时间地点** 1851年，德国

检眼镜是一位德国医生发明的，使医生可以通过患者瞳孔检查眼睛的健康状况。早期的检眼镜是用设备镜面反射烛光照亮患者眼睛。后来，灯光取代了蜡烛。

通过窥视孔检查眼睛的内部。

医生在这里手持检眼镜。

法国人仿照亥姆霍茨检眼镜制造的检眼镜，19世纪中期

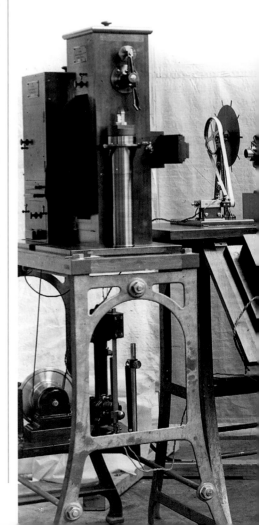

量体温

- **发明** 体温计
- **发明人** 托马斯·奥尔伯特
- **时间地点** 1866年，英国

19世纪中期，医用体温计就已经发明出来了，但有30多厘米长，20分钟后才能显示读数。英国医生托马斯·奥尔伯特改良了设计，他研制的体温计短了一半，5分钟就能显示读数。

奥尔伯特发明的体温计（图左）和体温计盒（图右），约1880年

量血压

- **发明** 血压计
- **发明人** 萨穆埃尔·冯·巴奇
- **时间地点** 1880年，捷克

血压计是量血压的简单仪器，发明人是一位捷克医生。后来，意大利医生希皮奥内·里瓦·罗奇做了改良，加了一块可紧紧缠在病人胳膊上的充气臂带。臂带充气后挤压手臂，阻止血液流动，然后缓缓放气，直到医生再听到血液流动，这样就能记录血压了。

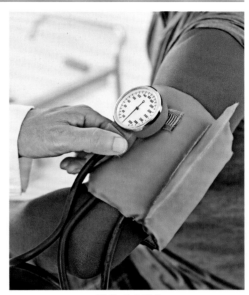

现代血压计

保持健康

测量心脏的电活动

- **发明** 心电图机
- **发明人** 威廉·艾因特霍芬
- **时间地点** 1901年，荷兰

心电图机能测量心脏的细微电流，有助于诊断病人是否有心脏病。1924年，心电图机发明人——荷兰医生威廉·艾因特霍芬因此获得诺贝尔生理学或医学奖。

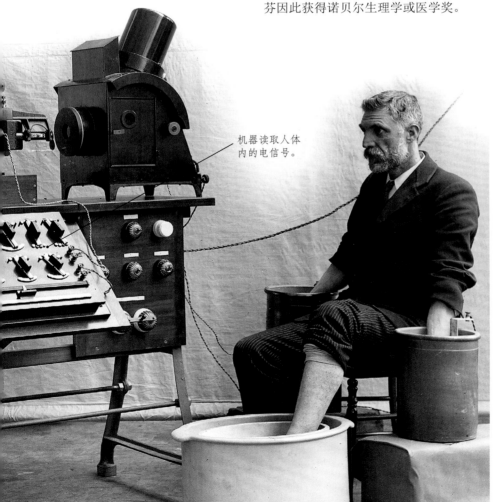

机器读取人体内的电信号。

测血糖

- **发明** 血糖仪
- **发明人** 安东·休伯特·克莱门斯
- **时间地点** 1968年，美国

糖尿病是一种血糖无法完全控制在正常水平的疾病，患者需要监测血糖水平。直到20世纪60年代初，科学家都没有找到测血糖的简便方法。后来，一位美国工程师发明了一种仪器，通过分析变了色的葡萄糖试纸的读数来判断一滴血中的含糖量。

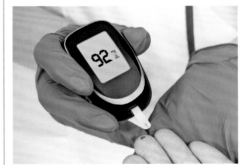

现代血糖仪可以用数字方式显示血糖值

◀ 早期心电图机
从1911年起，这种心电图机就开始使用了。病人把手脚浸入盐水桶，盐水成了导电的电极。

麻醉

19 世纪中期以前，手术会给病人造成很大的痛苦，因为做手术时没有有效的止痛药。19 世纪 40 年代，麻醉药——一种让病人暂时失去知觉的药剂——开始广为流行。如今，出现了各种各样的麻醉药，病人做手术时大多不再痛苦。

古代手术

有证据表明，史前就有人做过外科手术。最常见的一种是钻颅术——用锐利的工具在头上钻孔，据说可以缓解疼痛。在宗教仪式中，或如某些人所相信的那样，这样做可以排出"邪灵"。右图这个钻过孔的颅骨有 4000 多年历史。

颅骨上钻出的孔

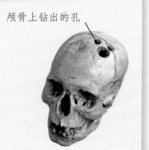

调节器控制乙醚蒸气进入橡胶管的量。

橡胶管将乙醚蒸气从罐子送到吸口。

神奇的乙醚

1846 年，美国牙医威廉·莫顿实现了医学上的一次飞跃：他先让病人吸入化学品乙醚，然后施行无痛手术。虽然乙醚有高度易燃的问题，但是很快就被广泛应用了。

快速手术

这幅 17 世纪的油画描绘的是牙医拔牙的情景。麻醉药发明以前，医生想减轻手术给病人带来的痛苦，就让病人喝酒，有时甚至把病人打昏，然后尽快动手术。

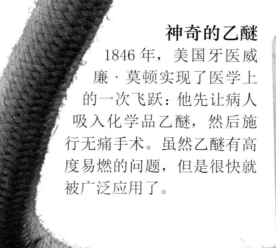

根据莫顿最初的设计制造的
早期乙醚吸入器

氯仿

跟乙醚大约同时出现的另一种麻醉药是氯仿。1847年，苏格兰医生詹姆斯·扬·辛普森用氯仿减轻产妇分娩的痛苦，这是最早使用氯仿的实例。有些人反对使用氯仿，认为使用它"违背自然规律"。然而，1853年，英国维多利亚女王允许辛普森用氯仿减轻她分娩的痛苦。

瓶装氯仿，19世纪末

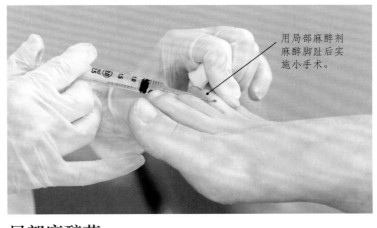

用局部麻醉剂麻醉脚趾后实施小手术。

局部麻醉药

适量的乙醚或氯仿会让病人失去知觉，但药量太大会致人死亡。1903年，法国化学家埃内斯特·富尔诺研制出一种人工局部麻醉药阿米洛卡因。它只需麻醉要做手术的部位，病人神志仍然清醒。从那以后，又出现了许多别的局部麻醉药。

哇哦！

19世纪初，人们用氧化亚氮气体麻痹疼痛。用过的病人会很开心，于是它就有了个绰号"笑气"。

吸口罩在病人口鼻上，让病人吸入乙醚蒸气。

浸透乙醚的小块海绵挥发出乙醚蒸气。

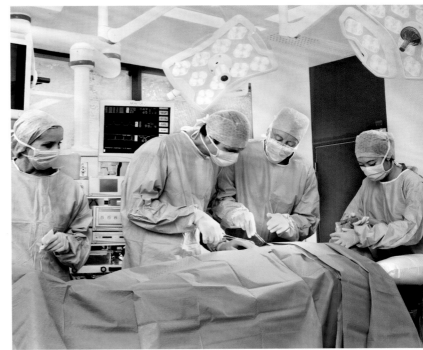

全身麻醉药

现代全身麻醉药通常是由几种不同的麻醉药混合而成，可让病人在手术中失去知觉。药物剂量用麻醉机控制，这种机器又叫博伊尔机，以1917年发明该机的英国医生亨利·博伊尔的名字命名。手术期间，麻醉师（上图右一）执行麻醉并监督麻醉药的使用。

医学奇迹

几个世纪以来，医学取得了许多重大进展和突破，极大丰富了药物和医用设备的种类。有些药物和设备能挽救生命，有些则用于治疗轻微疼痛。的确，现代医学的专业化程度之高，是几百年前的医生无法想象的。

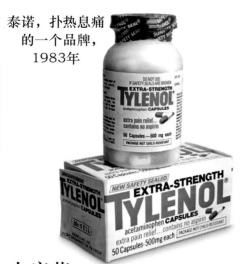

泰诺，扑热息痛的一个品牌，1983年

止痛药

- **发明** 扑热息痛（对乙酰氨基酚）
- **发明人** 哈蒙·诺思罗普·莫尔斯
- **时间地点** 1877年，美国

有时一种药物广为人知需要一段时间。1877年，一位美国化学家发明了现在大家都知道的扑热息痛，通常用作一种温和的止痛药和感冒药。但是，这种药在刚发明的时候有人对它抱有无端的怀疑，所以直到1950年才对外销售。

万能药

- **发明** 阿司匹林
- **发明人** 费利克斯·霍夫曼
- **时间地点** 1897年，德国

阿司匹林可以用来治疗多种疾病，如头痛、心脏病、血栓和中风等。有时人们称之为"万能药"。阿司匹林是天然物质水杨酸的衍生物。水杨酸存在于柳树皮中，几百年来一直被用来治病。

盒装可溶性粉状阿司匹林，1900年

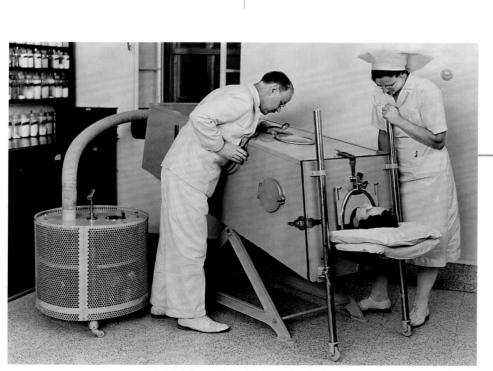

1940年，铁肺帮助病人呼吸

帮助呼吸

- **发明** 铁肺
- **发明人** 菲利普·德林克和路易斯·阿加西斯·肖
- **时间地点** 1927年，美国

铁肺发明以后，因事故或疾病导致呼吸肌瘫痪的病人又可以呼吸了。这种机器很笨重，几乎把病人整个包在里面，但它能救命。后来，它被小型的呼吸机取代。

磺胺类药物百浪多息，1936~1940年

战胜细菌

- **发明** 磺胺类药物
- **发明人** 格哈德·多马克
- **时间地点** 1932年，德国

在20世纪40年代抗生素广泛使用之前，另一类药物——磺胺类药物用得很多。

虽然有些磺胺类药物治疗细菌感染很有效，但并不都是安全的，其中就有一种在1937年引起了大范围药物中毒，导致美国100多人死亡。于是，1938年，美国政府首次引入新药安全性检测机制。

帮助心脏

- **发明** 便携式除颤器
- **发明人** 弗兰克·帕特里奇
- **时间地点** 1965年，英国

心脏病发作时，除颤器可以发出电击矫正异常的心跳。早期除颤器又大又笨重，只能在医院使用。弗兰克·帕特里奇发明的除颤器比较小，可以放在救护车里使用。如今，许多公共场所都有公用除颤器，任何人都能操作。

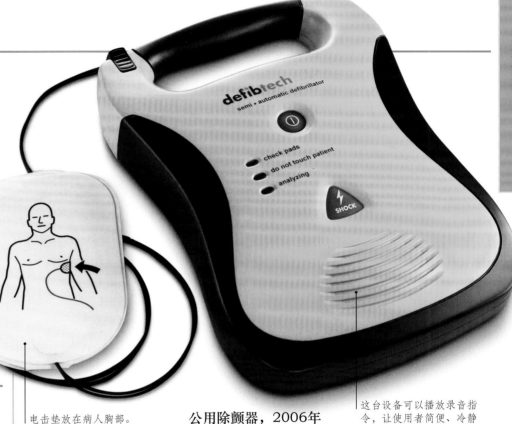

电击垫放在病人胸部。

公用除颤器，2006年

这台设备可以播放录音指令，让使用者简便、冷静地操作。

降低胆固醇

- **发明** 他汀类药物
- **发明人** 远藤章
- **时间地点** 1971年，日本

他汀类药物是用来降低胆固醇的。胆固醇是一种脂肪物质，会在动脉中堆积，堵塞动脉，有时会引发心脏病。他汀类药物是科学家在研究真菌之后开发出来的，是世界上最畅销的药物之一。

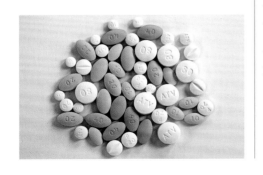

对抗疟疾

- **发明** 青蒿素
- **发明人** 屠呦呦
- **时间地点** 1972年，中国

奎宁等许多早期抗疟药物有一个问题，那就是寄生虫最终会对其产生耐药性。因此，必须发明新药，或者改良旧药。中国药学家屠呦呦和她的团队重新试验了一个沿用了1600多年的使用黄花蒿的医方，最终研制出青蒿素，为此她获得诺贝尔生理学或医学奖。

乌干达人在筛选收割的黄花蒿，准备出售

列文虎克发明的一种显微镜的复制品

固定标本的针

拧动螺丝调焦。

夹在两块板之间的透镜

显微镜

以前，谁也不知道疾病产生的原因。19 世纪 60 年代，法国化学家路易·巴斯德（见第 244~245 页）证明了疾病是由微生物——细菌引起的。细菌太小，以至于肉眼都看不见。人们是在显微镜发明之后才首次看到了微生物。又历经大约 250 年，"细菌学说"诞生。

早期前进的步伐

16 世纪 90 年代，荷兰眼镜工匠汉斯·扬森和撒迦利亚·扬森将两片透镜放在一个圆筒中，制造出第一台显微镜。17 世纪，荷兰科学家安东·列文虎克研制出效果更好的显微镜，成为第一位观察到单细胞微生物的科学家。他的显微镜只有一个透镜，能将物体放大 270 倍。

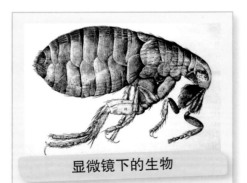

显微镜下的生物

17 世纪，科学家开始广泛使用显微镜。1665 年，英国科学家罗伯特·胡克出版《显微图集》一书，书中收录了用显微镜看到的最早的标本插图，包括植物和小虫子（如上图的跳蚤）等。

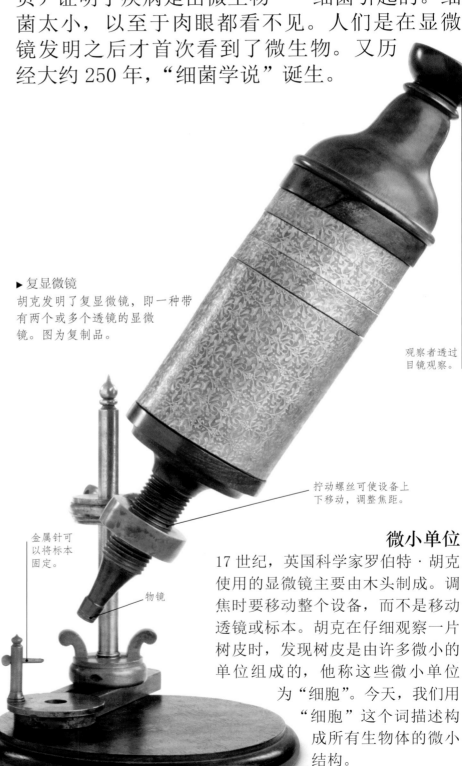

▶ 复显微镜
胡克发明了复显微镜，即一种带有两个或多个透镜的显微镜。图为复制品。

观察者透过目镜观察。

拧动螺丝可使设备上下移动，调整焦距。

金属针可以将标本固定。

物镜

微小单位

17 世纪，英国科学家罗伯特·胡克使用的显微镜主要由木头制成。调焦时要移动整个设备，而不是移动透镜或标本。胡克在仔细观察一片树皮时，发现树皮是由许多微小的单位组成的，他称这些微小单位为"细胞"。今天，我们用"细胞"这个词描述构成所有生物体的微小结构。

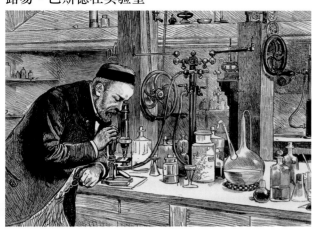

路易·巴斯德在实验室

细菌学说

主张传染性疾病是由细菌这类微生物传染的理论就叫作细菌学说。今天，我们认为这是理所当然的，但当巴斯德提出这一观点时，却引起了很大争议。他借助显微镜，证明了是一些微生物导致牛奶变质，而有些被称为酵母菌的微生物会使啤酒和葡萄酒发酵。

罗伯特·科赫在实验室

发现细菌

巴斯德证明了疾病是由细菌引起的，而德国科学家罗伯特·科赫找到了某些疾病真正的元凶。在显微镜的帮助下，他找到了导致炭疽（1876 年）、结核病（1882 年）和霍乱（1883 年）等疾病的细菌。因为这些发现，科赫被誉为"细菌学之父"。

复显微镜

光线

4. 目镜放大物镜产生的图像。

3. 物镜放大标本。

1. 将标本放在玻璃片上。

2. 镜子反射的光线透过标本。

复显微镜的工作原理与望远镜大致相反。望远镜是用大透镜从远处收集微弱的光线，显微镜则是用小透镜聚焦光线观察眼皮底下的小物体。显微镜一般包括光源、可以对焦的物镜和固定的目镜。透镜聚焦时能让光线弯曲，将图像放大。

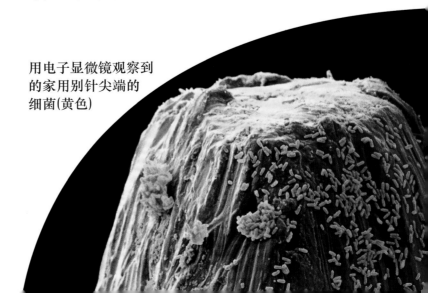

电子显微镜

20 世纪 30 年代，德国物理学家恩斯特·鲁斯卡研制出可以放大 50 万倍的显微镜。这种显微镜不用光，用的是电子束，最终生成分子和原子的图像。今天，倍数最高的显微镜可以放大 3000 万倍。

用电子显微镜观察到的家用别针尖端的细菌(黄色)

攻克细菌

19 世纪初，许多人因手术或分娩时感染而死于医院。19 世纪中期，科学家开始明白感染是由看不见的细菌引起的。他们开始致力于改善医院的卫生状况，但遭到不肯接受新思想的医生的反对。

医院卫生

如今，医务人员接触病人前都会仔细洗手。最早这么做的是奥地利维也纳一家医院的匈牙利医生伊格纳茨·塞麦尔维斯，时间是 1847 年。他发现，医生手术前用适度的氯化水洗手，病人死亡率会下降。

最早的消毒剂

19 世纪 60 年代，英国外科医生约瑟夫·利斯特为避免病人在手术期间通过空气感染而率先采取了措施。他用石炭酸（最早的消毒剂，又称苯酚，一种能消灭致病菌的化学品）清洗病人伤口。利斯特还发明了一种能在手术中喷洒石炭酸雾的机器，大大降低了感染率。

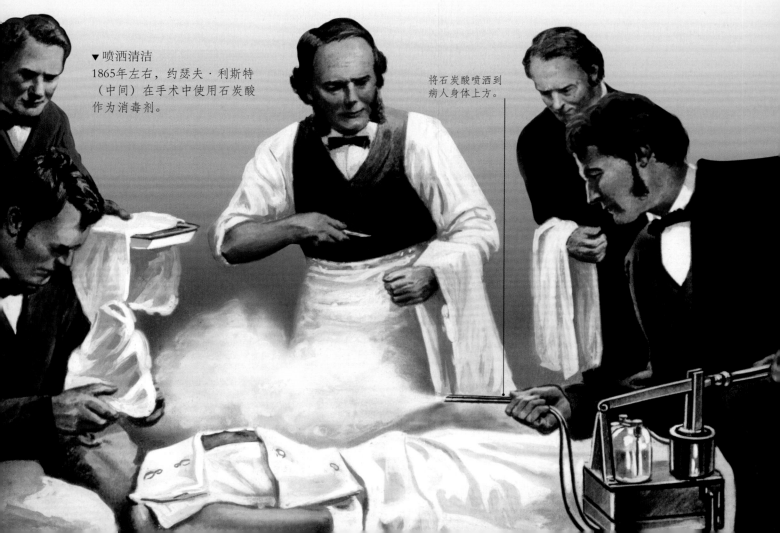

▼ 喷洒清洁
1865年左右，约瑟夫·利斯特（中间）在手术中使用石炭酸作为消毒剂。

将石炭酸喷洒到病人身体上方。

无菌急救箱

受利斯特的影响，医生开始在手术前通过煮来给医疗用品消毒。1886 年，美国实业家罗伯特·伍德·约翰逊和他的兄弟们成立了一家制药公司——强生公司，生产无菌绷带和手术设备。两年后，公司开始生产世界上最早的商用急救箱，将无菌医疗用品送入千家万户。

药品和无菌绷带放在急救箱的格子里。

急救箱，约1930年

石炭酸皂，1894年

杀菌肥皂

1834 年，德国化学家费里德利布·费迪南德·伦格发现了石炭酸，也就是利斯特用作消毒剂的物质。19 世纪末，这种消毒剂已经以批量生产的皂条的形式大量上市，供大众购买使用。

创可贴

直到 20 世纪初，给小伤口缠绷带还是个精细活，通常要两个人共同完成。1920 年，厄尔·迪克森（美国发明家、强生公司职员）找到了一个解决办法——创可贴。创可贴是将方形小绷带粘在一条胶布上。他们生产的创可贴的品牌叫邦迪，现在全世界都在用。

无菌垫可吸收血液。

哇哦！

李施德林（Listerine）漱口水的名字源自约瑟夫·利斯特（Joseph Lister），突出了这款漱口水的抗菌性。

安全手术

现代外科医生采取大量预防措施防止病人感染，比如戴口罩、戴手术帽、穿手术衣和戴医用手套等。这些措施再加上消毒剂，有助于保持现代手术环境的卫生。

口罩防止医生传播呼吸道感染。

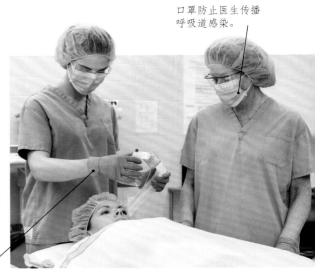

无菌医用手套用过一次就扔掉。

医疗发展

在过去的 250 年中，随着医学的发展，科学家们研制出大量能控制甚至根治疾病的有效疗法。许多疗法是在反复试验的过程中产生的，常常是新疗法已经出现，但科学还无法解释。

20世纪的一幅画描绘了詹姆斯·林德给一名坏血病患者喂食柠檬的场景

预防坏血病

直到 18 世纪，长途航行的水手常常会得一种怪病，现在我们知道这就是坏血病。这种病是由于缺乏维生素 C 引起的，维生素 C 在柑橘类水果中很丰富。1747 年，英国外科医生詹姆斯·林德证实，常吃柠檬等柑橘类水果的水手不会得坏血病。英国海军最终采纳了他的建议，几乎一夜之间治愈了水手们的坏血病。

早期透析机，1949年

抽血或注血用的手柄

针管

输血

1818 年，英国医生詹姆斯·布伦德尔实施了世界首例人体输血手术。他为一位失血产妇注入了她丈夫的血液。虽然这次输血成功了，但那时输血并不是每次都顺利，因为大家对血型还不是十分了解，把不同血型的血混在一起有可能是致命的。

布伦德尔发明的输血设备，19世纪

肾透析

1944 年，荷兰医生威廉·科尔夫发明了透析机，用来治疗肾功能衰竭患者。这是首个"人工肾"，很笨重，可以清除患者血液中的垃圾：先把血液从体内抽出，通过透析机的薄膜过滤，然后再把血液输回体内。今天，肾透析已经很常见了。

激光眼科手术

20 世纪 50 年代，西班牙眼科专家霍斯·巴拉克尔率先用手术刀修整病人的角膜（眼球最外层透明的部分）来矫正视力。经过多年研究与实践，1988 年，美国医生玛格丽特·麦克唐纳首次使用紫外激光作为切割工具做视力矫正手术。

哇哦！

1665年，英国医生理查德·洛厄进行了首次输血手术，输血的对象是两条狗。

机器人手术

虽然独立施行手术的机器人还有待发明，但从 20 世纪 80 年代以来，机器人就已经在帮助医生做手术了。第一台手术机器人 Arthrobot 是詹姆斯·麦克尤恩医生带领的加拿大研究团队于 1983 年研制的。手术时，机器人会按照医生的声音指令移动病人的腿。

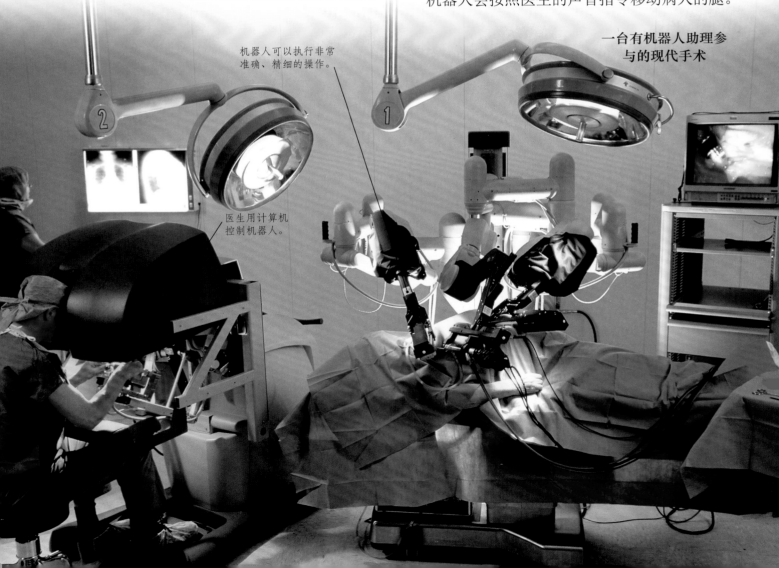

机器人可以执行非常准确、精细的操作。

医生用计算机控制机器人。

一台有机器人助理参与的现代手术

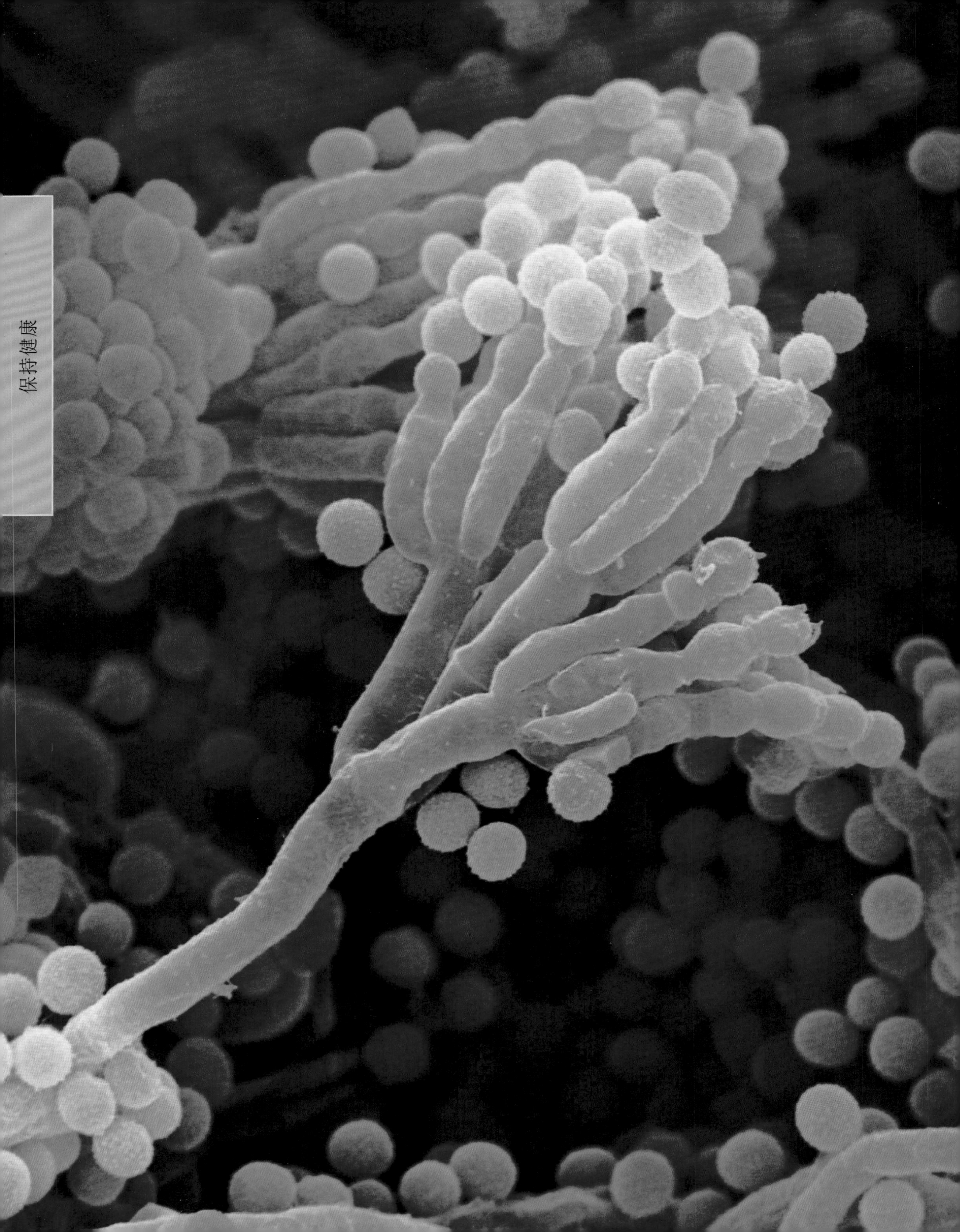

超级霉菌

这张用扫描电子显微镜拍摄的特写图像显示的是青霉菌，这种霉菌能用来生产世界上第一种抗生素——青霉素。1928年，苏格兰医生亚历山大·弗莱明偶然发现了青霉素的杀菌性能。此后，青霉素和其他抗生素拯救了无数人的生命。

接种疫苗

疫苗是用活性减弱的或灭活的病原微生物制成的。将疫苗接种到人身上（往往通过注射形式），可预防疾病的发生。第一支有效疫苗是英国医生爱德华·詹纳在 18 世纪末研制的天花疫苗。从那以后，科学家又研制出预防其他疾病的多种疫苗。

保持健康

第一支疫苗

詹纳发现感染牛痘（一种类似天花的疾病，但轻微得多）的挤奶女工不得天花。于是，他给一个男孩接种牛痘，然后尝试把天花传染给这个男孩。男孩并没有染上天花，这证明了詹纳的想法：这个男孩现在对天花产生了免疫力。上图是詹纳在给儿子接种疫苗。

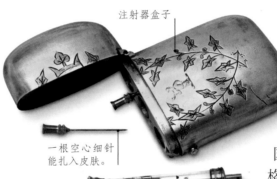

注射器盒子

一根空心细针能扎入皮肤。

活塞

针头接在针筒这里。

带有金属盒和一根备用针头的注射器，19世纪末

注射器

在 1853 年皮下注射器出现以后，医生接种疫苗更方便了。注射器的发明有三个人的功劳：爱尔兰人弗朗西斯·林德发明了空心针头；法国外科医生夏尔·普拉瓦和苏格兰医生亚历山大·伍德各自研究，找到了将针头接到针筒上的办法。

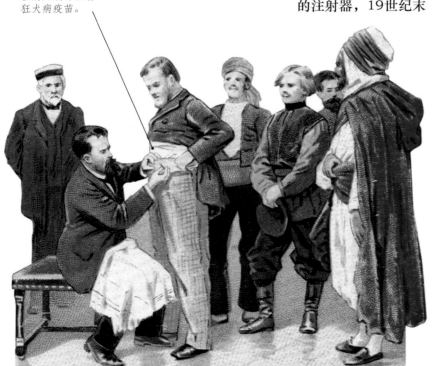

在病人腹部注射狂犬病疫苗。

巴斯德的研究

有一段时间，天花是唯一一种人们可以通过接种疫苗来预防的疾病。19 世纪初，科学家对其他有病原微生物天然弱毒株的疾病一无所知。1862 年，医学研究有了突破，法国科学家路易·巴斯德（见第 244~245 页）发现一种方法，通过加热和使用化学物质可人工弱化细菌。1885 年，巴斯德用这种方法研制出首个狂犬病疫苗。

◀采取预防措施
图中巴斯德在给人们注射狂犬病疫苗。他还研制了炭疽疫苗。

无针注射器

无针注射器是美国工程师马歇尔·洛克哈特 1936 年发明的，可以将药物以很细的高压液体射流的方式注入皮下。无针注射器操作便捷，往往用于大规模疫苗接种。但是，由于有感染风险，近年来它已经被一次性版本取代。

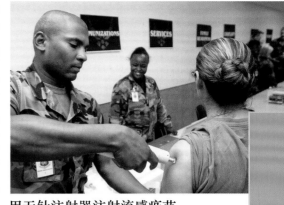

用无针注射器注射流感疫苗

哇哦！

虽然许多疾病都有了疫苗，但普通感冒还没有疫苗。

流感病毒粒子（下图白色部分）攻击红细胞

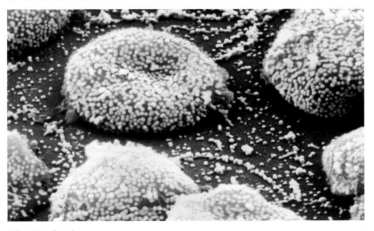

现代疫苗

20 世纪，科学家研制出更多的疫苗，如结核病疫苗（1921 年）、麻疹疫苗（1963 年）和风疹疫苗（1966 年）。20 世纪 50 年代，美国医生乔纳斯·索尔克研制出脊髓灰质炎（俗称小儿麻痹症）疫苗，但他拒绝申请专利，以便让每个人都能免费接种。

▼ 口腔接种
口服脊髓灰质炎疫苗是美国医生艾伯特·萨宾于20世纪60年代研制的。图中是也门小女孩在口服脊髓灰质炎疫苗。

战胜疾病

寻找新疫苗的工作从未停止。20 世纪 40 年代，首批流感疫苗面世。20 世纪 90 年代，出现甲肝疫苗。2018 年，在非洲试点应用疟疾疫苗。然而，埃博拉、艾滋病等大量致命疾病仍无法通过接种疫苗预防。

小常识

■ 天花曾是世界上最致命的疾病之一。18 世纪晚期，欧洲每年约有 40 万人死于天花。
■ 1980 年，世界卫生组织宣布已经通过接种疫苗根治天花。迄今为止，天花是人类唯一根治的传染病。

路易·巴斯德

法国生物学家、化学家路易·巴斯德是 19 世纪的医学巨匠之一。他的许多发现，尤其是在细菌学说和疫苗接种领域的发现，对当时的科学思想产生了革命性的影响。不仅如此，他还在炭疽、狂犬病等致命疾病的治疗上做出了重大贡献，挽救了无数人的生命。

1935年，英国伦敦一家牛奶厂的工人
在检查巴氏消毒罐

巴氏消毒法

19 世纪 60 年代，巴斯德研制出一种防止葡萄酒和牛奶等液体因细菌污染而变质的方法。他的方法是将液体加热到一定温度并做适当的保温处理，由此可以杀死病菌但不会改变液体味道。这种方法就叫作巴氏消毒法。

巴斯德研究蚕时用的显微镜

生产丝绸用的蚕茧

丝绸业

在蚕病肆虐的时候，巴斯德拯救了法国丝绸业。他发现成蚕会把这种病传给幼蚕，于是他建议消灭病蛾的卵。这样能确保存活下来的都是健康的蚕，从而消灭了蚕病。

生平

1822年	1859年	19世纪60年代
12 月 27 日，巴斯德出生于法国多勒，长大后学习化学。1848 年，他成为法国斯特拉斯堡大学教授。	巴斯德用密封的烧瓶（见右图）展示食物腐化是因为空气中有微生物。	1863 年，巴斯德发 1868 年他得了中风，后来身体慢慢恢复，学研究。

发现疫苗

1879 年，巴斯德在研究一种叫作鸡霍乱的禽病时，意识到可以用某种疾病的弱毒株制造疫苗，来预防这种疾病。这一发现帮助他研制出了炭疽疫苗和狂犬病疫苗。

医生在注射狂犬病疫苗

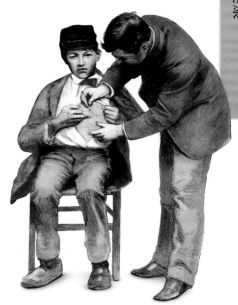

战胜狂犬病

1885 年，巴斯德研制出一种狂犬病疫苗。他接待的第一位狂犬病患者是 9 岁的约瑟夫·迈斯特，当时迈斯特被一只得了狂犬病的狗咬伤。小男孩痊愈后，巴斯德成了"法兰西英雄"。

路易·巴斯德在实验室中

1881年	1885年	1887年	1895年
巴斯德研制出致命疾病炭疽的疫苗，成功给绵羊、山羊和奶牛等动物接种。	巴斯德首次给人接种疫苗，救了一个被疯狗咬伤的小男孩。	巴斯德在巴黎建立巴斯德研究所，主要研究传染病。	巴斯德再次中风。这次他没能康复，于9月28日逝世。

牙齿健康

直到 18 世纪初，法国外科医生皮埃尔·福沙尔撰写了一部护牙治牙方面的重要著作，牙科才被看作一门独立的医学学科。从那以后，科学家在牙科技术上取得了很多进步，让我们的牙齿保持清洁、健康和美观。

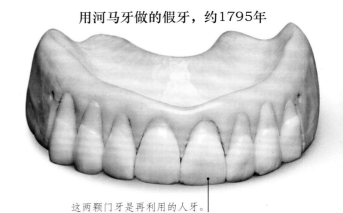

用河马牙做的假牙，约1795年

这两颗门牙是再利用的人牙。

假牙

史前时代，用人和动物的牙齿做的假牙就已经出现了。18 世纪的人吃糖比较多，牙齿容易坏，对假牙的需求也随之增长了。1774年，法国人亚历克西斯·迪沙托首创用人造材料陶瓷做假牙。法国牙医尼古拉斯·迪布瓦·德凯曼特对此进行了改良，1791 年在英国申请了专利。现代假牙通常是塑料的。

牙科病人椅

1848 年，美国牙医米尔顿·汉切特发明了第一把可调节的牙科病人椅。这种椅子有头枕，椅背可倾斜，座椅可以升降。1877 年，另一位美国牙医巴兹尔·曼利·威尔克森发明了第一把液压椅，可用踏板控制升降。

头枕

坐上去很舒服的弧形皮座椅

调节座椅高度的踏板

液压椅，
约1925年

刷牙

最古老的牙刷是在中国出土的，距今已有 1000 多年的历史。这种牙刷是把猪鬃（很粗的猪毛）装在骨质手柄上制成的。现代牙刷则是把尼龙刷毛装在塑料手柄上。上图拍摄的是 1920 年左右英国儿童刷牙的情景。

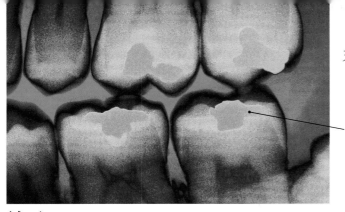

牙齿彩色X射线
照片

汞合金填充物

补牙

19世纪20年代，法国人奥古斯特·塔沃、英国人托马斯·贝尔等数位牙医开始使用一种新的材料来填补牙洞，这种材料就是汞合金。汞合金用银和汞制成，可以很容易弄成合适的形状填补牙洞。20世纪，人们又研制出看上去更自然的白色填充物，所用材料有玻璃粉、陶瓷和复合树脂。

牙套

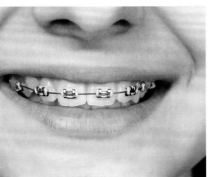

现代牙套

最早用来矫正牙齿的钢丝牙套是法国牙医克里斯托夫-弗朗索瓦·德拉巴尔于1819年制作的。从那以后出现了各种改良。例如，19世纪40年代增加了橡皮圈，20世纪70年代研制出固定托槽的黏合剂。

钻头

移动钻头的活动臂

牙钻

牙钻主要用于清除牙齿被蛀坏的部分。从19世纪中期开始，牙钻经历了重大演变，开始是1864年的发条牙钻，后来是1875年出现的电动牙钻。1949年，出现了性能优越的气动涡轮牙钻。这种牙钻是新西兰牙医约翰·帕特里克·沃尔什发明的，其钻头旋转速度为每分钟40万转，而电动牙钻每分钟只有3000转。

让钻头转动的绳索和滑轮系统

◀加速
脚踏牙钻是美国牙医詹姆斯·比尔·莫里森于1871年发明的，可缩短治疗时间。

哇哦！

发明汞合金填充物以前，牙齿填充物是用高温熔化的金属制成的，这会让病人很痛苦。

可调节的脚踏

踩动脚踏让钻头转动。

脚踏牙钻，1871年

新的身体

今天，人们可以使用多种人工身体辅助设备甚至器官，包括助听、助视设备和可以自然活动的假肢，甚至还有人工心脏。现存最古老的假肢是公元前800年左右一具埃及木乃伊身上的一个脚趾，这个脚趾是由木头和皮革做成的。

这幅14世纪德国绘画中出现了眼镜

看清楚

- **发明** 眼镜
- **发明人** 中国人；亚历山德罗·迪斯皮纳
- **时间地点** 未知，中国；14世纪，意大利

人们对眼镜的起源并不清楚。眼镜大约同时在中国和欧洲出现。《马可·波罗游记》里记载了中国的眼镜，但何时何人制作并不清楚。13世纪，英国修士罗杰·培根曾描述过使用镜片可以提高视力。欧洲真正的眼镜出现于14世纪初的意大利，据说是由亚历山德罗·迪斯皮纳发明的。最早的眼镜镜片很厚，是石英做的。

听清楚

- **发明** 电子助听器
- **发明人** 米勒·雷泽·哈奇森
- **时间地点** 1898年，美国

1898年，首部电子助听器问世，很笨重，有一个单独的电池包。20世纪50年代，晶体管出现以后，助听器小了很多，可以放进耳朵里。20世纪80年代，随着数字技术的来临，助听器变得更小了。

助听器，1929年

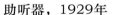

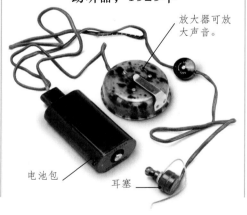

放大器可放大声音。

电池包

耳塞

X射线照片显示植入体内的心脏起搏器的位置。

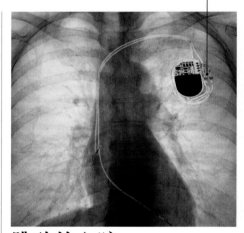

跳动的心脏

- **发明** 植入式心脏起搏器
- **发明人** 鲁内·埃尔姆奎斯特
- **时间地点** 1958年，瑞典

心脏起搏器是一种将微弱电信号传输给心脏，从而维持心脏正常跳动的仪器。最早的心脏起搏器安装在人体外部，极大地限制了病人的活动。1958年，一种可以植入体内的心脏起搏器（见上图）出现，可以让病人过上更正常的生活。

隐形眼镜

- **发明** 软性隐形眼镜
- **发明人** 奥托·维赫特莱
- **时间地点** 1961年，捷克斯洛伐克

最早的隐形眼镜是德国眼科专家阿道夫·加斯顿·欧根·菲克于1888年发明的。这种隐形眼镜用吹制玻璃制成，只能戴几个小时。1936年，美国科学家威廉·芬布鲁姆推出了一款比较轻的塑料隐形眼镜。20世纪60年代，用水凝胶制成的软性隐形眼镜问世。这种眼镜是捷克化学家奥托·维赫特莱研制的。如今，隐形眼镜常用的是一种名为硅水凝胶的耐用材料。

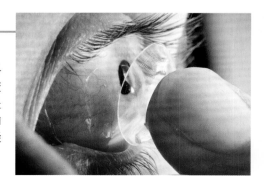

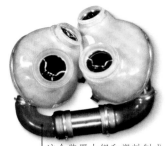

这个装置由铝和塑料制成。

人工心脏

- **发明** 贾维克-7型人工心脏
- **发明人** 罗伯特·贾维克
- **时间地点** 1982年，美国

1982年，一名患有心力衰竭的美国牙医成为首位装上人工心脏的人，这使他多存活了112天。贾维克-7型人工心脏以发明者的名字命名，是世界上第一个人工心脏。几十年过去了，已经有了许许多多的人工心脏。在某些情况下，人工心脏可以为病人做心脏移植手术争取时间。

假肢

- **发明** "飞毛腿"假肢
- **发明人** 范菲利普斯
- **时间地点** 1996年，美国

装上轻便灵活的现代假肢，使用者行动起来更方便了。美国生物工程师范菲利普斯21岁时失去一条小腿，于是他发明了一系列假肢，取名"飞毛腿"。其中一种叫作"猎豹飞毛腿"，由碳纤维"叶片"制成，主要供运动员使用。这种假肢和地面撞击后会屈伸，加快运动员奔跑的速度。

▶用"叶片"奔跑
图中为一位跳远运动员在2011年世界残疾人田径锦标赛上进行比赛。运动员的假肢就像弹簧，可以让运动员快速奔跑和起跳。

底部的铁钉有助于抓地。

仿生手

- **发明** i-Limb仿生手
- **发明人** 戴维·高
- **时间地点** 2007年，英国

世界上第一只能正常活动的仿生手 i-Limb 是由英国科学家戴维·高设计的。它的手指可以根据病人手臂发出的肌肉信号独立活动。帕特里克·凯恩（见右图）是第一个装这种仿生手的人，那年他13岁。

小常识

- 10世纪左右，中国人已用放大镜看书。
- 助听器是利用电话技术发展而来的。人们把电话中放大声音的装置加以改造，用到早期的助听器上。
- 20世纪60年代初，英国外科医生约翰·查恩雷成功实施了首例髋关节置换手术。

太空

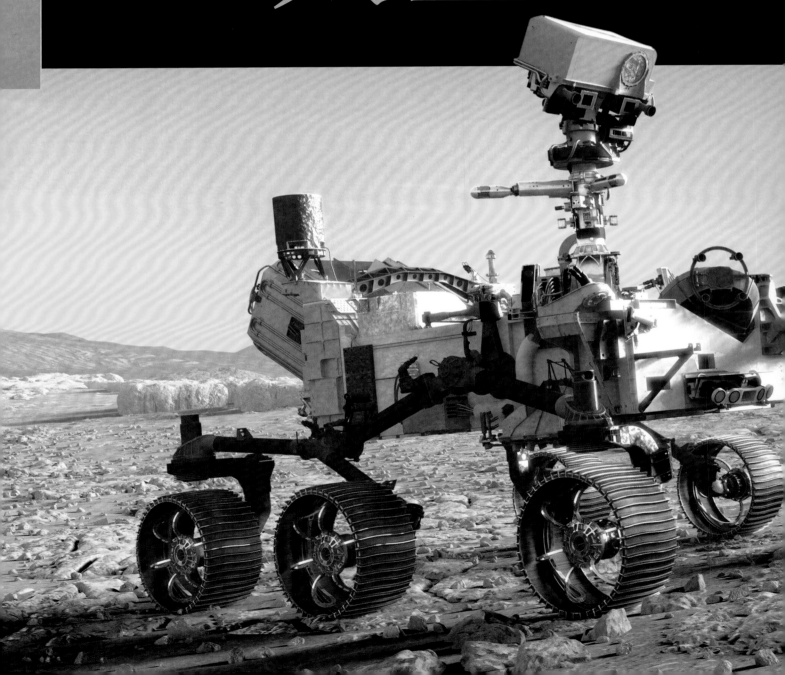

现在，航天员在太空生活和工作，机器人探测器探索星球，天文望远镜可以让我们看到遥远的星系。下一步人类发明将把我们带向何方？

研究天体

自史前时代，人们就一直痴迷于星星。但在漫长的岁月里，他们只能用肉眼观察星星。17世纪，随着望远镜的发明，人们找到了观察宇宙的新方法。从那以后，天文学家制作的仪器越来越大，越来越精良。

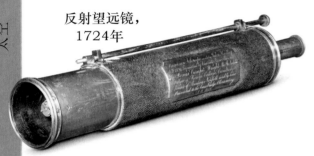

反射望远镜，
1724年

猎户星云照片，1883年

红外照相机视图，2010年

什么是望远镜？

望远镜用大透镜或反射镜（物镜）收集光线，用叫作目镜的小透镜形成比我们用肉眼看到的亮得多也大得多的遥远天体的图像。这一原理是荷兰眼镜商汉斯·利珀希于1608年左右发现的。

天体照相学

19世纪照相术发明以后，天文学家很快就将照相机装在望远镜上。照相机可以长时间曝光，拍出很亮的图像，这些图像显示的细节比人眼看到的多得多。现代电子照相机可以捕捉到人眼看不到的一些光线，如红外线。

不同种类的望远镜

折射望远镜是人类最早发明的一种望远镜，它使用大透镜让光线弯曲后聚焦；反射望远镜使用曲面镜让光线反射后聚焦。当光线再次扩散开来时，目镜里的一个或多个透镜会改变光线的路径，生成放大了的图像。

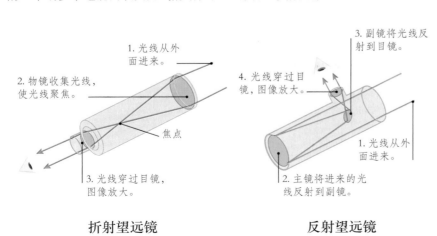

1. 光线从外面进来。

2. 物镜收集光线，使光线聚焦。

焦点

3. 光线穿过目镜，图像放大。

折射望远镜

3. 副镜将光线反射到目镜。

4. 光线穿过目镜，图像放大。

1. 光线从外面进来。

2. 主镜将进来的光线反射到副镜。

反射望远镜

▶ 甚大望远镜（VLT）

图中显示的是欧洲南方天文台在智利高原沙漠区建造的4台巨型望远镜之一。每台望远镜口径8.2米，重22吨。这4台望远镜组成了甚大望远镜。甚大望远镜能探测到的光线比人眼能观察到的弱40亿倍。

分离光线

1814年，德国物理学家约瑟夫·冯·夫琅和费发明了分光镜。分光镜可以根据恒星的颜色或能量大小将光线分到不同的路径。夫琅和费发现太阳光谱里有黑色细线，后来科学家认为这是因为这些光线被一些特殊的化学物质吸收了。如今，天文学家利用光谱学研究天体的构成。

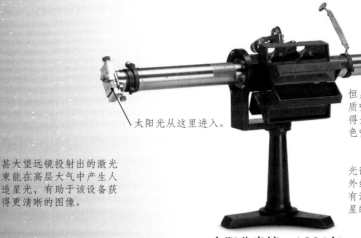

太阳光从这里进入。

恒星的一些化学物质吸收了光线，使得光谱中产生了黑色吸收谱线。

光谱图涵盖了从红外线到紫外线的所有波段，揭示了恒星的温度。

甚大望远镜投射出的激光束能在高层大气中产生人造星光，有助于该设备获得更清晰的图像。

太阳分光镜，1881年　一颗恒星的光谱图

空间望远镜

可见光只是天体电磁辐射的一部分。冷得发不出可见光的物体仍然会发出红外辐射（热量），而很热的物体和剧烈活动会释放出高能紫外线、X射线和伽马射线。地球大气层挡住了大部分这类射线，因此，天文学家可以用空间望远镜绘制太空图。

钱德拉X射线空间望远镜

嵌套反射镜可使远距离恒星爆炸时产生的X射线偏转、聚焦。

智能望远镜

所有现代大型望远镜都是反射望远镜。有些望远镜配有用轻薄材料制成的大型单片镜，但大多数望远镜使用的是蜂窝状环环相扣的小镜片，这样可以减轻望远镜的重量。镜子后面有用计算机控制的发动机，可以调节镜子的整体形状，矫正变形，保证望远镜无论朝向哪里都能让光线完美聚焦。

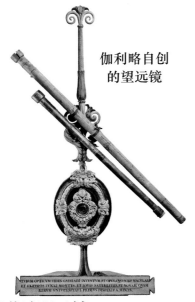

伽利略自创
的望远镜

望远镜

1608 年左右，眼镜制造商汉斯·利珀希将两片透镜装在一根长管两端。400 多年来，望远镜已取得了长足发展。如今，望远镜已经变成庞然大物，不仅能探测宇宙边际的星系，还能观测星际间气体和尘埃发出的不可见射线。

早期望远镜

- **发明** 伽利略望远镜
- **发明人** 伽利略·伽利莱
- **时间地点** 1609年，意大利

好几位天文学家听说利珀希的发明后都制作了自己的望远镜，不过最成功的要数意大利科学家伽利略·伽利莱（见第258~259页）。伽利略经过悉心研究，将望远镜的放大倍数从 3 倍增强到 20 倍，从而有了重大的天文发现。

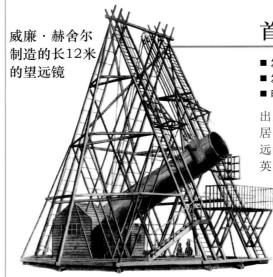

威廉·赫舍尔
制造的长12米
的望远镜

首个巨型望远镜

- **发明** 巨型反射望远镜
- **发明人** 威廉·赫舍尔
- **时间地点** 1789年，英国

出生于德国的天文学家威廉·赫舍尔定居英国后，制造了当时最先进的反射望远镜。1781 年他发现天王星后，得到了英国国王乔治三世的资助，建造了一个口径 1.2 米的望远镜。这个望远镜装在一个巨型转台上，可以朝向不同方向。

反射望远镜

- **发明** 牛顿反射望远镜
- **发明人** 艾萨克·牛顿
- **时间地点** 1668年，英国

17 世纪 60 年代，英国科学家艾萨克·牛顿在研究光的特性时发现，曲面镜跟透镜一样，可以使光线弯曲聚焦。他的牛顿反射望远镜避免了早期基于透镜的望远镜变形问题的困扰。

目镜

牛顿反射望远镜
的复制品

射电望远镜

- **发明** 洛弗尔望远镜
- **发明人** 伯纳德·洛弗尔和查尔斯·赫斯本德
- **时间地点** 1957年，英国

射电天文学始于 20 世纪 30 年代，当时天文学家发现不仅太阳能发出无线电波，其他天体也能。无线电波比可见光的波长要长，所以需要更大的望远镜来采光和聚光。20 世纪 50 年代，英国天文学家伯纳德·洛弗尔在曼彻斯特附近的焦德雷尔班克天文台建造了首个大型碟形射电望远镜。

直径为76.2米的金属反射面收集无线电波。

天线为无线电波的焦点，可以产生电信号。

英国柴郡麦克尔斯菲尔德
附近的洛弗尔望远镜

轨道观测

- **发明** 红外天文卫星望远镜
- **研发机构** 美国国家航空航天局
- **发射时间和运行位置** 1983年，近地轨道

从20世纪40年代末开始，箭载辐射探测器发现太空中充满能被地球大气层吸收的不可见射线。20世纪60年代以来推出的紫外卫星观测系统研究了其中的一些射线，而以红外天文卫星为首的红外卫星，则使用经过特殊冷却的红外望远镜观测微弱的热辐射，绘制夜空图。

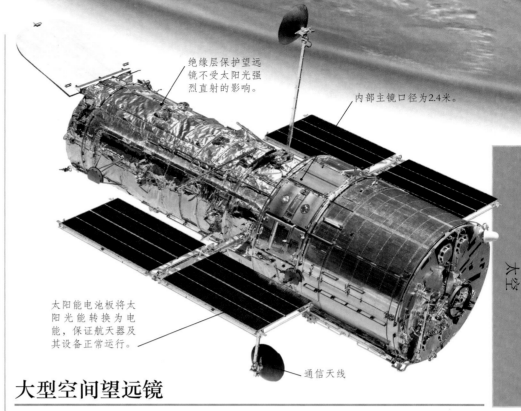

绝缘层保护望远镜不受太阳光强烈直射的影响。

内部主镜口径为2.4米。

太阳能电池板将太阳光能转换为电能，保证航天器及其设备正常运行。

通信天线

遮光罩有助于保护红外天文卫星的望远镜，以防望远镜发热。

大型空间望远镜

- **发明** 哈勃空间望远镜
- **研发机构** 美国国家航空航天局
- **发射时间和运行位置** 1990年，近地轨道

1946年，美国天体物理学家莱曼·斯皮策率先提议将望远镜送入太空，在地球大气层上方运行。1990年，哈勃空间望远镜终于发射升空，让人们清楚地看到了茫茫太空。这个望远镜以美国天文学家埃德温·哈勃的名字命名，它已经向地球传输了一些天体的高清照片，发现了太阳系以前不为人知的一些卫星以及宇宙边际一些遥远的星系。

未来的望远镜

- **发明** 欧洲特大望远镜（E-ELT）
- **研发机构** 欧洲南方天文台
- **时间地点** 2024年（计划），智利

正在建设的下一代望远镜体积会更大，功能也会更强大。位于智利阿塔卡马沙漠的欧洲特大望远镜将使用蜂窝状镜网，镜片的位置可以用计算机不断调整。这个望远镜主镜口径长达42米，能收集到的光线超出人眼能收集到的1亿倍。这将使天文学家能观测到围绕其他恒星运行的行星，研究宇宙中最遥远的星系。

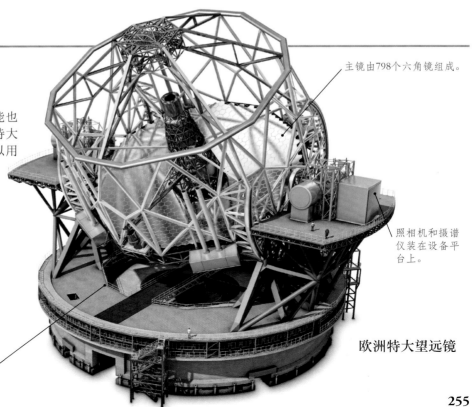

主镜由798个六角镜组成。

照相机和摄谱仪装在设备平台上。

主平台支撑着望远镜，可以通过旋转调整望远镜方向。

欧洲特大望远镜

阿塔卡马天文台

世界上最大的那些天文台都是由一连串射电望远镜组成的，如位于智利阿塔卡马沙漠的阿塔卡马大型毫米波／亚毫米波射电望远镜阵列。在这里，大约 66 座可移动的射电天线将它们的信号组合在一起生成的图像的精细程度，与一个直径 16 千米的望远镜生成的一样。

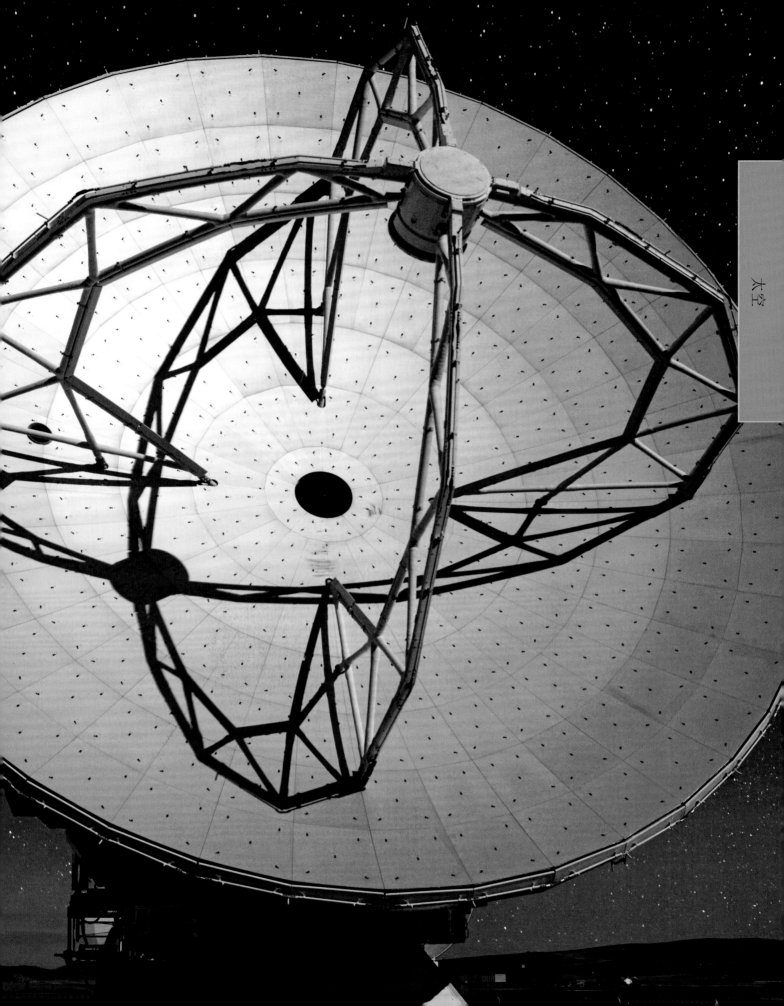

伽利略·伽利莱

1564 年，伽利略·伽利莱出生于意大利比萨，他因发现行星绕着太阳转而不是绕着地球转而闻名。除此之外，伽利略也是一位博学家，还是多个领域的发明家。他最初在比萨大学学医，据说他后来看到吊灯摆动时做的钟摆式运动，就迷上了物理。

透过望远镜

1609 年前后，伽利略得知望远镜这项新发明后，就自己制作了一些望远镜，它们比已有的望远镜要先进。他通过这些望远镜发现了金星的位相和围绕木星运行的一系列卫星。这些发现让他确信，波兰天文学家哥白尼于 1543 年提出的日心说是正确的。

伽利略的月球素描

测试重力

伽利略研究落体特征时发现，如果忽略空气阻力，不同重量的物体落地的速度会是一样的。据说，他在 1590 年左右给学生做过实验，把不同重量的两个物体从比萨斜塔上同时扔下去。

▶ **意大利博学家**
这幅伽利略肖像画画出了伽利略和他的职业所用到的工具，包括桌上的望远镜和天球仪。

生平

1564年	约1581年	1592年	1609
伽利略出生在比萨，父亲是著名音乐家芬琴齐奥，母亲是朱莉娅。	伽利略在比萨大学学习医学，同时也学数学和自然哲学，并将数学分析用于物理研究。	伽利略成为帕多瓦大学数学教授。在帕多瓦大学工作期间，他发明了温度计和军事罗盘。	伽利 第一 们观察

伽利略的温度计

1600 年左右，伽利略发明了一种测温仪器。这种仪器主要基于他的一项发现：液体变暖或变冷时，密度会发生变化。他的追随者后来利用这个原理设计出一种温度计，在这种温度计里有一定量的玻璃球，玻璃球时而上升，时而下沉，反映温度变化。

伽利略温度计的复制品

与权威的冲突

伽利略主张日心说，这使他与势力强大的天主教会发生了冲突，因为天主教会依据《圣经》教义，坚持认为地球是万物的中心。晚年，伽利略在受到宗教裁判所审判时，依然捍卫自己的学说。他被判有异端罪，在他生命的最后 9 年一直被软禁在佛罗伦萨附近。1642 年，伽利略逝世。1992 年，教会正式承认伽利略是正确的。

1610年	1615年	1633年	1642年
伽利略出版了著作《星际信使》，介绍了他用望远镜所作的发现。他主张哥白尼的日心说，反对地心说。	在罗马的一次宗教裁判中，伽利略被勒令停止主张哥白尼的日心说。	出版《关于托勒密和哥白尼两大世界体系的对话》以后，伽利略再次遭到宗教裁判所审判，以"严重涉嫌异端"为由被判刑。	伽利略在佛罗伦萨附近逝世。尽管在最后 4 年双目失明，但伽利略一直坚持写作和发明，直到生命的最后一刻。

卫星

卫星是围绕另一个天体运转的天然或人造天体。月球围着地球转，人造卫星也是如此。人造卫星被发射到太空后在轨道上高速运转，由于地心引力的牵引，它们的轨道差不多都是圆形的。20 世纪 50 年代以来，人造卫星已彻底改变了我们日常生活的许多方面，增进了我们对地球和宇宙的了解。

第一颗人造卫星

尽管有些早期火箭在落回地球前也曾在太空短暂停留，但最早在轨道上运行的人造卫星要数 1957 年 10 月苏联发射的"人造地球卫星"1 号。这颗卫星很简单，跟足球一样大，装有天线和电池驱动的无线电发送机。它的成功发射预示着太空时代的来临。

装载印度INSAT-3D卫星，2013年

抵达轨道

将卫星送入轨道需要更强大的新型火箭，如 R-7 火箭家族。今天，印度 INSAT-3 气象卫星是由非常高大的多级火箭发射的。这种火箭工作时先点燃最下面一级，这级在工作结束后被抛掉，随即点燃第二级，依此类推。火箭将卫星送入初始轨道后，最后一级发动机开始工作。

发射前，流线型的整流罩降下盖住卫星。

进入轨道的动物

早期一些卫星搭载了动物，科学家希望以此来测试太空航行可能对人产生的影响。1957 年发射的"人造地球卫星"2 号载有一只名叫莱卡的小狗。把莱卡送入太空时科学家就没抱着它能回来的希望。不过后来大多数进入太空的动物都穿有特制航天服，并平安返回了地球，如美国国家航空航天局 1961 年送入太空的两只黑猩猩。

为卫星提供动力

早期卫星依靠电池供电，电池在寒冷的太空中会很快耗尽电量，使用寿命有限。1958 年，美国的第二颗卫星"先锋"1 号发射升空，用来试验能否用太阳能电池板供电。如今，几乎所有卫星都依靠太阳能供电。

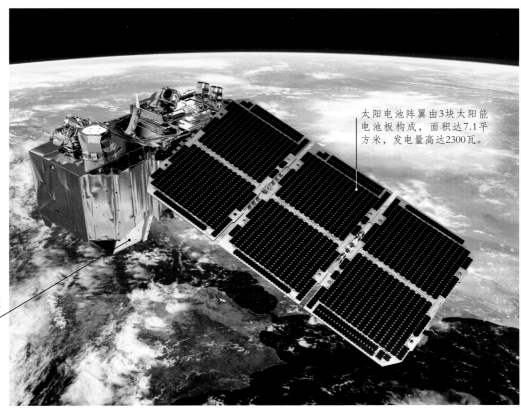

太阳电池阵翼由3块太阳能电池板构成，面积达7.1平方米，发电量高达2300瓦。

照相机从地球上空收集地球信息。

"哨兵"2号遥感卫星

美国国家航空航天局的"手机卫星（PhoneSat）2.5"使用了太阳能电池供电的智能手机组件。

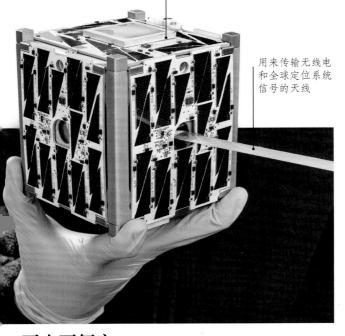

用来传输无线电和全球定位系统信号的天线

更小更便宜

随着电子技术的发展，卫星变得越来越小，越来越便宜，功能也越来越强大。微型立方体卫星是用标准部件组合而成，比传统卫星轻很多，但同样具有传统卫星的许多功能。这种卫星很快就能造好，因为体积小，所以发射成本低，发射大型卫星时它可以搭顺风车。

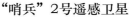

卫星轨道

不同功能的卫星在不同的轨道上运行。只需要超出地球大气层的卫星，如为卫星电话传输信号的通信卫星，使用的是近地轨道，距离地面高度为 200~2000 千米；有些通信卫星使用地球静止轨道，也就是在赤道某一地点的上空相对于地球静止不动；有些专用卫星使用高椭圆轨道；观测地球的卫星在极轨道上运行，这样它们就能在地球转动时近距离拍摄大片区域。

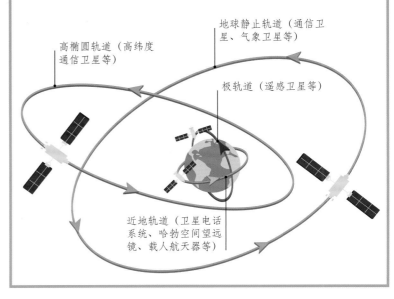

高椭圆轨道（高纬度通信卫星等）

地球静止轨道（通信卫星、气象卫星等）

极轨道（遥感卫星等）

近地轨道（卫星电话系统、哈勃空间望远镜、载人航天器等）

观测地球

许许多多的人造卫星在地球上空它们各自的轨道中运行，俯瞰我们的星球。其中，有用于获取军事情报的侦察卫星，有提供准确预报的气象卫星，还有使用先进科技绘制地质图、土地利用图和气候变化图的遥感卫星。

"陆地卫星" 1 号

以前很少有人能想象出从太空中研究地球有多大用处。后来，早期航天员报告说用肉眼可以从太空看到地球的微小细节，加之有关航天机构的进一步研究，这才发现从太空中研究地球的价值所在。第一颗专门用遥感技术研究地球的卫星是美国国家航空航天局的"陆地卫星"1 号。"陆地卫星"1 号于 1972 年升空，使用照相机系统和多光谱扫描仪研究地球陆地资源，包括农业、林业、矿产资源和水资源等。

哇哦！

1967年，美国监测核试验的侦察卫星发现了几十亿光年之外的星系的伽马射线爆发现象。

▼ 监测冰川
假彩色和红外成像突出显示了格陵兰岛彼得曼冰川（蓝色）周围的无冰地面（红色）。

空中间谍

20 世纪 50 年代末出现的侦察卫星为遥感技术的发展铺平了道路。侦察卫星使用长焦镜头拍摄敌国领土，将一卷卷胶片装在回收舱中用降落伞送回地球，再用回收飞机从半空中截留这些降落伞。后来，当数字成像的质量提高到与胶片图像质量相当时，就可以用无线电波传输照片了。

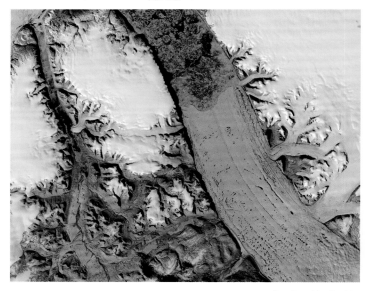

多光谱成像

多光谱成像是很有价值的一种遥感技术，通过不同颜色的滤光片拍摄地貌。不同波长的地表的亮度能揭示各种信息，如土壤条件、植被生长情况、矿产资源位置及地下水等。

气象观测

1960 年，第一颗气象卫星"泰罗斯"1 号成功发射。到 20 世纪 70 年代，气象卫星已经能在高轨道中运行，拍摄地球大范围天气形势的图像。如今，遥感设备可以监测风速、温度及大气和海洋的其他情况，观测地球整体气候的大尺度特征和变化。

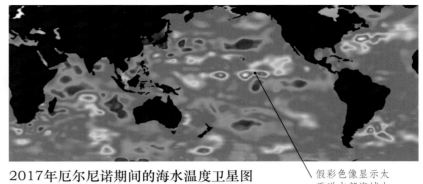

2017年厄尔尼诺期间的海水温度卫星图

假彩色像显示太平洋中部海域水温比平常高。

▼ 雷达图
卫星雷达有助于绘制难以到达地区的地图，如这些位于俄罗斯的火山的地图。它们不用考虑天气如何，也不分白天黑夜。

颜色代表峰高：绿色代表最低处，逐步过渡到黄色、红色、粉色，最后是白色，代表最高峰。

雷达制图

现代雷达卫星能精确绘制地表图，只需将无线电波束发射到地表，然后测量波束的反射。信号返回的时间反映了雷达与反射面的距离，而反射波束的变化则揭示了其他细节，如地表结构和矿物成分等。德国航天局使用 TerraSAR-X（X 频段陆地合成孔径雷达卫星）和 TanDEM-X（X 频段陆地雷达附加数字高程模型卫星）两颗卫星绘制的三维地图是迄今为止最精细的地图。

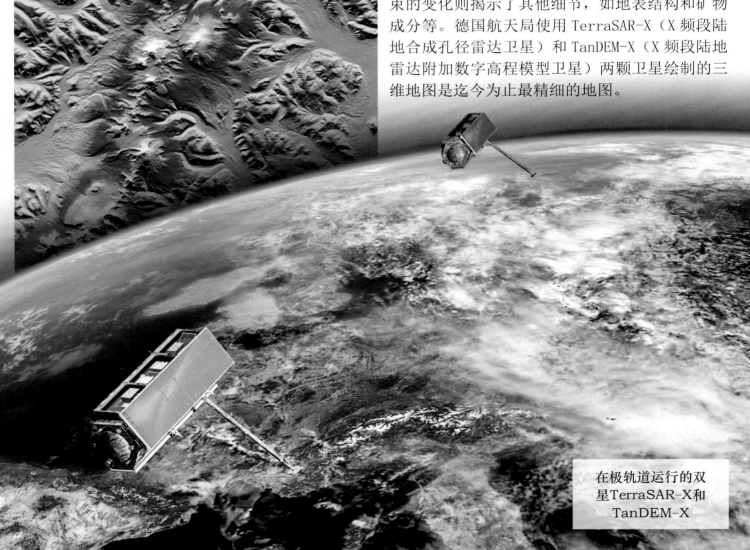

在极轨道运行的双星TerraSAR-X和TanDEM-X

卫星通信

卫星技术有两大日常应用：一是通信，二是导航。由于卫星位于地球上方很高的位置，所以非常适于在相距很远的地区之间发送和接收无线电信号。而来自卫星网络的信号也可使导航系统确定我们在地面上的位置，告诉我们去目的地的最佳路线。

小常识

■ 通信卫星为手机、互联网、广播和电视等传送信号。
■ 地球静止卫星在赤道上空运行，无法向两极传送信号。因此，高纬度地区的通信卫星沿着椭圆轨道运行。
■ 卫星导航系统依靠的是几十个在轨卫星传送的信号。

反射无线电信号

用卫星通信的最简单方式就是使用反射器，即将一束无线电波反射回地球。1960年，美国国家航空航天局发射的"回声"1号卫星就是对这种原理的早期测试。这颗卫星就像一个巨大的金属气球，在1600千米的高空轨道中运行，反射无线电信号。

卫星总重量只有180千克。

卫星膨胀后直径为30.4米。

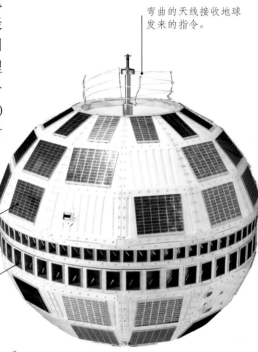

弯曲的天线接收地球发来的指令。

太阳能电池只能产生14瓦电，比一只灯泡所需的电量还少，但足以保障卫星正常运行。

赤道天线可以传输信号，在卫星转动时始终保持地球在视野范围内。

卫星导航

卫星发出的无线电信号可用于确定物体在地球上的位置。1960年，美国发射第一颗导航试验卫星"子午仪"1B号。1964年，"子午仪"卫星导航系统开始交付美国海军使用。该系统使用在低轨道运行的5颗卫星，向军舰或潜艇上的接收器发送位置信息。

太阳能电池板

天线

"子午仪"号卫星

通信卫星

有源通信卫星装有电子设备，能接收从地球上某一天线传来的信号，然后再将信号传给另一根天线。"电星"1号是最早发射的有源通信卫星。1962年7月，"电星"1号进入距离地球几百千米远的低轨道运行，将一套电视节目发送到大西洋对岸。

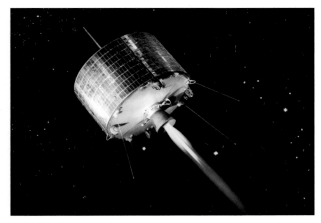

同步通信卫星

1945 年，英国科幻小说家亚瑟·查尔斯·克拉克预测，在高空地球静止轨道上运行的卫星未来能够传输全球通信信号。这些卫星会高悬在赤道上空某个固定位置，天线通过卫星将信号反射到地球的大片地区，无须追踪它。将克拉克的想象付诸实践的首颗卫星是"辛康姆"3 号，它转播了 1964 年东京奥运会。

全球定位系统运行原理

全球定位系统和类似的导航系统都依靠卫星网络，而这些卫星所处的轨道都是精确、可知的。每颗卫星都装有超精准的原子钟，不断传递时间信号。装有计算机的接收器测量信号从不同卫星传来所需的时间，并根据这些信息计算自身与每颗卫星之间的距离。把这些测量数据结合起来就能确定接收器的准确位置。

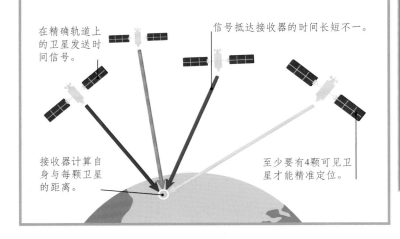

在精确轨道上的卫星发送时间信号。

信号抵达接收器的时间长短不一。

接收器计算自身与每颗卫星的距离。

至少要有4颗可见卫星才能精准定位。

与轨道通话

大多数国际电话都是通过海底光纤电缆传输的，这样可以避免地面站通过高轨道通信卫星长距离传输信号造成的延时现象。但如果你在偏远地区，不能用手机或固定电话网络怎么办？不用担心，卫星电话可以将信号直接传输给低轨道卫星，这样你几乎在任何地方都能通话。最初，这种电话是国际海事卫星组织于 20 世纪 80 年代为海上航行的船只设计的。

外置天线可增强信号。

哇哦！

全球定位系统导航接收器可以将你的位置精确到5米以内。欧洲伽利略系统甚至可以精确到厘米。

▶卫星手机
今天，卫星手机被偏远地区的探险者和救援人员广泛使用。

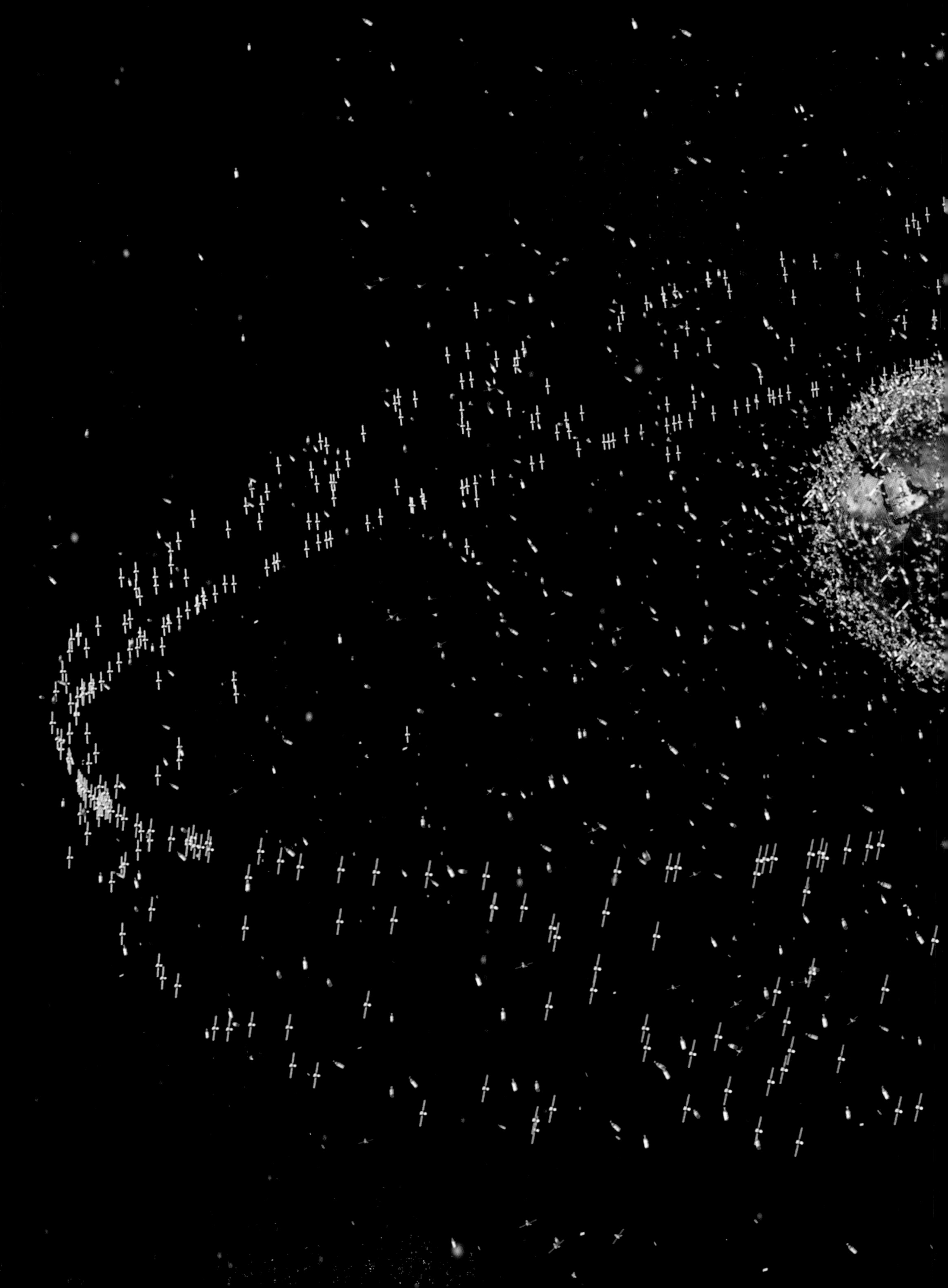

太空垃圾

环绕地球的轨道上充斥着太空垃圾，如废旧的火箭、细小的油漆碎片，等等。这些碎片速度快，会给新发射的航天器造成巨大威胁。因此，工程师正在研究如何清除太空垃圾，为人类探索太空创造一个安全的环境。

火箭

火箭是利用作用力和反作用力原理运行的推进装置。它燃烧燃料产生膨胀的气体。气体从一端喷出，火箭就朝反方向推进。12 世纪中国人放的烟花可以说是最早的"火箭"。现在，火箭已经能产生非常强大的推力，将航天器送入地球上空的轨道。

火箭技术的先驱

苏联教师康斯坦丁·齐奥尔科夫斯基撰写了一系列著作和论文，为 20 世纪火箭技术的发展奠定了雄厚的基础。他率先提出用液体燃料增强推力，建造多级火箭的想法。虽然他制作了模型来演示他的这些想法，但这些想法从未真正付诸实践。

管架支撑着架顶上的火箭发动机。

液体火箭

蒸汽机和内燃机是利用地球大气层中的氧气燃烧燃料的，但 20 世纪初的火箭先驱们发现，液体燃料可以与单独的化学物质——氧化剂混合燃烧。这样，液体燃料在火箭越过大气层后还能燃烧，产生更强大的推力。1926 年，美国工程师罗伯特·戈达德测试了第一枚液体火箭。

1926年，罗伯特·戈达德在他的液体火箭首航现场

带保护性整流罩的燃料箱

哇哦！

用火箭发射到太空的第一个物体是一枚小型导弹，是1949年美国工程师用改良的V-2火箭发射的。

太空竞赛

第二次世界大战以后，苏联和美国竞相开发威力强大的弹道导弹，弹道导弹能将弹头运送到高空然后再投掷回地表，能将弹头发射到几千千米之外。两国太空科学家意识到，导弹也能用在战争以外的地方，比如用来发射卫星。1957 年，一枚苏联改装的弹道导弹 R-7（R-7 火箭）发射了第一颗卫星，即"人造地球卫星"1 号，揭开了历时近 20 年的"太空竞赛"的序幕。

R-7火箭运载"人造地球卫星"1号，1957年

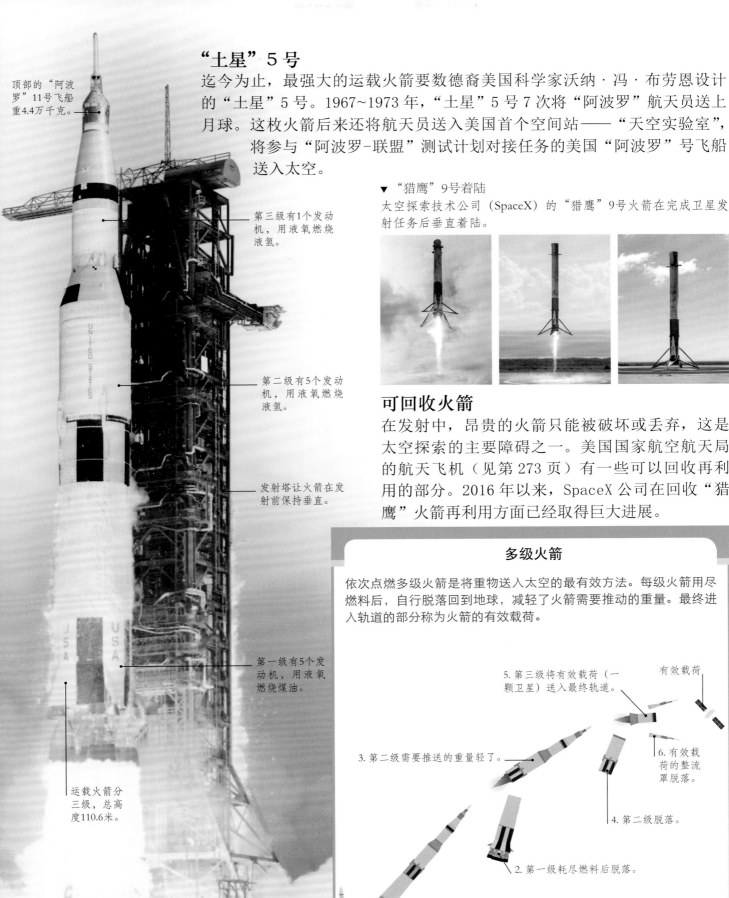

"土星"5号

迄今为止，最强大的运载火箭要数德裔美国科学家沃纳·冯·布劳恩设计的"土星"5号。1967~1973年，"土星"5号7次将"阿波罗"航天员送上月球。这枚火箭后来还将航天员送入美国首个空间站——"天空实验室"，将参与"阿波罗–联盟"测试计划对接任务的美国"阿波罗"号飞船送入太空。

顶部的"阿波罗"11号飞船重4.4万千克。

第三级有1个发动机，用液氧燃烧液氢。

第二级有5个发动机，用液氧燃烧液氢。

发射塔让火箭在发射前保持垂直。

第一级有5个发动机，用液氧燃烧煤油。

运载火箭分三级，总高度110.6米。

▼ "猎鹰"9号着陆
太空探索技术公司（SpaceX）的"猎鹰"9号火箭在完成卫星发射任务后垂直着陆。

可回收火箭

在发射中，昂贵的火箭只能被破坏或丢弃，这是太空探索的主要障碍之一。美国国家航空航天局的航天飞机（见第273页）有一些可以回收再利用的部分。2016年以来，SpaceX公司在回收"猎鹰"火箭再利用方面已经取得巨大进展。

多级火箭

依次点燃多级火箭是将重物送入太空的最有效方法。每级火箭用尽燃料后，自行脱落回到地球，减轻了火箭需要推动的重量。最终进入轨道的部分称为火箭的有效载荷。

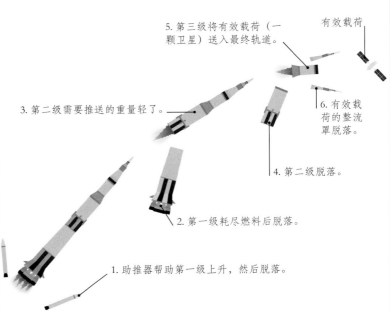

5. 第三级将有效载荷（一颗卫星）送入最终轨道。

有效载荷

3. 第二级需要推送的重量轻了。

6. 有效载荷的整流罩脱落。

4. 第二级脱落。

2. 第一级耗尽燃料后脱落。

1. 助推器帮助第一级上升，然后脱落。

火箭竞赛

火箭形形色色，大小不一，从节日焰火用的小火箭，到战争武器。其中，最大、最有威力的火箭是将卫星和载人飞船送入轨道和太空更远处的火箭。虽然最早的液体火箭试验在 20 世纪 20 年代就已进行了，但直至人们开始将火箭用于军事，航天梦才变成现实。

军用火箭

- **航天器** V-2火箭
- **研发人** 沃纳·冯·布劳恩
- **发射时间和归属国** 1942年，德国

20 世纪 30 年代，研制火箭的人主要是业余工程师。然而，在德国，沃纳·冯·布劳恩带领的团队却接到命令，要为纳粹的战争研制火箭。于是，他们研制出 V-2 火箭。它的转向和制导系统是火箭技术的一次巨大进步。1942 年，这枚火箭成为首个进入太空的人造物体。但是，V-2 火箭也是可怕的战争武器。据估计，到 1945 年第二次世界大战结束时，V-2 共导致约 9000 人死亡。

用"朱诺"1号发射"探险者"1号卫星

卫星发射

- **航天器** "朱诺"1号火箭
- **研发人** 沃纳·冯·布劳恩
- **发射时间和归属国** 1958年，美国

1957 年，苏联成功发射"人造地球卫星"1号，令美国科学家士气低落。很快，"先锋"号火箭又爆炸了，美国科学家更是萎靡不振。为了赶上苏联，他们找到正在为美军工作的沃纳·冯·布劳恩。不到一个月，布劳恩团队用"朱诺"1号——一枚用导弹改造的四级火箭，发射了"探险者"1 号卫星。

太空主力

- 航天器 "联盟"号运载火箭
- 研发机构 第一特别火箭设计局
- 首发时间和归属国 1966年，苏联

今天，世界上最成功的火箭要数"联盟"号。自1966年起，"联盟"号就用于载人和无人发射，共飞行了1700多次，很少失利。自从美国航天飞机退役以后，"联盟"号就成为将航天员送往国际空间站的唯一工具。

▶ "联盟"TMA-15号飞船
这艘飞船由"联盟"号FG型运载火箭于2009年发射，将3位航天员送到国际空间站。他们进行了为期半年的太空生活。

下面这级有4个助推火箭聚集在核心火箭周围。

离子火箭发动机

- 航天器 "深空"1号空间探测器
- 研发机构 美国国家航空航天局
- 发射时间和归属国 1998年，美国

大多数火箭燃料通过爆炸性燃烧，才能产生推力，使火箭克服地心引力。离子火箭发动机利用太阳能电池产生的电能喷射出一股带电粒子，即离子。离子火箭发动机产生的推力很小，但是它们可以运行很长时间并达到很快的速度。美国国家航空航天局发射的"深空"1号空间探测器首次尝试了离子推进。

火箭发动机驱动的航空器

- 航天器 "太空船"1号飞船
- 研发人 美国缩尺复合体公司伯特·鲁坦
- 发射时间和归属国 2004年，美国

从20世纪50年代起，运输机一直在运送由火箭发动机驱动的小型航空器到高空发射。美国工程师伯特·鲁坦研制的"太空船"1号是世界上第一艘装有火箭发动机的私人载人飞船。后来，飞船的设计被维珍银河公司采用，新的机翼设计允许飞船在太空短暂停留，不进入环绕地球的轨道，然后缓缓飘回地球。

双体飞机运载的"太空船"1号

未来的火箭

- 航天器 太空发射系统"布洛克"1号
- 研发机构 美国国家航空航天局
- 发射时间和归属国 原定2019年（已推迟），美国

自从2011年决定让航天飞机退役以来，美国国家航空航天局就一直想开发出有史以来最强大的火箭。太空发射系统（SLS）将为月球、火星及更远星球的载人航天任务铺平道路。SpaceX和蓝色起源等商业公司同样雄心勃勃。

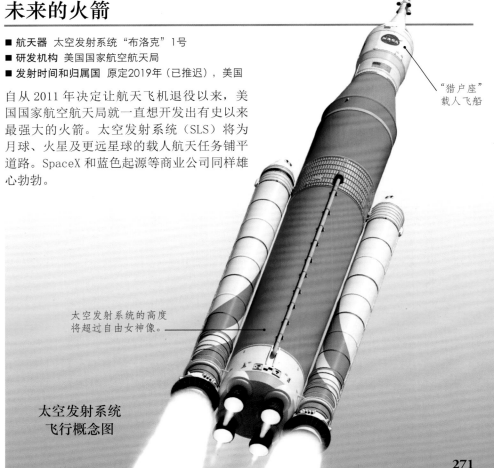

"猎户座"载人飞船

太空发射系统的高度将超过自由女神像。

太空发射系统
飞行概念图

小常识

- 1926年，罗伯特·戈达德制造的液体火箭进行了首次飞行，持续时间约20秒，升空高度为12.5米。
- "土星"5号的第一级仅用161秒就燃烧掉了210万千克燃料，将火箭速度提升到9920千米/时。
- 离子火箭发动机使用燃料的效率比化学火箭发动机高10倍。也就是说，离子火箭发动机让火箭升空进入轨道所需的燃料要少很多。

载人航天

将人类送入太空再让他们平安返回，是对航天飞行的最大挑战。载人航天器比大多数卫星更重、更复杂，因为它们要运载仪器设备，保障航天员在执行任务期间的生命安全，保护他们返回地球时不遭遇任何危险。

太空

哇哦！

航天器"双子星座"6A号和"双子星座"7号在轨道上运行时，相距不到30厘米。

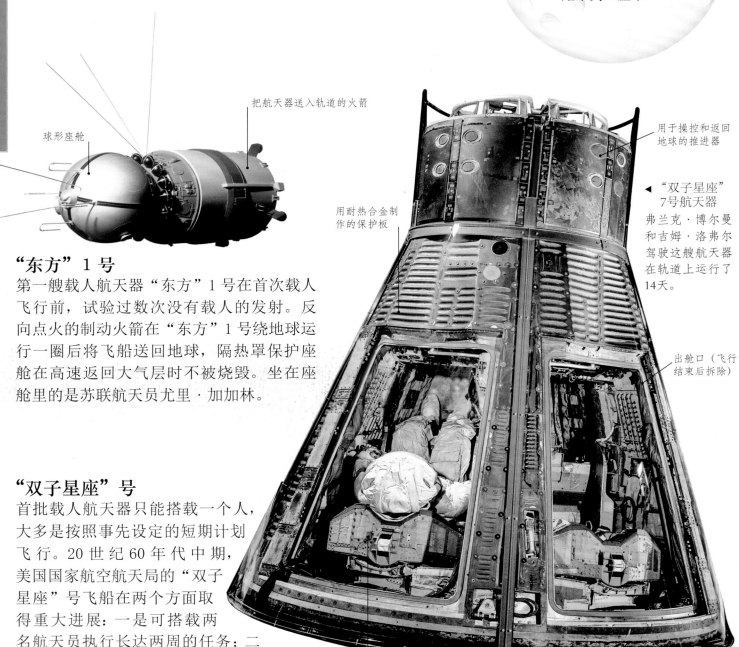

球形座舱

把航天器送入轨道的火箭

用耐热合金制作的保护板

用于操控和返回地球的推进器

▲"双子星座"7号航天器

弗兰克·博尔曼和吉姆·洛弗尔驾驶这艘航天器在轨道上运行了14天。

出舱口（飞行结束后拆除）

紧急情况下使用的弹射座椅

"东方"1号

第一艘载人航天器"东方"1号在首次载人飞行前，试验过数次没有载人的发射。反向点火的制动火箭在"东方"1号绕地球运行一圈后将飞船送回地球，隔热罩保护座舱在高速返回大气层时不被烧毁。坐在座舱里的是苏联航天员尤里·加加林。

"双子星座"号

首批载人航天器只能搭载一个人，大多是按照事先设定的短期计划飞行。20世纪60年代中期，美国国家航空航天局的"双子星座"号飞船在两个方面取得重大进展：一是可搭载两名航天员执行长达两周的任务；二是可用推进器系统（若干能将航天器朝不同方向推进的小火箭）校正飞船的轨道。

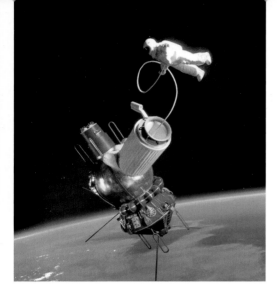

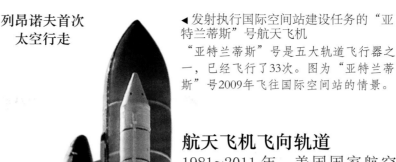

列昂诺夫首次
太空行走

◀ 发射执行国际空间站建设任务的"亚特兰蒂斯"号航天飞机

"亚特兰蒂斯"号是五大轨道飞行器之一，已经飞行了33次。图为"亚特兰蒂斯"号2009年飞往国际空间站的情景。

航天飞机飞向轨道

1981~2011 年，美国国家航空航天局的航天飞机进行太空飞行的方式令人耳目一新。这种像飞机一样的轨道飞行器的座舱和货舱都很大，最多可容纳 7 名航天员。发射时，主发动机从一个大型的外挂燃料箱提取燃料。燃料箱在航天飞机到达预定轨道之前脱落，坠入大气层烧毁。任务结束时，航天飞机像一只巨型纸飞机一样缓缓飞回地球，以后执行其他任务时可重新使用。

太空行走者

早期航天员身着航天服，戴头盔，以防出现紧急情况，但从没想过出舱。1965 年 3 月，"上升" 2 号航天员阿列克谢·列昂诺夫身着特制航天服，完成人类在太空中的第一次行走。几个月后，航天员埃德·怀特用像枪一样的个人推进器控制自己的行动，完成了美国人在太空的第一次行走。

乘员舱直径5米，长3米。

"猎户座"飞船

太阳能电池板提供动能。

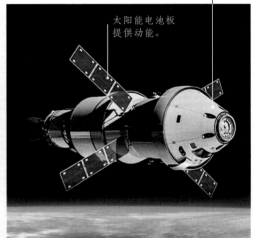

巴兹·奥尔德林留在月球上的脚印，拍摄于他执行"阿波罗"11号航天任务时

登月

20 世纪 60 年代，"阿波罗"登月计划使用的是一艘由 3 个部分构成的复杂航天器：在轨道上运行的指挥舱载有 3 名航天员，连接着载有最多 14 天给养的服务舱，而登月舱会将两名航天员从指挥舱运送到月球表面再送回来。1969 年 7 月，"阿波罗"11 号航天员尼尔·阿姆斯特朗和巴兹·奥尔德林成为最早登月的两个人。

未来的航天任务

美国国家航空航天局的"猎户座"飞船计划于 2023 年前搭载航天员进行绕月飞行。它有一个跟"阿波罗"号指挥舱类似的锥形乘员舱，乘员舱与圆柱形服务舱相连。然而，"猎户座"飞船要大得多，乘员舱可重复使用，能搭载 4~6 名航天员执行长达半年的任务。其目的是为了探索火星和小行星，开展实验，为国际空间站提供服务。

载人航天任务

60年来，人类航天已经从不可想象几乎变成了常规活动（尽管仍然还有不可避免的风险）。迄今为止，共有500多人进入了太空，其中绝大多数人搭乘的是"联盟"号飞船或美国航天飞机。未来几十年，至少短期的太空旅行会变得司空见惯。

哇哦！

1961年，肯尼迪总统承诺美国将于60年代末登上月球，而那时美国国家航空航天局只有15分钟的人类太空飞行经验。

第一个到太空的人

- **航天器** "东方"1号飞船
- **航天员** 尤里·加加林
- **发射时间和归属国** 1961年，苏联

直到20世纪50年代，人们还不知道太空飞行可能会对人类产生什么影响。拿航天员冒险之前，苏联要确保人类经过太空飞行后能存活下来，就用狗做试验，发射过多次"载狗航天器"。尤里·加加林破纪录的首次飞行只绕地球转了一圈，耗时108分钟。1963年，世界第一名女航天员瓦莲京娜·捷列什科娃乘"东方"6号绕地球飞行48圈，耗时70多个小时。

美国人进入轨道

- **航天计划** "水星"计划
- **航天员** 7位美国航天员（其中6人执行了"水星"计划）
- **时间和归属国** 1958~1963年，美国

美国国家航空航天局的"水星"计划因为火箭动力不足，比苏联慢了一步。1961年5月，美国进入太空的第一人艾伦·谢泼德只是"跳"进了太空一下——在亚轨道飞行了15分钟，而没有进入轨道绕地球飞行。1962年2月，"宇宙神"火箭将载有约翰·格伦的"友谊"7号飞船送入轨道。

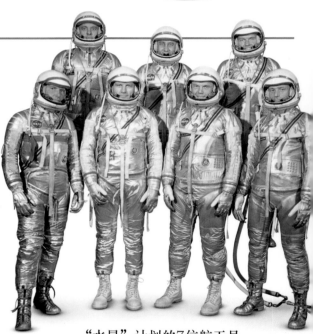

"水星"计划的7位航天员

与国际空间站对接的"联盟"号飞船，2015年

三舱飞船

- **航天器** "联盟"号飞船
- **研发机构** 第一特别设计局/科罗廖夫能源火箭航天集团
- **运行时间和归属国** 1967年至今，苏联/俄罗斯

1967年，"联盟"号飞船首次发射，尽管没有完成任务，航天员丧生，但却是人类航天史上的一大进步。这是第一艘带有3个舱的航天器，其中有供航天员在轨道上工作并返回地球用的专用舱。经过好几代的更新，"联盟"号已经成为俄罗斯太空计划的脊梁。

探月

- **航天计划** "阿波罗"计划
- **发起机构** 美国国家航空航天局
- **时间和归属国** 1961~1972年，美国

1969年7月，"阿波罗"11号将航天员送上月球，这是人类6次成功登月中的第一次。"阿波罗"登月计划给美国国家航空航天局带来了许多新挑战。12名登月航天员身着特制航天服，这种航天服不仅能提供氧气，保护航天员避开月球上的危险，还能方便他们架设科学仪器，采集岩石标本。后来的"阿波罗"太空任务还带有月球车，便于航天员在月球更广泛的地区探索。

历史性的握手

- **航天计划** "阿波罗-联盟"测试计划
- **参与者** "阿波罗"号飞船/"联盟"19号飞船
- **时间和归属国** 1975年，美国/苏联

1975年7月，"阿波罗"号和"联盟"19号飞船在轨道上相遇，使用特殊的对接舱将两个不兼容的系统连接起来。这标志了美苏太空竞赛结束。但直到20世纪90年代，航天飞机与"和平"号空间站的对接才成为常规活动。

"阿波罗"号和"联盟"19号
的指挥官在太空握手

首位太空游客

- **航天计划** 国际空间站EP-1任务
- **乘客** 丹尼斯·蒂托
- **时间和归属国** 2001年，俄罗斯

20世纪90年代末，俄罗斯航空航天局为了解决资金短缺问题，提出将愿意付费的乘客送入太空。2001年，第一位太空游客——美国百万富翁丹尼斯·蒂托参观了国际空间站。21世纪初，还有好几位游客也进入了太空，但大范围的太空旅游计划现在主要由商业公司在推动。

丹尼斯·蒂托（图右）

空间站

有了空间站，航天员就可以在轨道上长期生活和工作了。空间站一开始只是用火箭外壳改建而成的简单实验室，现在已经发展为科学家们长期活动的空间，可以开展实验、制造材料、观测地球，研究长时间太空飞行对人体的影响。

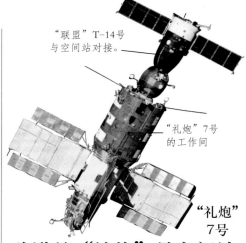

"联盟"T-14号
与空间站对接。

"礼炮"7号
的工作间

"礼炮"
7号

改进的"礼炮"号空间站

- 航天器 "礼炮"6号和"礼炮"7号空间站
- 研发机构 苏联航空航天设计局
- 运行时间和归属国 1982~1991年，苏联

"礼炮"6号和"礼炮"7号空间站两端都有对接口，所以先前的航天员不必离开，新来的航天员也能进站。"礼炮"7号还试验过"硬对接"——为了扩展工作空间，将无人航天器永久固定在空间站一端。

第一个空间站

- 航天器 "礼炮"1号空间站
- 研发机构 苏联航空航天设计局
- 发射时间和归属国 1971年，苏联

1971年，第一个空间站"礼炮"1号由苏联发射升空。这个简单的圆柱形实验室有一个"联盟"号飞船的对接口。1971年6月，"联盟"11号的3名航天员在"礼炮"1号上待了23天，这是当时最长的一次太空飞行。然而，自从"联盟"11号航天员在返回地球时因事故丧生后，这个空间站就不再使用了。

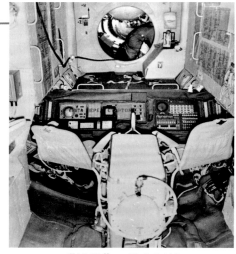

"礼炮"1号空间站

美国空间站

- 航天器 "天空实验室"空间站
- 研发机构 美国国家航空航天局
- 运行时间和归属国 1973~1974年，美国

"天空实验室"是美国首个空间站，用空的"土星"号火箭改造而成，运行时间9个月，接待过3名航天员。实验室装有一个观察太阳用的紫外望远镜，还有设备舱。航天员在太空失重环境下做了大量有关生命和化学方面的实验。

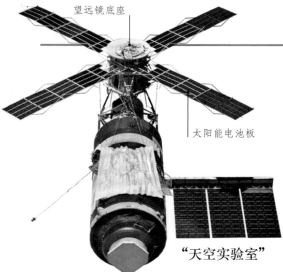

望远镜底座

太阳能电池板

"天空实验室"

多舱空间站

- 航天器 "和平"号空间站
- 研发机构 能源科研生产联合公司/科罗廖夫能源火箭航天集团
- 运行时间和归属国 1986~2001年，苏联/俄罗斯

"和平"号空间站是人类航天技术的一大进步，它是在轨道上通过"硬对接"数个不同的舱建造的。1986 年 2 月，核心舱发射升空，后来又加了几个实验舱，还新加了一个对接口，方便美国航天飞机到访。1995 年，航天员波利亚科夫创造了一项世界纪录——在"和平"号空间站上工作了 437 天，成为在太空连续生活时间最长的人。

连着5个舱的核心舱

从美国"奋进"号航天飞机上看到的"和平"号空间站

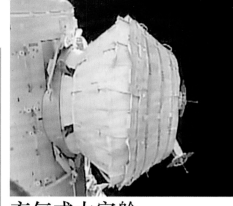

充气式太空舱

- 航天器 比奇洛充气式活动太空舱
- 研发机构 比奇洛航天公司
- 对接时间和归属国 2016年，美国

比奇洛充气式活动太空舱是一个可充气的轻巧的活动场地，2016 年连接到国际空间站。它之所以能在太空中保持外观不变，是因为里面有气压。科学家正在测试里面的生活条件，工程师希望比奇洛充气式活动太空舱能为将来其他充气式太空舱的建造铺平道路。

国际合作

- 航天器 国际空间站
- 研发机构 美国国家航空航天局、俄罗斯航空航天局和欧洲航天局等
- 始建时间和归属国 1998年，国际性的

自 1998 年起，国际空间站就开始分段建设。从 2000 年开始，不断有航天员进站。

这是一次雄心勃勃的合作，参与方有美国、俄罗斯和欧洲航天局 11 个成员国，以及巴西和日本等国家。空间站于 2011 年竣工，预计将运行到 2028 年。

太阳能电池板

▼ 国际空间站的舱室
国际空间站一般有6名航天员。他们生活、工作在一系列相连的舱室中。这些舱室总体积相当于一架波音747客机。

太空生活

太空航行用时越来越长，情况越来越复杂，所以让航天员保持强健体魄是一个巨大挑战。航天员要在狭窄的环境下生活和工作，当他们离开航天器时，须有装备保护他们的安全。

装有生命保障系统的背包

带有保护性面窗的加压头盔

生命维持系统的控制键

手套腕部牢牢连接在航天服上。

航天服主体为上下两件套，在腰部相连。

白色材料反射太阳光和热量。

分层织物可以保护航天员。

航天服

首批航天员在执行任务时自始至终都要穿保护性航天服。不过到了 20 世纪 60 年代中期，航天工作的安全性提高了，航天器也更大了，航天员大部分时间都能穿着比较舒适的特制衣服。到了 20 世纪 90 年代，美国国家航空航天局的航天员在航天飞机外工作时穿的航天服（见左图）已经发展成一个独立的个人航天器。

哇哦！

国际空间站的所有废水都要经过一系列过滤和化学处理来回收利用，处理后的水比我们地球上的饮用水还干净。

航天员卡迪·科尔曼用节水洗发水洗头。

保持清洁

在太空里如何做好个人卫生是一个重要的问题。水很宝贵，不能浪费，而且如果随便喷洒，会形成失重水珠，影响航天器里精密的电子设备。所以，航天员不能淋浴，只能用小袋液体肥皂、水和"免冲洗"洗发水。

保持健康

随着航天任务的时间从几天延长到几个月，让航天员在太空中保持良好的身体状况变得越来越重要。太空的失重环境，会使航天员的肌肉萎缩、骨质流失。因此，航天员要服用各种补充剂，定期锻炼，比如经常用弹力带模拟地心引力。

航天员苏尼塔·威廉斯在国际空间站享用鸡肉和米饭。

吃饭

食物用无人货物飞船送达，通常是密封包装，包装袋上有一个单向入水阀门，可通过空间站服务舱里的水阀注水，将袋内食物水化。烤箱可以加热罐装或袋装食品，但为安全起见，温度是有限制的。

栽培植物

在太空长期执行任务需要自给自足，所以有关航天机构正在开展实验，研究太空环境会对植物及其种子有何影响。有朝一日，可以用水和营养素栽培作物（水培）或用其他行星土壤种植作物，作为太空补给。

在太空中只要有一点点重力，小苗就能长得很好。

航天员 T. J. 克里默在国际空间站照料树苗

火星上的生活

未来的火星探索者将面临独特的挑战，工程师们已经在地球上研究解决办法。航天员需要穿着轻便柔软的航天服在火星引力下工作。为了保护他们不遭受危险的辐射，也许他们大部分时间要在地下环境中生活和工作。

小常识

■ 行星围绕太阳公转时，因各自的公转周期不同，它们彼此间的距离会有变化。所以，航天员每次到火星执行任务必须等三年左右，等到火星和地球的距离足够近时，他们才能返回家园。

■ 20 世纪 90 年代，俄罗斯航天员创造了一系列在"和平"号空间站长时间停留的纪录，至今无人打破。

▲ 模拟火星上的生活

美国研究人员在犹他州的沙漠地区穿着航天服样衣，练习将来如何在火星表面工作。

航天机构

自 20 世纪 50 年代人类进入太空时代以来，航天机构一直是太空探索和技术革新的排头兵。这些政府机构或由国际组织资助的机构制定了长期发展目标，开发所需的仪器设备（通常跟商业公司合作），培训航天员，管理太空任务，鼓励在太空利用和太空技术上的创新。

2014年，欧洲航天局的两颗"伽利略"导航卫星从"联盟"号上脱离。

欧洲航天局

欧洲航天局于 1975 年由两个早期机构合并而成。它的"阿丽亚娜"号运载火箭现在已经是第六代。欧洲航天局发射的空间探测器和卫星一个比一个厉害，为国际空间站做出了重大贡献。

NASA 是什么？

美国国家航空航天局（英文简称 NASA）于 1958 年成立，全面管理执行美国空间计划的实验室和设施。1969 年，美国国家航空航天局将"阿波罗"计划的航天员送上月球。之后，其他国家也纷纷成立了自己的航天机构。

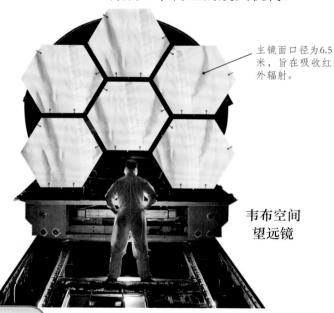

主镜面口径为6.5米，旨在吸收红外辐射。

韦布空间望远镜

联手合作

不同的航天机构经常合作，集中资金和专业技术完成重大项目。欧洲航天局为美国国家航空航天局主持的哈勃空间望远镜和韦布空间望远镜的研究做过贡献，日本和俄罗斯的航天机构也经常与美国国家航空航天局合作。

航天机构成立时间表

1958年	1960年	1961年
美国国家航空航天局成立，目的是对抗苏联在卫星和太空技术上的领先地位。	美国国家航空航天局发射"先驱者"5 号探测器。从 1958 年 10 月至 1978 年 8 月，共发射 13 个"先驱者"号探测器。	美国总统约翰·F. 肯尼迪（见右图）向美国国家航空航天局下达了载人登月任务。1969年7月，美国国家航空航天局实现载人登月目标。

▲适应太空生活的训练
从20世纪60年代起，美国国家航空航天局就开始用巨型水箱模拟太空失重环境，训练地点主要在得克萨斯州的约翰逊航天中心。

1979年	1992年	1993年	2014年
欧洲航天局发射"阿丽亚娜"1号运载火箭，很快成为商业卫星发射的主要机构。	俄罗斯成立俄罗斯航空航天局（现为俄罗斯联邦航天局），将苏联空间计划的各个设计局合并管理。	中国国家航天局成立，负责民用航天管理及相关的政府间国际空间合作。	印度空间研究组织（ISRO）的"曼加里安"号火星探测器首次执行航天任务，到达火星。

用于地球的空间技术

虽然有人认为太空探索纯粹是科学研究，甚至是浪费钱，但实际上空间技术彻底改变了我们的生活。除了卫星带给我们的诸多益处，把航天员送入太空再安全送回地球的挑战激发了无数工程师的发明创造，这些发明创造后来也在地球上得到了应用。

阿曼什斯尔古老石堡遗址

卫星考古学

遥感技术应用范围非常广泛（见第262~263页），但最令人意外的是其在考古学领域的应用。研究人员使用卫星照片可以发现古代遗迹和扰动情况，揭示哪里是被掩埋的古迹，比如人们就是这么发现阿曼什斯尔古老石堡遗址的。

数字成像

早期空间探测器和卫星不是用电视摄像机就是用胶片摄影机来拍摄影像。20世纪90年代初，美国国家航空航天局的科学家埃里克·福萨姆发明了一种改良传感器，可将拍摄的图像存为电子数据。现在，这种CMOS（互补金属氧化物半导体）传感器广泛应用于手机、数字照相机和其他成像系统。

CMOS传感器

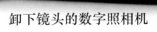
卸下镜头的数字照相机

太空毯

参加马拉松比赛之后的运动员和受灾地区居民保暖用的绝缘箔毯，又叫太空毯，源自"阿波罗"号登月舱用的绝缘材料。这种太空毯是在塑料膜上涂一层薄铝制成的，可以反射红外辐射，保存人体热量。

冷冻干燥食物

虽然 20 世纪 30 年代就有了保存食物的冷冻干燥法，但美国国家航空航天局的科学家在寻找如何在"阿波罗"号飞船长期飞行途中保存食物时，才发现冷冻干燥法的独特好处。这种方法只是脱去食物的水分，而保留了原有的维生素、矿物质及其他营养元素。

水果保留着诱人的颜色和香气。

**经冷冻干燥处理
的草莓**

小常识

■ 虽然 19 世纪就已发现利用太阳光发电的原理，但便宜高效的太阳能电池源自美国国家航空航天局资助的太阳能航空器开发项目。
■ 被误认为与美苏太空竞赛有关的发明有特氟龙、钩毛搭扣和集成电路（微芯片）等。

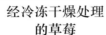

哇哦！

据估计，美国空间计划每投入1美元，就能带来高达10美元的长期收益。

防火安全

火灾对航天器和航天员来说是最致命的威胁之一。美国国家航空航天局等航天机构在防火安全上取得了一些重大突破。消防员使用的气瓶、面罩及其他设备，是由耐热铝复合材料制成的，而这些材料最初是为制造火箭外壳研制的。有一种基于"阿波罗"号飞船隔热罩研制的材料，现在用来为高层建筑的钢架支撑结构隔热。

轻型耐热合金能减轻设备重量。

基于航天服研制的耐热衣服

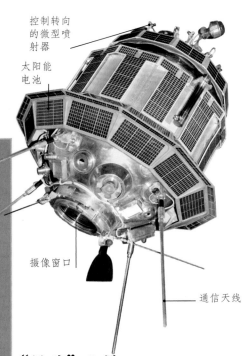

控制转向的微型喷射器

太阳能电池

摄像窗口

通信天线

机器人探测器

迄今为止，人类对太空的探索仅限于地球轨道，但航天机构已经派出上百个无人空间探测器去探索行星、卫星、彗星和小行星。轨道飞行器在近天体探测飞行中会掠过天体，进行更细致的探测。着陆器和漫游机器人能接触天体表面测量环境，分析岩石成分。

"月球"3号

月球是离地球最近的邻居，理所应当成为人类早期探索的对象。1959年10月，苏联建造的"月球"3号探测器首次成功探测月球，发回首张月球背面的照片。因为在地球上永远看不到月球背面，所以在此之前人类都不知道月球背面是什么样子。20世纪60年代，美苏两国都派出多个轨道飞行器和着陆器到月球做进一步探测。

金星上的"金星"9号

金星航天任务

金星虽然是距离地球最近的行星，但它对空间探测器而言却是一个巨大挑战。美苏探测器都曾飞掠金星或进入金星轨道，但早期的苏联着陆器都因金星的恶劣环境而损坏了。1975年，重装的苏联"金星"9号探测器终于发回第一批金星表面的近景照片。

"旅行者"号引力助推

即便探测器的速度很快，但它们要到达遥远的带外行星也需要若干年。美国国家航空航天局的工程师发现了一种用其他行星的引力做"弹弓"的缩短航行时间的方法，即引力助推。20世纪70年代和80年代，美国工程师将两个"旅行者"号探测器送往外太阳系时就用了这种方法。

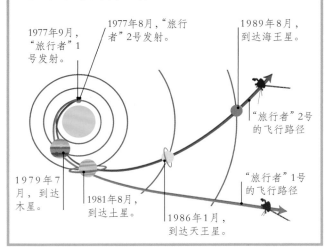

1977年9月，"旅行者"1号发射。

1977年8月，"旅行者"2号发射。

1989年8月，到达海王星。

"旅行者"2号的飞行路径

1979年7月，到达木星。

1981年8月，到达土星。

1986年1月，到达天王星。

"旅行者"1号的飞行路径

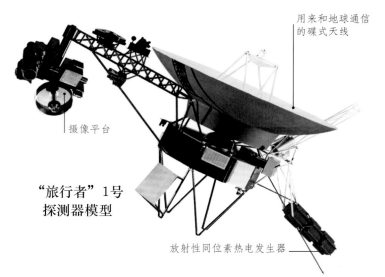

用来和地球通信的碟式天线

摄像平台

"旅行者"1号探测器模型

放射性同位素热电发生器

不用太阳能供电

在内太阳系飞行的探测器可以用太阳能电池板发电，但要到比火星还远的太空执行任务就必须使用其他能源。为此，美国国家航空航天局研制了放射性同位素热电发生器。这种核电源能利用少量放射性钚释放的微热发电。

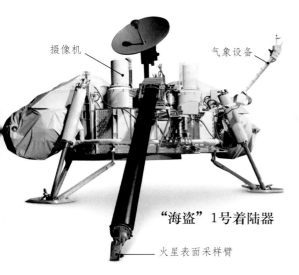

摄像机

气象设备

"海盗" 1号着陆器

火星表面采样臂

火星着陆器

虽然火星比其他大多数行星更容易抵达，但要在火星稀薄的大气层里着陆却很困难。1976年，美国国家航空航天局"海盗"1号和"海盗"2号探测器的轨道飞行器使用降落伞和精准点火的制动火箭控制着陆器的下降，分别将两个着陆器送上火星。

"伽利略"号和木星

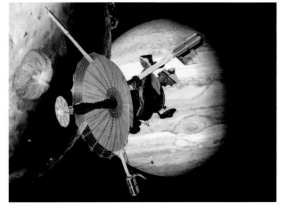

探测巨星

在首次掠过巨大的带外行星后，美国又发射了两个轨道飞行器探测木星，一个轨道飞行器探测土星。1995年，"伽利略"号抵达木星，发出一个小探测器降落到这颗巨星的大气层。2005年，"卡西尼"号运载着欧洲制造的着陆器抵达土卫六，进行科学考察。

▶ "好奇"号火星车
2012年8月，美国国家航空航天局研制的汽车大小、太阳能驱动的"好奇"号火星车登陆火星，至今已行驶18千米。

火星车

自从1997年以来，美国国家航空航天局发射了一系列机器人探测器——火星车，探索火星，研究火星的大气和地质，寻找远古生命和水的迹象。火星表面灰尘大、石头多，驾驶环境十分险恶，加上无线电信号传输速度有限，所以地球上的指挥中心很难指挥火星车。因此，最新的火星车能使用人工智能系统做出基本判断，比如躲避路障、识别要研究的岩石类型等，不用人工干预。

摄像机和化学"嗅探器"

与火星轨道飞行器通信用的天线

带有专业成像系统的机械臂。这种成像系统可近距离研究火星地质。

前轮旋转可改变火星车的前进方向。

突破边界

20 世纪 50 年代末以来，机器人探测器已经探测了太阳系的各个星球。早期探测任务的重点是月球，为"阿波罗"号载人登月做准备。到 20 世纪 80 年代末，人类对主要行星的首次调查已经完成。从那以后，探测器越来越复杂，越来越厉害。

"乔托"号探测器和哈雷彗星

研究哈雷彗星

■ 航天器 "乔托"号探测器
■ 研发机构 欧洲航天局
■ 发射时间和归属地 1985年，欧洲

20 世纪 80 年代中期，正值哈雷彗星 76 年一次从太阳旁边飞过，苏联、日本和欧洲航天局等航天机构纷纷发射探测器拦截。欧洲航天局的"乔托"号探测器从法属圭亚那发射升空，在太空中与彗星冰核最近时相距不足 600 千米。

在火星轨道上运行

■ 航天器 "水手"9号探测器
■ 研发机构 美国国家航空航天局
■ 发射时间和归属国 1971年，美国

20 世纪 60 年代，"水手"9 号飞掠金星和火星。1971 年 11 月，"水手"9 号抵达火星，成为第一艘绕另一颗行星轨道运行的航天器。当它抵达火星时，火星正刮起一场尘暴。尘暴过后，发回地球的照片彻底改变了我们对这颗红色行星的看法。

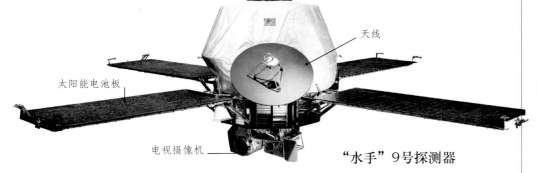

天线

太阳能电池板

电视摄像机

"水手"9号探测器

小行星探索者

■ 航天器 "尼尔-舒梅克"号探测器
■ 研发机构 美国国家航空航天局
■ 发射时间和归属国 1996年，美国

美国国家航空航天局的近地小行星交会探测器"尼尔-舒梅克"号曾经飞掠过一些小行星，2000~2001 年在近地小行星爱神星轨道上运行一年，最终降落到这颗小行星表面。几年前，美国国家航空航天局的"黎明"号探测器先后探测了太阳系最大的两颗小行星——谷神星和灶神星。

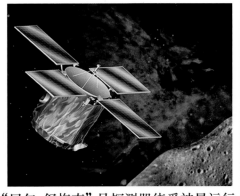

"尼尔-舒梅克"号探测器绕爱神星运行

哇哦!

"旅行者"1号探测器正在太空中飞行，距地球209亿千米，是目前发射升空的距离地球最远的人造天体。

286

绕土星运行

- 航天器 "卡西尼"号探测器/"惠更斯"号着陆器
- 研发机构 美国国家航空航天局/欧洲航天局
- 发射时间和归属地 1997年，美国/欧洲

美国国家航空航天局的探测器曾快速掠过木星和土星。2004年，美国再次向两颗行星发射了探测器。巴士大小的"卡西尼"号抵达土星，花了十几年时间研究土星的环和卫星。它还释放了欧洲制造的"惠更斯"号着陆器到土星神秘的巨型卫星——土卫六上。

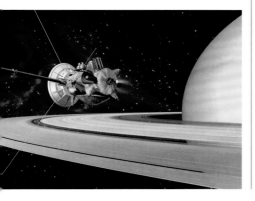

67P彗星上的"菲莱"号着陆器

登陆彗星

- 航天器 "罗塞塔"号探测器和"菲莱"号着陆器
- 研发机构 欧洲航天局
- 发射时间和归属地 2004年，欧洲

欧洲"罗塞塔"号探测器飞行了十几年才抵达目标67P（丘留莫夫-格拉西缅科）彗星，然后绕着这颗彗星运行了大约两年。抵达彗星不久，"罗塞塔"号探测器发送了一个小型着陆器"菲莱"号，可惜"菲莱"号被弹到一个很暗的地方，导致太阳能电池无法充电。然而，最终"罗塞塔"号探测器还是成功着陆。

奔向冥王星

- 航天器 "新视野"号探测器
- 研发机构 美国国家航空航天局
- 发射时间和归属国 2006年，美国

外太阳系被一些小型冰冻天体环绕，这些小型天体组成柯伊伯带。2006年，美国国家航空航天局向外太阳系最大、离地球最近的冥王星发射了一个高速探测器。这个探测器是目前飞离地球轨道最快的物体，在木星受到引力助推（见第284页）后，于2015年7月飞过冥王星，继续朝新目标飞去。

太空

木星特写

- 航天器 "朱诺"号探测器
- 研发机构 美国国家航空航天局
- 发射时间和归属国 2011年，美国

"朱诺"号是美国国家航空航天局近年来研制的木星轨道飞行器。它是美国国家航空航天局"新疆界"计划的一部分，旨在对巨行星做比以往都详尽的研究。2016年，"朱诺"号抵达木星，进入极轨道，首次传回木星高纬度照片。"朱诺"号探测器和以往的木星探测器不同，它由太阳能提供动能，有三个太阳能电池阵翼接收太阳光。

小常识

- 空间探测器与卫星不同，需要足够的速度才能摆脱地球引力的束缚，发射时其"逃逸速度"必须达到11.2千米/秒。
- "旅行者"1号和"旅行者"2号探测器都带着"金唱片"，里面有各种语言的问候语、音乐、鸟鸣及地球上其他生命发出的声音，供未来太空文明播放。

这是"朱诺"号拍摄到的照片，云层和风暴在木星南半球盘旋。

天才发明家

发明家的那些奇思妙想是怎么来的？这里面常常有一些出人意料的趣事。下面就来讲讲一些著名发明家的故事吧！有些发明家的名字大家也许不太熟悉，但他们的发明你们可能听说过。

阿瑟·韦尔斯利
（1769~1852）

威灵顿靴因英国政治家、军事领导人——第一代威灵顿公爵阿瑟·韦尔斯利而得名。这位战斗英雄经常穿着他心爱的皮靴。19世纪初，一帮德国兵送给他一双黑森靴。威灵顿公爵让靴匠仿照这双靴子重新设计，去掉流苏，并将前面延长超过膝盖，以起到保护膝盖的作用。这种款式的靴子在贵族中流行起来，人送外号"威灵顿靴"。1852年，这种式样的橡胶靴获得专利。

埃尔多拉多·琼斯
（1860~1932）

美国人埃尔多拉多·琼斯有个外号——"铁娘子"，因为她发明了一种小型便携式熨斗。不过，得到这个外号还有一种可能，那就是她对待工作和男人态度强硬（她不雇佣男工）。此外，她还发明了旅行用烫衣板、防潮盐瓶和折叠式帽架。她最有名的发明是1923年获得专利的飞机消声器。它既能减弱飞机飞行时产生的巨大噪声，又不影响飞机动力。

本杰明·富兰克林
（1706~1790）

富兰克林是美国历史上一位重要的政治人物，同时他也酷爱科学发明。他研究电，1756年，他用一个风筝和一把钥匙证明了闪电也是电，这一发现促使他发明了避雷针。后来，他还发明了双焦镜、铸铁炉、玻璃琴等。

查尔斯·巴贝奇
（1791~1871）

人们常常称这位英国数学家、机械工程师为"计算机之父"。他自创了多种计算机器的原型机，如1821年面世的用来编制数学表的差分机，还有后来甚至具有某种记忆功能的分析机。虽然他在世的时候这些机器还不完善，但人们永远不会忘记他对计算机科学做出的贡献。

蒂姆·伯纳斯-李
（1955~　　）

伯纳斯-李是大家公认的万维网发明者。他是英国软件工程师和计算机科学家。1980年，他率先想到要让全世界的人共享信息。1989年，他开发出一个全球信息系统，即万维网。他是万维网基金会的负责人。他说："为了建设现有的万维网，我们付出了所有。现在我们该来建设一个我们想要的理想网络了，为了世界上的每一个人。"

丰田佐吉
（1867~1930）

这位丰田公司的创始人发明了自动织布机。丰田佐吉18岁就立志当一个发明家。1891年，他获得第一项发明专利——手工木织机，这台织布机单手就能操作。1897年，他研制出柴油机带动的狭幅动力木织机——丰田织机。丰田毕生都在改进他的设计，他在许多国家都拿到过发明专利。

古列尔莫·马可尼
（1874~1937）

"无线电之父"古列尔莫·马可尼是一位意大利科学家。他对无线电很痴迷，不辞劳苦地试验，开创了长途无线电传输和无线电报事业。1896年，马可尼在英国伦敦首次展示了不同建筑物之间的无线电传输。1899年，他的设备传输的无线电信号跨越了英吉利海峡。1901年，他的设备已能把英国发出的无线电信号跨越大西洋传到美国。1909 年，他和德国科学家卡尔·费迪南德·布劳恩一道获得了诺贝尔物理学奖。

格兰维尔·伍兹
(1856~1910)

伍兹是一位非裔美国工程师，一生获得过 50 多项专利，他的很多发明都跟铁路安全和改良有关。1887 年，他发明了同步多路铁路电报，这样行进的列车和车站之间就能保持联系。托马斯·爱迪生曾和他对簿公堂，说自己发明在先，不过最终还是伍兹胜诉。他还改进了安全电路、电话和留声机等发明，发明了孵蛋器和自动刹车装置。

海迪·拉马尔
(1914~2000)

奥地利裔美国人拉马尔是著名的好莱坞演员，也是我们现在公认的著名发明家。1942 年，她和合伙人乔治·安泰尔一起获得一种军用无线电通信系统（Wi-Fi 和蓝牙技术的前身）的专利。后来她宣称："发明创造对我来说很容易，也许我是个外星人吧。"

简·恩斯特·马泽利格
(1852~1889)

马泽利格是一位苏里南发明家，父亲是荷兰人，母亲是奴隶。他小时候在父亲的船厂玩耍时就对机械产生了兴趣。1877 年，他在美国马萨诸塞州一家鞋厂打工，开始研究如何用机器把鞋底粘到鞋帮上。当时这还是个手工活，熟练工一天最多也就粘 50 双鞋。1883 年，马泽利格获得粘鞋机的专利，提高了生产效率。工人用这种机器一天可粘 150~170 双鞋。

井深大
(1908~1997)

这位日本实业家最初在一家光化学实验室工作，他发明了一种调制式光传输系统，也就是一种霓虹灯。此时，他发明家的潜质初现端倪。后来，他成立了一家公司。1949 年，这家公司更名为索尼，研发了日本第一台磁带录音机、第一台晶体管收音机和特丽珑电视。1979 年，他发明了随身听，因为他很喜欢在长途飞行时听歌剧，觉得有必要生产一种流线型的轻便的个人播放器。

克里斯蒂安·惠更斯
(1629~1695)

这个荷兰人被誉为人类历史上最重要的科学家之一。17 世纪 50 年代，他对望远镜进行改良，看到了木星环和木星轨道上的卫星。惠更斯在光波和离心力计算方面提出了一些突破性的理论。同时，他也擅长发明创造，制作了首个摆钟（1657 年）、一个小型手表的雏形，还有各种各样的望远镜和一台靠火药运行的内燃机。

莱奥纳多·达·芬奇
(1452~1519)

这位意大利画家、雕塑家最为人熟知的是两幅画——《蒙娜丽莎》和《最后的晚餐》。不过，他也酷爱建筑学、数学、工程学和人体解剖学，他的笔记本上画满了远远领先于时代的发明草图，配文大多是倒着写的（镜像字）。他有很多发明，如飞行器、装甲车、直升机、降落伞和自持式水下呼吸器。

鲁本·劳辛
(1895~1983)

一天，瑞典人劳辛和妻子伊丽莎白在家吃午餐，伊丽莎白建议丈夫发明一种轻型包装材料装牛奶、果汁等液体。当时，劳辛开了家食品包装公司，生意不景气，但他却迎难而上。1944 年，他和瑞典工程师埃里克·瓦伦贝里研发的无菌四面体涂塑纸盒获得专利。几年后，纸盒改为方形设计。如今，劳辛创办的利乐公司是世界上最有名的包装公司之一。

露丝·格雷夫斯·韦克菲尔德
(1903~1977)

很多发明都是巧合，1938 年前后，韦克菲尔德在美国马萨诸塞州的一家路边店铺给客人做饼干时自创的新式饼干就是这样。她声称自己发明的巧克力曲奇饼干跟她想要的一样，但也有人说她原来是希望饼干混合料中的巧克力碎片能够融化。不管哪种说法是真的，韦克菲尔德的这种饼干是美国人最早开始爱吃的饼干。

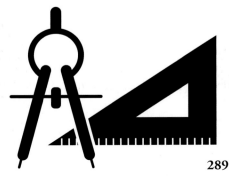

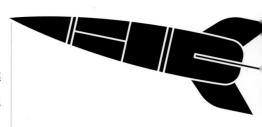

马丁·库珀
（1928~　　　）

手机的首场公开展示会是于1973年4月举行，主讲人是美国工程师马丁·库珀。当时，库珀受聘于摩托罗拉公司，他展示了一台DynaTAC手机，这是库珀和他的团队研制的一部小型手持装置。库珀还有其他发明，比如首个无线电控制的红绿灯系统和手持警用对讲机。

马克·汉娜
（1956~　　　）

《侏罗纪公园》和《美女与野兽》等电影中的特效有一部分要归功于电气工程师、电脑图像设计师马克·汉娜。1982年，这位非裔美国人与人合伙办了硅图公司，好多好莱坞大片中用到的3D技术都是他们率先研发的。再往后，汉娜研制了在MP3播放器和掌上游戏机上播放音乐的多媒体插件。

玛格丽特·奈特
（1838~1914）

奈特发明了一种平底纸袋机。1871年，奈特获得发明专利，成为美国第一位获得专利的女性。不过在这之前，有个人想剽窃她的成果，两人打了很长时间官司。她有多项发明，如鞋底切割机、棉织机的一个安全装置、窗框和各种各样的发动机装置。

玛丽·安德森
（1866~1953）

1903年的一个雪天，美国发明家安德森在乘坐有轨电车时突发灵感，萌生出造一个汽车雨刮器的念头。那时，开车的人要从窗户探出身子用手擦挡风玻璃。她发明的雨刮器是木头做的，带有橡胶刮板，通过车内的把手来控制。可惜她没有找到愿意赞助她发明的人。不过后来大家都照搬她的想法，于是雨刮器就成了大多数汽车的标配。

乔伊·曼加诺
（1956~　　　）

美国发明家曼加诺拥有几百种日用品的专利，有轮式行李箱、珠宝盒，还有橡胶底鞋、老花镜等。1990年，她发明了"魔术拖把"，这是一种能自动拧干的塑料拖把，带一个能自动冲洗的棉质拖把头。如今，她已是大富翁，自己开了家公司。2015年，她的经历被拍成了电影《奋斗的乔伊》，由詹妮弗·劳伦斯主演。

萨拉·E.古德
（1855~1905）

据说这位美国发明家、企业家是最早获得美国专利的非裔美国女性之一。生平不详，只知道她是获得解放的奴隶，后移居芝加哥，和她的木匠丈夫开了个家具店。1885年，她获得了可以收起来的折叠床专利。这种床设计巧妙，打开是一张床，折叠后又成了一张写字台，妙就妙在里面装有一套能升降的铰链。

桑福德·弗莱明
（1827~1915）

1876年，这位苏格兰裔加拿大铁路工程师在爱尔兰旅行时意外地错过了火车。也许是火车时刻表错了，也许是弗莱明自己弄错了时间，于是他开始考虑制定标准化时间。1879年，他提出把世界分成24个时区的想法。到了1884年，钟表就按照他的想法重新设置了。

斯蒂芬妮·克沃勒克
（1923~2014）

这位美国化学家、聚合物专家差一点就进了时装行业，不过她还是决定研究化学。1965年，她被杜邦化学公司聘用，发现了一种新的合成纤维——凯芙拉。这种纤维结实轻便，可用来制作警用军用防弹衣，也可制作飞机、轮船、绳索的防护层。

斯坦利·梅森
（1921~2006）

这位美国商人、发明家研制出了一大批消费品，如微波炉餐具、塑料牙线、婴儿湿巾、背心胸罩和手术口罩等。他最有名的发明是番茄酱挤压瓶和一次性尿布。一次性尿布是他有了孩子后想出来的："我把尿布拿起来一看，是方的，再看看孩子的屁股，是圆的。我知道这里面有一个工程设计问题。"

威廉·福克斯·塔尔博特
(1800~1877)

1835 年，塔尔博特拍摄了英国莱科克修道院一扇窗户的照相底片，这是世界上现存最古老的底片之一。塔尔博特热爱画画，这激发他想要找到一种把图像留在纸上的新方法。1841 年，他完善了碘化银照相法，用的是一台照相机和用硝酸银与碘化钾处理过的纸。

西蒙·莱克
(1866~1945)

美国海洋工程师西蒙·莱克被誉为"现代潜艇之父"。1894 年，他建造了首艘带有气闸系统的潜艇，并将之命名为"小虹鱼"号。这艘潜艇只能在浅水区潜水。后来，他造出了"虹鱼"号。"虹鱼"号可以到深海潜水，用轮子在海底行驶。1906 年，莱克造出一艘叫作"保护者"号的军事潜艇。但直到 1912 年，他造的潜艇才被美国海军采用。

伊戈尔·西科尔斯基
(1889~1972)

这位发明直升机的俄裔美国发明家从小就痴迷飞行。他认为能飞起来的最好办法就是用水平旋翼垂直上升。在俄国的时候，西科尔斯基研制过一些早期的直升机样机，但都不成功。1919 年，他移民美国，成立飞机公司，研制出首架四引擎飞机。1939 年，他研制出首架直升机 VS-300，被美国军方采用。

伊莱莎·奥蒂斯
(1811~1861)

这位美国发明家是一位自学成才的机械工。他发明了升降机和起重机的安全装置，此外还有三项专利：铁路安全制动器、蒸汽犁和生产木床架的自动翻转器。升降机和起重机的安全装置是他 19 世纪 50 年代发明的，原理很简单，一旦缆绳断裂，可启用弹簧让下降的升降机或起重机停下来。1861 年，奥蒂斯获得了蒸汽升降机的专利，同年去世。

伊桑巴德·金德姆·布律内尔
(1806~1859)

布律内尔在土木和机械工程方面做出了重大贡献，被誉为历史上最具影响力的英国人之一。他为英国大西部铁路线建造了轨道桥梁网，在 1843 年首航的"大不列颠"号等蒸汽机船的制造方面做了开拓性的工作，这些都体现了他的聪明才智。

袁隆平
(1930~2021)

著名农业科学家，中国杂交水稻事业的开创者和领导者。他一生致力于杂交水稻技术的研究、应用与推广，发明"三系法"籼型杂交水稻，成功研究出"两系法"杂交水稻，创建了超级杂交稻技术体系，是世界上第一个成功利用水稻杂种优势的科学家，为中国粮食安全、农业科学发展和世界粮食供给做出杰出贡献，被誉为"杂交水稻之父"。

约翰·蒙塔古
(1718~1792)

1762 年，英国政治家、桑威奇伯爵（第四）约翰·蒙塔古让厨师做一种可以用手拿着吃的快餐，这样就不用去餐桌吃饭了。结果就有了三明治，也就是面包片里夹一点肉什么的。

约翰内斯·谷登堡
(约1395~约1468)

大约在 1439 年，这位德国发明家完善了印刷机。他的四十二行本《圣经》（又称《谷登堡圣经》）是欧洲用活字印刷术印的第一本书。在他发明金属活字之前，印刷是件很辛苦的事，要使用雕刻的木块。虽然他的发明带来了印刷革命，但他还是死于贫困。

詹姆斯·利蒂
(1836~1918)

收银机是美国一家酒吧老板利蒂想出来的聪明点子。他想到这个点子，是想解决收入不翼而飞却没有任何记录的问题。他和当机械工的弟弟约翰联手发明了一台机器，按动机器上的按键就能记录每笔交易的金额。1879 年，他获得"利蒂防舞弊收银机"的专利，并在美国俄亥俄州的代顿市开厂生产。

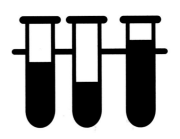

词汇 按英文原版书顺序排列

Air resistance 空气阻力 一种阻碍空气中的物体运动的力。

Alloy 合金 由两种或两种以上化学元素（至少一种是金属）组成的具有金属特性的物质。

Alternating current 交流电 在每秒内多次改变流向从而使电力高效利用的电流。

Altitude 海拔 物体相对于海平面的垂直高度。

Ammonia 氨 由氮和氢组成的无色气体，常用于生产化肥，能促进植物生长。

Anaesthetic 麻醉药 手术之前给患者注射或让患者吸入的暂时消除疼痛的药物。麻醉可以是局部麻醉，只麻醉身体的一个部位；也可以是全身麻醉，让患者在动大手术之前暂时失去知觉。

Ancestor 祖先 一个民族或家族的前代，通常指年代久远的祖父辈以上的人。祖先也指演化成现代生物的古代生物。

Anode 正极 带正电荷的电极，比如电池的正极，也叫阳极。

Antenna 天线 用于传输和接收无线电波或广播电视信号的装置。

Antibiotic 抗生素 一种能杀灭人体或动物体内的细菌或抑制细菌感染的药物。

Archaeology 考古学 研究有文字记录之前人类是如何生活的学问。

Astronomy 天文学 研究行星、恒星、星系等宇宙天体的学问。

Atom 原子 物质在化学变化中的最小微粒，由质子、中子、电子等粒子构成。

Bacteria 细菌 细菌是微小的单细胞有机体。有些细菌会致病，有些则对人体有益，能保护人体。

Battery 电池 一个可携带的化学品容器，可以为玩具、汽车等多种设备存电供电。

Bellows 风箱 一个通过阀门吸入空气时膨胀、通过管道排出空气时缩小的装置。

Bitumen 沥青 黑色或暗褐色的固态或半固态黏稠状物质，主要用于铺路。

Bronze 青铜 一种主要由铜和锡构成的黄棕色金属合金，坚固、耐磨、防腐，常用作雕塑材料。

▲ 中国航海罗盘，19世纪中期

Bronze Age 青铜时代 介于石器时代和铁器时代之间的一个历史时期，当时用来制作武器和工具的最重要的材料是青铜。青铜时代始于公元前 3000 年左右，最早是在中东地区。大约经过了2500 年的时间，全世界都进入了青铜时代。

Carbon 碳 一种重要的化学元素。存在形式多种多样，如煤炭、钻石等。碳还能通过自身组合或与其他元素组合，产生出数百万种化合物，如塑料、DNA 等。

Cathode 负极 带负电荷的电极，比如电池的负极，也叫阴极。

Charcoal 木炭 这种灰黑色多孔固体的主要成分是碳。在无氧状态下加热木头就能产生木炭。木炭有很多用途，比如可以燃烧生热、取暖做饭，也可用作绘画材料。

Circuit 电路 电流经的一条完整闭合路径。所有电器或电子产品内部都有电路。

Conductor 导体 电或热容易通过的物质。

Contamination 污染 有害物质混入空气、土壤、水源等从而造成危害，如石油泄漏污染海洋。

Coolant 冷却剂 一种通常为液体的物质，用于给汽车发动机或工厂机器等设备降温。

Copper 铜 一种化学元素。铜是一种软的红色金属，善于传导电和热。

Crankshaft　曲轴　发动机上的一个金属轴，将活塞的上下运动转变为驱动车轮的旋转运动。

Density　密度　物体的质量和其体积的比值。

Differential gear　差动齿轮　一组以不同速度运转的齿轮，能使车辆顺利转向。

Direct current　直流电　电荷流动方向不随时间而改变的电流，比如电池的电流。

Domesticate　驯化　人类把野生动植物驯养、培育并使其成为家养动物或栽培植物的过程。

Efficient　高效　指机器或系统的生产效率高。

Elasticity　弹性　材料的一种特性。无论是推还是拉，材料能曲能伸，然后恢复到原来的形状。

Electricity　电　与静止或运动电荷有关的现象。静电是电荷积聚在一个地方产生的电，而电荷定向移动则产生电流。

Electrode　电极　电路里的一个电触头。电极有正极和负极之分。

Electromagnet　电磁体　电流通过时能暂时产生磁性的线圈。

Electron　电子　原子中带负电荷的粒子。电子一层层地围绕着原子核活动。

Electronic ignition system　电子打火系统　用电子电路启动机器的系统，比如小汽车里就有电子打火系统。

Element　化学元素　简称元素。一种不

▲ 托马斯·爱迪生与同事在试验电灯

能再分解为更简单的物质的纯物质。世间万物都是由元素构成的。世界上有118 种元素，大多是以天然形式存在的。

Energy　能源　能够产生能量的物质，如燃料、水力和风力等，可用来发电。

Engine　发动机　燃烧燃料和氧气，释放存储的热能来发动机器的装置。

Equator　赤道　一条假想线，绕地球中部一周把地球分成南北两个半球。赤道经常会被画在地图和地球仪上。

Force　力　物体之间的相互作用，可以改变物体的速度、运动方向或形状。

Fossil fuel　化石燃料　一种易于燃烧并会释放热量的物质，由古代生物遗骸在特定的地质条件下形成。化石燃料包括煤、石油和天然气等。

Friction　摩擦力　这种力出现在两个相互接触的物体之间，物体表面互相摩擦可降低物体运动速度。

Gasoline　汽油　一种可燃液体，主要用作汽车、轮船等交通工具的燃料。

Gearbox　变速箱　将汽车发动机与车轮连接起来的一套齿轮。又称齿轮箱。

Generator　发电机　一种将转动产生的能量转化为电能的装置。

Geocentic theory　地心说　古代描述宇宙结构和运动的一种学说。认为地球是宇宙的中心，所有的天体都绕着地球运动。

Germ　细菌　一种极微小的单细胞原核生物，尤其是指会引发疾病的那些。

Gravity　地心引力　所有物体之间都存在一种相互吸引力，又叫万有引力，而地心引力特指将物体拉向地球的力。

Harpoon　鱼叉　像矛一样的投掷物，用于捕猎大鱼。

Heliocentric theory　日心说　古代描述宇宙结构和运动的一种学说。认为太阳是宇宙的中心，地球和其他行星绕日运动。

Hieroglyphics　象形文字　用图画代表声音和文字的一种古老书写文字。古埃及、古代中国等文明就使用象形文字。

Hull　船体　船和舰的主体部分，不包括桅杆、桅横杆、帆和索具。

Hydrogen　氢　结构最简单、质量最轻、数量最多的化学元素。氢是构成水分子的重要化学元素之一，也可用作可持续燃料。

Ignition　点火装置　汽油发动机中让气缸里的汽油和空气混合物着火的系统。

Incandescent lamp　白炽灯　电流加热发光体至白炽状态而发光的一种电光

源。这种灯泡里是真空的或充有氮、氩等气体，里面有灯丝。电流通过时，加热灯丝，产生光亮。

Infrared 红外线 一种电磁辐射，以看不见的波的形式传递发热物体的能量。

Insulator 绝缘体 不易传导热或电的物质。

Iron Age 铁器时代 青铜时代后面的一个历史时期。在这段时期中，铁是打造武器和工具的最重要的材料。铁器时代始于公元前1200年左右，最早是在中东地区。大约经过了1500年的时间，全世界都进入了铁器时代。

Laser 激光 原子在受激辐射放大过程中发出的光。其特性是亮度高、方向性和单色性好。能发出激光的装置称为激光器。

LED 发光二极管 一种电流通过时产生光亮的装置。光的颜色取决于里面用的是什么混合物。

Lever 杠杆 一种把小力变成大力的工具。例如，只要捏住核桃钳稍微用力，就能夹碎核桃。

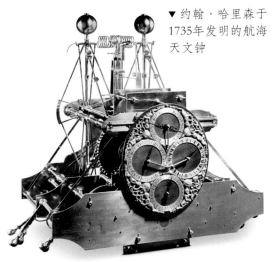
▼ 约翰·哈里森于1735年发明的航海天文钟

音乐会上的激光表演 ▲

Magnet 磁铁 一种能吸引铁类物质的磁石，也可以人工制造。

Magnetic field 磁场 磁铁周围能够吸引物体的区域。

Medieval 中世纪 欧洲历史上从罗马文明瓦解直至文艺复兴的这段时期，大约在5~15世纪。

Mesopotamia 美索不达米亚 位于底格里斯河和幼发拉底河之间，绝大部分在今伊拉克境内和叙利亚东北部。

Microbe 微生物 一种很难用肉眼看见的生物体，主要包括细菌、病菌和真菌等。微生物对动植物可能有益，也可能有害。

Microwave 微波 一种波长非常短的电磁波。可以用于雷达和无线电传输等，还可以用微波炉烹饪食物。

Mould 霉菌 腐烂的食物或长期处于潮湿环境的某些物品上长出的一种丝状真菌。

NASA 美国国家航空航天局 美国专门研究太空、承担太空探测任务的机构。

Navigation 导航 定位汽车、轮船或飞机等位置的工具，能找到从该位置到别处去的最佳线路。

Neutron 中子 原子核里不带电的粒子。

Nuclear reactor 核反应堆 一种维持和控制核反应的装置，主要用于核电厂发电。

Nucleus 原子核 原子的核心，由质子（带正电荷的粒子）和中子（不带电的粒子）组成。

Nutrient 养分 动植物生长所需的食物和其他营养物质。

Orbit 轨道 天体在太空中围绕恒星、行星或卫星运行的路径。

Ore 矿石 一种岩石或矿物质，可从中提取出有用元素。

Patent 专利 国家主管机构授予申请人在一定期限内，对其发明创造所享有的某种专有权益。法律保护发明者的发明及其方法不被其他人或公司抄袭。

Payload 有效载荷 航天器上装载的用来执行航天任务的人和物。

Pendulum 摆锤 悬挂在固定点上的重物，比如钟摆，在重力作用下有规律地来回摆动。

Pesticide 杀虫剂 用来消灭对动植物有害的昆虫或其他生物体的化学物质。

Pollution 污染 有毒物质混入空气、土壤、水源等，从而造成危害。

Polymer 聚合物 由一种或几种结构单元通过共价键连接起来的分子量很高的化合物。塑料就是一种聚合物。

Prehistoric 史前 出现书面记录之前的时代。

Probe 探测器 从地球表面监控的航天器。探测器可以接近月球，登陆行星或彗星，还能飞到太阳系以外。

Propeller 螺旋桨 装在轮船或飞机上的带叶片的装置。发动机带动螺旋桨旋转，使轮船或飞机移动。

Proton 质子 原子核中带正电荷的粒子。质子的数量决定原子的化学性质。

Radiation 辐射 以粒子束或波的形式发射和传播能量的过程。

Radioactive 放射性 原子核自发地放射出各种射线的现象。

Renewable energy 可再生能源 从太阳、风、水等资源中获得的能源，不会枯竭。

Saltpetre 硝石 一种矿物，主要成分是硝酸钾。硝石是化肥、烟花等多种物品中的活性成分。

Satellite 卫星 在围绕行星轨道上运行的天然或人造天体。科学家已经发射了很多人造地球卫星进入空间轨道。这些人造卫星可以拍摄照片、传输数据，还可以为我们的出行导航。

Semiconductor 半导体 导电能力介于导体和绝缘体之间的物质。

Solar System 太阳系 太阳和所有绕太阳运行的行星、卫星、其他天体，以及它们所占的空间区域。

Space capsule 太空舱 航天器进入轨道后航天员工作、生活的场所。

Spacecraft 航天器 用于探索宇宙的交通工具。

Steel 钢 一种由铁和少量碳构成的硬度高、强度大的金属，广泛应用于建筑行业，比如盖高楼、架桥梁都要用钢。

Sumerian 苏美尔 今幼发拉底河和底格里斯河冲积平原南部地区的古地名，这里是世界文明最早起源的地区。

Torque 扭矩 使物体转向的力。

Transistor 晶体管 一种由硅晶体和微量的其他元素构成的半导体装置。这些硅晶体和微量的其他元素能改变晶体管的电气性能，这样就能非常精确地控制电流。

Turbine 涡轮机 一种可以源源不断输送动力的机器。涡轮机里有转子，它会因水或气体的流动而快速转动。

Vacuum 真空 没有空气或只有极少空气的状态。

Virus 病毒 一种比细菌小得多的传染性微生物，许多疾病都是病毒引起的。

▼ 智利甚大望远镜发出了4条激光束

索引

3D打印 74～75
3D电视 165
3D电影 161，165
3D游戏 209

A

"阿波罗"号飞船 269，273，275，282，283，286
阿尔法围棋 209
阿尔弗雷德·诺贝尔 50～51
"阿丽亚娜"号运载火箭 280，281
阿基米德 20～21
阿基米德螺旋泵 20
阿瑟·韦尔斯利 288
阿司匹林 232
阿塔卡马天文台 256～257
埃达·洛夫莱斯 176～177
埃尔多拉多·琼斯 288
埃及 8，10，11，12，15，16，18，20，22，24，34，35，102，138，208，248
癌症 177，215，227
艾蒂安·勒努瓦 94
艾伦内六角扳手 43
艾萨克·牛顿 254
"爱宝"机器狗 78，79
爱德华·詹纳 242
爱迪生实验研究所 186
爱神星 286
安全别针 220
安全灯 132
安全剃须刀 214
安全自行车 84
氨 45
氨纶 65
按扣 221
暗箱 156
凹版印刷 33

B

巴氏消毒法 244
耙 10～11
白炽灯 180，181，183
百慕大帆 105
半导体 181，183，282
包豪斯校舍 49
宝船 19
宝丽来照相机 159
本杰明·富兰克林 190，288
比尔·盖茨 170
比奇洛充气式活动太空舱 277
比特币 67
笔记本电脑 163，164，172～173，211
臂板信号机 127，136

编程语言 171
便利贴 73
便携式除颤器 233
便携式电视 165
表 65，96，140～141
表情符号 147
冰激凌 198
冰箱 196～197
波利尼西亚海图 16
玻璃驾驶舱 117
玻璃绝缘材料 65
播种机 44
伯纳德·洛弗尔 254
补牙 247
不粘锅 195
步话机 152，153

C

彩色电视 163，164
彩色照片 157
测微器 42
查尔斯·巴贝奇 170，176，177，288
差分机2号 170
唱片 67，206
超级计算机 148～149
超级马桶 213
超级摩托车 91
超声波扫描仪 224
超市购物车 66
朝鲜龟船 19
潮汐电站 59
潮汐能 59
车头电灯 182
车厢 126，128
齿轮 25，27，36，86，93，140，141
充气轮胎 84
宠物机器人 78
抽水马桶 212～213
厨房设备 194～195
杵锤 23
触屏 67，145，146，173
船 16，18～19，104～111，197
创可贴 237
磁带 205，207
磁带录音机 205
磁浮列车 128，129
磁共振成像扫描仪 225

D

搭扣 220
打字机 167
"大不列颠"号蒸汽机船 41，106
"大东方"号轮船 108，137

带刺铁丝网 47
胆固醇 233
导航 93，110～111，159，264，265，280
地动仪 36，37
地球静止轨道 261，265
地热能 58
地铁 128
地图 208，263
地心说 259
灯光 58，61，162，168，180～183，228
  电子广告牌 168～169
  分离光线 253
灯泡 157，180～183，186，187
灯丝 157，180～182
灯塔 16，183
滴滴涕（DDT）45
帝国大厦 48～49
蒂姆·伯纳斯-李 174，175，288
电 61，150，182，185，187
  电池 86，95，101，137，187，190～191，248，261
  动物电 190
  发电 57，58，59，103，151，185，187
  高压电 188～189
  公用供电 57
电报 136～137，150，186
电车 100，101
电磁 129，136，137
电动空中出租车 123
电动汽车 94，95，187
电动剃须刀 215
电动自行车 86
电弧焊 41
电话交换机 143，144
电力公司 59，181
电视 162～165，210，264
电梯 49
电影 81，160～161，165，186
电影放映机 160，183，186，187

电影摄影机 160~161，186
电子 162，181，183，235
电子计算机断层扫描仪 225
电子显微镜 235
电子游戏 172，210~211
电钻 42
雕版印刷 35
订书机 72
"东方"1号 272，274
"动力"1号 126，132
动力织布机 53
独轮手推车 202
短信 143，145
多光谱成像 262
多声道录音 205

E

俄罗斯航空航天局 281

F

发电机 57，58，107，150，151，187
发光二极管（LED）102，168，181，183
发胶 215
发条式收音机 151
帆船 18~19，104~105
反光外衣 85
反射望远镜 252~254
方便面 199
防火安全 283
防晒 215
仿生手 249
纺纱 52
放射性 227，284
放射性同位素热电发生器 284
飞机 47，83，114~123，262，271
飞艇 122
"飞行者"号 118~119
非接触式卡 68，69
"菲莱"号着陆器 287
肥皂 64，192，237，278
分析机 176，177
酚醛树脂 63
丰田佐吉 288
风车 25，58
风电场 59
风磨 25
风能 25，58，59
缝纫机 218
伏打电堆 190
佛教 13
福特T型车 92~93，96~97，182
负极 191
复显微镜 234，235

G

伽利略·伽利莱 254，258~259
伽马射线 253，262
感应电动机 60，61
干衣机 193

钢笔 166
高清电视 163，165
高速公路 83，100，103
高椭圆轨道 261
戈尔特斯面料 219
哥白尼 258，259
格兰维尔·伍兹 289
格雷丝·霍珀 171
格林尼治时间 138
格林尼治子午线 139
个人计算机 171
个人卫生 278
工厂 22，23，45，52~55，76，92，96，126，199
工程 59，61
工业革命 39，40，52~53，56，102，176，218
工业机器人 76
公共交通 15，100~101，126，132
公共汽车 100~101
汞合金填充物 247
钩和扣眼 220
钩毛搭扣 221，283
古列尔莫·马可尼 150，288
灌溉 11，20，23
罐装食品 44
光谱学 253
光纤电缆 183，265
广播 151~153，264
滚子和橇 12
国际空间站 271，275，277~279

H

哈勃空间望远镜 255，261，280
哈雷彗星 286
"海盗"1号着陆器 285
海迪·拉马尔 289
海底电缆 137，154~155，265
"海龟"号潜艇 112
海图 16
汉弗莱·戴维 132，180
汉斯·利珀希 252，254
航海 16~17
航海天文钟 110~111
航空母舰 114~115
航天飞机 269，271，273~275，277，278
航天服 260，273，275，278，279，283
航天机器人 78
航天器 255，261，268~287
　机器人 284~287
　载人 78，261，271~275，280，286
航天员 78，159，251，262，269，271~280，283
"好奇"号火星车 285
合成纤维 64
"和平"号空间站 275，277，279
荷兰风帆战舰 104
核动力船 106
"惠更斯"号着陆器 287
"火箭"号 127，132，133

核动力潜艇 113
核能 57
亨利·福特 92，96~97
恒星 17，253，255
红外天文卫星望远镜 255
红外线 147，252，253
弧光灯 180，183
胡佛吸尘器 201
互联网 69，155，163，174~175，264
户外服装 219
戽水车 22~23
华莱士·卡罗瑟斯 63，219
滑板 88~89
滑轮 20，247
滑翔机 116，118，119，121
化肥 45，109
化石燃料 58
坏血病 238
磺胺类药物 233
彗星 284，286，287
浑天仪 36，37
混合动力船 107
混合动力汽车 95
活动扳手 41
活动电影放映机 160，186，187
活塞 52，56，93，127，242
活字印刷 32
火箭 30，121，260，267~272，274，276，280，281，285
　多级火箭 260，268，269
火箭发动机 268，271
火帽 31
火枪 29，30
火绳枪 30
火厢车 30
火星 45，271，273，279，281，285，286

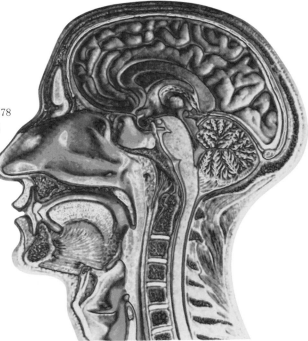

火药 28～29，30，31，50
货币 67～69

J
机器人手术 239
机器人探测器 284～286
激光唱盘（CD）207，211
激光灯 183
激光切割机 43
激光水准仪 43
激光眼科手术 238，239
极轨道 261，263，287
集装箱船 108，109
计算机 75，148～149，170～177，209，210
计算机编程 171，177
计算器 66，72，73
"伽利略"号 285
家用电脑 172～173
夹层玻璃 64
甲骨文 34
假牙 246
假肢 248，249
检眼镜 228
简·恩斯特·马泽利格 289
建筑 48～49，65，182，197，283
健康 222～249
交流电 61，150，187
交通信号灯 102
胶带 72
角色扮演游戏 209
脚踏车 86
脚踏纺车 25
教育机器人 79
接种疫苗 242～243，245
金属工具 9
金星 258，284，286
金星航天任务 284
金子 21
襟翼 105，117，123
晶体管收音机 153
井深大 207，289
救生衣 104
救灾机器人 79
局部麻醉药 231
"巨人"计算机 170～171
聚苯乙烯 63，199
聚乙烯 62
卷尺 42
军用背负式电台 152
军用火箭 270
军用机器人 77，78

K
咖啡机 194
"卡西尼"号探测器 285，287
开罐器 194
凯芙拉 65
坎儿井 11
康斯坦丁·齐奥尔科夫斯基 268

抗生素 233，241
烤面包机 194
柯伊伯带 287
可回收火箭 269
可再生能源 58～59
克拉克帆船 19
克里斯蒂安·惠更斯 141，289
空间技术 282～283
空间探测器 271，280～282，284～287
空间望远镜 253，255，261，280
空气阻力 84，105，117，258
空调 196，197
口红 215
口腔接种（疫苗）243
扣件 220～221
跨洋海底电报电缆 137
狂犬病 242，244，245

L
拉链 220，221
莱奥纳多·达·芬奇 26～27，77，113，289
莱卡（狗）260
莱特兄弟 116，118～119
蓝牙 145，207
蓝牙耳机 145，207
乐高积木 209
雷达 93，95，111，121，263
雷达卫星 263
镭 227
冷冻干燥食物 283
冷冻食物 197
离子火箭发动机 271
犁 11，46
"礼炮"号空间站 276
理查德·特里维西克 126
立方体卫星 261
沥青 102
联合收割机 46，47
"联盟"号飞船 271，274～276
"联盟"号运载火箭 271
粮仓 11
粮食 11，44～45
"猎户座"飞船 273
零排放公共汽车 101
零碳城市 59
留声机 187，204，206

流感病毒 243
流媒体 163
流水线 92，96，97
六分仪 110
卢德分子 52
鲁本·劳辛 289
"陆地卫星"1号 262
录像带 161
录制音乐 205
路 15，85，102～103，180
路易·巴斯德 234，235，242，244～245
路易吉·加尔瓦尼 190
露丝·格雷夫斯·韦克菲尔德 199，289
罗伯特·胡克 234
罗伯特·斯蒂芬森 127，132～133
罗马 15，20，21，44，58，102，198，220，259
罗盘 258
"罗塞塔"号探测器 287
螺纹车床 40
螺旋桨 106～108，112，119，120
吕米埃兄弟 161
"旅行者"号探测器 284，286，287
旅行支票 68
氯仿 231

M
Method-2巨型双足机器人 80～81
MP3 207
麻醉 230～231
马车 15，84，100，126，200
马丁·库珀 290
马克·汉娜 290
马斯达尔城 59
玛格丽特·奈特 290
玛丽·安德森 290
玛丽·居里 226～227
麦金托什 218
麦克风 204
盲字 167
猫眼道钉 102
霉菌 240～241
美国国家航空航天局 45，78，121，159，173，255，260～262，264，269，271～278，280～287
美元 68
密纹唱片 206
免持无线技术 145
明暗木刻 33
明信片 166
冥王星 287
模拟 163，278，281
摩天大楼 48～49
摩托车 90～91
摩托艇 107
魔方 209
莫尔斯电码 136，137，145
木星 258，284，285，287

幕墙 49

N

内窥镜 224
内燃机 94, 95, 268
内燃机车 128
能人 8
"尼尔-舒梅克"号探测器 286
尼古拉·特斯拉 60~61, 188~189
尼龙 63, 65, 219, 246
霓虹灯 182~183
扭矩 41
纽扣 220
农耕 10~11, 44~47
农业革命 10
疟疾 233, 243

O

欧洲航天局 277, 280, 281, 286, 287
欧洲特大望远镜 255

P

PS游戏机 211
排水系统 212
"潘尼达伦"号机车 126
泡泡糖 199
喷气式飞机 120~121, 271
喷气式干手器 203
拼图 208
平板等离子电视 165
平板电脑 173
钋 227
破冰船 106~107
扑热息痛 232

Q

棋盘游戏 208, 209
气囊 93
气泡膜 73
气象卫星 260~263
气旋式真空吸尘器 201~203
气闸 112
汽车塔 98~99

汽轮机船 109
汽水 199
潜水 112~113
潜水器 112
潜艇 111~113, 264
枪 30~31
"乔托"号探测器 286
乔伊·曼加诺 290
乔治·斯蒂芬森 132~133
巧克力块 198
切片面包 199
青蒿素 233
青霉素 241
青铜时代 9
轻快帆船 104
球轮手推车 202
曲轴 93
全球定位系统（GPS）85, 95, 145, 261, 265
全球网络 175

R

热气球 122
人工身体 248~249
人工心脏 249
人工智能 76, 78, 285
人脸识别 147
人形智能机器人 77
人造材料 64~65, 246
"人造地球卫星"1号 260, 268, 270
任天堂Wii游戏机 211
任天堂公司 210, 211
日晷 138
日心说 258, 259
柔性电子屏 65

S

S形存水弯马桶 212
萨拉·E.古德 290
赛车 65, 85
赛璐珞 62
三列桨座战船 16
扫地机器人 201
杀虫剂 45, 47
杀菌 237, 241
山地自行车 87
闪光灯 157~159
射电望远镜 254, 256
摄影机 160, 161, 186
"深空"1号空间探测器 271
肾透析 238
甚大望远镜 252~253
升力 116, 117, 122, 123
生火 8
声呐 111
失重 276, 278, 281
十字螺丝刀 43
石版印刷 33
石磨 24

石器 7~9
石炭酸 236, 237
时区 139
食物 44~45, 194~199, 283
　太空食物 279
食物料理机 195
收割机 46, 47
收音机 150~153
收银机 66
手铳 29
手工织布机 24
手榴弹 30
手枪 29, 31
手术 43, 224, 230~231, 236~239, 249
手术设备 237
手摇纺车 25
手纸 213
狩猎 8, 10, 44, 64
输血 238, 239
鼠标 66, 171, 173
数控铣床 43
数字成像 262, 282
数字电视 163
数字广告牌 168~169
数字录音 205, 207
数字式电子表 141
数字影碟（DVD）161, 211
数字照相机 159, 282
"双子星座"号飞船 272
水泵 20, 22, 27, 126
水车 22~23, 27, 36, 46, 58, 140
水疗 216~217
水能 58
水培 44~45, 279
水平仪 41
水上飞机 116
"水手"9号探测器 286
"水星"计划 274
水钟 140
丝绸业 244
斯蒂芬妮·克沃勒克 65, 290
斯坦利·梅森 63, 290
四轮马车 15
四则运算器 66
搜索机器人 78
速冻 197

塑料钞票 69
塑料瓶 62，63
燧发枪 31
索具 105
索尼随身听 207

T
他汀类药物 233
踏板车 91
踏车 22，25
太空 250～287
"太空船"1号 271
太空发射系统 271
太空竞赛 268，275，283
太空垃圾 266～267
太空毯 282
太空行走 273
太空游客 275
太阳能 58，102，184～185，261，284，287
太阳能船 109
太阳能飞机 120，121
太阳系 255，284，286，287
炭疽 235，242，244，245
探照灯 183
碳纤维 85，87，104，249
陶轮 12
特百惠保鲜盒 195
特斯拉线圈 61，189
特艺公司 160
提花织机 24
提炼金属 9
体温计 229
剃须刀 214，215
天花 242，243
"天空实验室"空间站 269，276

天体照相学 252
条形码 67
调频广播系统 152
铁肺 232
铁路 15，101，126～133，137，138
铁器时代 9
铁桥 48
听诊器 228
通信卫星 261，264～265
头盔 84，85，273，278
透镜 234，235，252，254
土卫六 285，287
土星 284，285，287
"土星"5号 269，271
推力 117，268，271
托马斯·爱迪生 57，60，61，180，181，186～187，204，206
托马斯·纽科门 52，56
拖拉机 46～47

V
V-2火箭 268，270

W
万维网 174～175
网吧 175
网上银行 69
网页 175
望远镜 110，235，251～259，261，276，280
威廉·福克斯·塔尔博特 156，291
威廉·赫舍尔 254
威廉·伦琴 224
微波炉 195
微处理器 171
微芯片 283
韦布空间望远镜 280
维京人 18
纬度 110
卫星 255，258，260～265，268，270，280，282
卫星导航 264
卫星电话 145，261，265
卫星考古学 282
温度计 258，259
文字 32，34～35，172，175
沃纳·冯·布劳恩 269，270
卧式自行车 87
污染 57，58，94，95，101，121

无人机
　无人机摄影 159
　无人机送货 124～125
　载客无人机 123
　作物喷洒无人机 47
无绳电话 143，145
无线电波 111，150～151，207，225，254，262～264
无线电技术 61，207
无针注射器 243
五针电报机 137
武器
　导弹 268，270
　弓箭 8
　火药 28～31
　原子弹 171

X
Xbox游戏机 211
X射线 61，224，225，227，248，253
西尔维斯特·罗珀 90
西蒙·莱克 112，291
希腊火 29
洗涤剂 192，193
洗碗机 192
洗衣机 192～193，202
细菌 196，233～236，242，244
显微镜 234～235，241，244
象限仪 110
象形文字 34，35
橡皮 72
消毒剂 236，237
小行星 273，284，286
小型自动驾驶电车 101
笑气 231
楔形文字 34，35
心电图机 229
心脏起搏器 248
芯片 69，147
"辛康姆"3号 265
"新视野"号探测器 287

新闻照相机 158
新月沃地 10
信用卡 67，68
星盘 17
胸罩 218，220
袖珍照相机 158
悬挂式单轨列车 130～131
旋翼桨叶 122
血糖仪 229
血压计 229
驯化 10

Y

牙齿 214，246～247
牙齿健康 246～247
牙膏 214
牙刷 246
牙套 247
亚历山大·格雷厄姆·贝尔 142，143，145
亚历山德罗·伏打 190
亚历山德森交流发电机 150
亚马逊 70～71
烟花 28，29，268
眼镜 248
遥感卫星 261，262
遥控器 162，183
药物 232～233
液体燃料 268
液压机 53
液压椅 246
伊戈尔·西科尔斯基 291
伊莱沙·奥蒂斯 49，291
伊桑巴德·金德姆·布律内尔 41，106，108，291
衣服 85，192，193，202，218～221，278，283
医学 222～249
医院卫生 236
移动电话 143，145
乙醚 230～231
驿站马车 15
阴极射线管 162，224
音乐 152，153，204～207，213，287
银版照片 156
隐形眼镜 248
印度空间研究组织 281
印刷 32～33，35，166
应用程序 69，146，173
荧光笔 73
荧光灯 181，183
尤里·加加林 272，274
邮票 166
邮政服务 166
油毡 64
铀 227
游戏 208～211
有轨电车 100，101
有机发光二极管（OLED）165
羽毛笔 35
雨衣 218

原油 56
原子 57，139，183，225，235
原子钟 139，265
圆船 19
圆锯 40
圆珠笔 166
约翰·哈林顿 212
约翰·洛吉·贝尔德 162，164
约翰·蒙塔古 291
约翰内斯·谷登堡 32，33，291
约瑟芬·科克伦 192
约瑟夫·利斯特 236，237
约瑟夫·斯旺 180～181
月球 258，260，269，271，273～275，280，284，286
"月球" 3号探测器 284
月球车 275
越野自行车 86
运动鞋 218
运载火箭 269，271，280，281

Z

早餐谷类食物 199
早期机械装置 22～25
炸胶 50，51
炸药 50，51
詹姆斯·戴森 201～203
詹姆斯·利蒂 66，291
詹姆斯·瓦特 52
战车 13～15
战士机器人 79
张衡 36～37
长船 18
掌上游戏机 210
照相机 78，123，145，147，156～159，164，252，255，261，262，282
折叠自行车 87
折射望远镜 252
侦察卫星 262
珍妮机 52
真空三极管 150
真空吸尘器 200～203
诊断 228～229
蒸汽锤 41
蒸汽机 52～53，56，126
蒸汽机船 41，106，108
正极 191
织布机 24，53，218
直流电 60，61，187
直升机 27，45，122
止痛药 230，232
纸莎草纸 34
指甲油 214
指南车 36
指南针 17，36
指纹扫描 147
制瓶机 53
智能冰箱 197
智能生产线 54～55

智能手表 141
智能手机 66，69，144～147，172，191，197，205，207，261
智能望远镜 253
智能自行车 85
中国帆船 18
钟 110，111，138～141
重力 11，22，117，213，258，278
"朱诺"号探测器 287
助听器 248，249
注射器 242，243
驻车传感器 93
转笔刀 72
转基因作物 45
转经筒 13
子弹头列车 129
紫外线 85，215，253
自持式水下呼吸器 113
自动打捆机 47
自动化船 109
自动驾驶汽车 95，101
自动取款机 67，68
自动送货机器人 79
自拍照 147
自行车 84～87，90，96，118，119
自行车车铃 84
自助结账 67
字母文字 35
钻孔 42，230
钻头
　　电钻 42
　　牙钻 247

致谢

Smithsonian Institution:
Tricia Edwards, Lemelson Center, National Museum of American History, Smithsonian

Dorling Kindersley would like to thank:
Ellen Nanney from the Smithsonian Institution; Square Egg Studio for illustrations; Liz Gogerly for writing pp.288–291 Ingenious Inventors; Helen Peters for the index; Victoria Pyke for proofreading; Charvi Arora, Bharti Bedi, Aadithyan Mohan, Laura Sandford, and Janashree Singha for editorial assistance; Revati Anand and Baibhav Parida for design assistance; Surya Sarangi and Sakshi Saluja for picture research; Vishal Bhatia for CTS assistance; and Nityanand Kumar for technical assistance.

The publisher would like to thank the following for their kind permission to reproduce their photographs:
(Key: a-above; b-below/bottom; c-centre; f-far; l-left; r-right; t-top)

1 Getty Images: Science & Society Picture Library. **2–3 Alamy Stock Photo:** dpa picture alliance archive. **4 Alamy Stock Photo:** Akademie (crb); Nick Fox (cra); Science History Images (cr); Christopher Jones (cr/ketchup). **Bridgeman Images:** Archives Charmet (tr). **Getty Images:** Saro17 (crb/bike); Time Life Pictures (cra/Vinci). **iStockphoto.com:** crokogen (br). **5 123RF.com:** Roy Pedersen (ca); Shutterbas (ca/flight); Andriy Popov (cra). **Alamy Stock Photo:** Sergio Azenha (c); Phanie (cra/laser). **Depositphotos Inc:** Prykhodov (c/phone). **Dreamstime.com:** Tamas Bedecs (tr). **ESA:** ESA / ATG medialab (crb/sentinel). **Getty Images:** De Agostini Picture Library (cb/engine); Bloomberg (tc); DAJ (cb/port); Heritage Images (cr). **Mary Evans Picture Library:** Illustrated London News Ltd (bc). **NASA:** (cr/EVA); JPL-Caltech / MSSS (br). **Science Photo Library:** NASA (crb). **6–7 Getty Images:** DEA / G. DAGLI ORTI (t). **7 Getty Images:** Print Collector (clb); Jacqui Hurst (cb); Science & Society Picture Library (cb/compass). **8 Alamy Stock Photo:** PjrStudio (tr). **Getty Images:** CM Dixon / Print Collector (c); PHAS (ftr). **8–9 akg-images:** Erich Lessing (b). **9 Bridgeman Images:** (4th millennium BC) / South Tyrol Museum of Archaeology, Bolzano, Italy (fcr). **Dorling Kindersley:** Museum of London (cr). **10–11 Getty Images:** Florilegius (b). **11 Bridgeman Images:** Granger (crb). **12 Getty Images:** Print Collector (bc). **12–13 Getty Images:** SSPL (c). **13 Alamy Stock Photo:** Nick Fox (cr). **Getty Images:** SSPL (tr). **14 Alamy Stock Photo:** age fotostock (b). **Getty Images:** Leemage (cr). **15 Alamy Stock Photo:** Science History Images (clb). **Bridgeman Images:** Prehistoric / Ashmolean Museum, University of Oxford, UK (tc). **Getty Images:** Archiv Gerstenberg / ullstein bild (br); Science & Society Picture Library (c). **16 Alamy Stock Photo:** Lebrecht Music and Arts Photo Library (bl). **Mary Evans Picture Library:** The Mullan Collection (c). **17 Alamy Stock Photo:** Granger Historical Picture Archive (c). **Getty Images:** Science & Society Picture Library (tc). **18 Alamy Stock Photo:** Steve Hamblin (cla). **Getty Images:** Science & Society Picture Library (bl). **18–19 Getty Images:** SSPL (b). **19 123RF.com:** Henner Damke (bc). **John Hamill:** (cr). **Imaginechina:** Wang Jinmiao (tc). **20 Bridgeman Images:** Galleria degli Uffizi, Florence, Tuscany, Italy (clb). **Getty Images:** Popperfoto (tl). **21 Alamy Stock Photo:** Science History Images (bc); World History Archive (t). **22 Collection and Archive of Museum of Kotsanas Museum of Ancient Greek Technology:** (clb). **22–23 Alamy Stock Photo:** Johnny Greig Int (b). **23 Getty Images:** Ann Ronan Pictures / Print Collector (tr); SSPL (cla). **24 akg-images:** Erich Lessing (c). **Alamy Stock Photo:** Antiqua Print Gallery (bl); Tim Gainey (br). **24–25 akg-images:** GandhiServe e.K. (t). **25 Alamy Stock Photo:** imageBROKER (br). **Getty Images:** SSPL. **26–27 Getty Images:** Time Life Pictures. **28 Bridgeman Images:** Archives Charmet (cr). **Getty Images:** View Stock (l). **29 Getty Images:** Fine Art Images / Heritage Images (br); Ullstein bild Dtl. (t). **The Metropolitan Museum of Art:** Purchase, Arthur Ochs Sulzberger Gift, 2002 (bc). **30 Bridgeman Images:** Pictures from History (cl). **Dorling Kindersley:** © The Board of Trustees of the Armouries (cra, cr). **Tomek Mrugalski:** (bc). **31 Dorling Kindersley:** © The Board of Trustees of the Armouries (bl); Wallace Collection, London (t). **Getty Images:** DeAgostini (br). **32 Alamy Stock Photo:** HD SIGNATURE CO.,LTD (clb). **32–33 Alamy Stock Photo:** Josse Christophel. **33 akg-images:** Science Source (tc). **Dorling Kindersley:** Andy Crawford / Ray Smith (bc). **Getty Images:** Universal History Archive / UIG (cr). **34 Alamy Stock Photo:** Berenike (bc). **The Metropolitan Museum of Art:** Purchase, Raymond and Beverly Sackler Gift, 1988 (clb). **34–35 Getty Images:** Heritage Images (t). **35 Alamy Stock Photo:** PBL Collection (bl). **Getty Images:** De Agostini Picture Library (ca). **Science Photo Library:** British Library (cb) **36 Alamy Stock Photo:** Dennis Cox (c); kpzfoto (bc). Encyclopedia of China Publishing House Company Limited (cra). **Getty Images:** Science & Society Picture Library (crb); SSPL (cra). **37 Rex Shutterstock:** Roger-Viollet. **38–39 iStockphoto.com:** pr3m-5ingh. **39 Depositphotos Inc:** Mimadeo (cb). **Getty Images:** Bettmann (clb); Bloomberg (cb/SUVs). **40 Getty Images:** Historical (b); Science & Society Picture Library (cra). **41 Alamy Stock Photo:** Age Fotostock (crb). **Depositphotos Inc:** Hayatikayhan (bl). **Getty Images:** Photo 12 (tl). **42 123RF.com:** Anton Samsonov (br); Maxim Sergeenkov (cl). **43 Alamy Stock Photo:** Peter Llewellyn RF (cra); Erik Tham (cl); Geoff Vermont (bc). **Getty Images:** Fertnig (bl). **44 Getty Images:** Science & Society Picture Library (tl, cl). **44–45 Getty Images:** Kerry Sherck (b). **45 Alamy Stock Photo:** Photofusion Picture Library (tl). **Avalon:** Woody Ochnio (cra). **Science Photo Library:** Martyn F. Chillmaid (crb). **46 Alamy Stock Photo:** The Print Collector (cr). **Dorling Kindersley:** Ernie Eagle (bc). **Getty Images:** Science & Society Picture Library (clb). **47 123RF.com:** Winai Tepsuttinun (t). **Alamy Stock Photo:** Islandstock (crb). **Dorling Kindersley:** Doubleday Swineshead Depot (clb); Happy Old Iron, Marc Geerkens (cra). **Getty Images:** STR (br). **SGC:** (ca). **48 Getty Images:** Neale Clark / robertharding (cl). **48–49 Getty Images:** The Print Collector. **49 Alamy Stock Photo:** Granger Historical Picture Archive (c). **Getty Images:** Bettmann (tr); Gregor Schuster (br). **50 Alamy Stock Photo:** Akademie (crb); Chronicle (cl). **Getty Images:** Heritage Images (tl). **51 Dreamstime.com:** Penywise (bl). **Getty Images:** Print Collector. **52 Getty Images:** Science & Society Picture Library (clb). **52–53 Dorling Kindersley:** Dave King / The Science Museum, London. **53 Alamy Stock Photo:** croftsphoto (br). **Bridgeman Images:** Hand-powered hydraulic press. Engraving, 1887. / Universal History Archive / UIG (cr); Power loom weaving, 1834 (engraving), Allom, Thomas (1804-72) (after) / Private Collection (tc). **54–55 Science Photo Library:** Lewis Houghton. **56 Getty Images:** Hulton Deutsch (cla); Science & Society Picture Library (cra). **56–57 Getty Images:** Bloomberg (b). **57 Alamy Stock Photo:** Bildagentur-online / McPhoto-Kerpa (br). **Bridgeman Images:** Granger (cla). **Getty Images:** Science & Society Picture Library (c). **58 Alamy Stock Photo:** Paul Fearn (bl). **Dreamstime.com:** Mikael Damkier / Mikdam (tr). **Getty Images:** Mark Newman (c); Universal Images Group (crb). **59 Alamy Stock Photo:** Michael Roper (cl). **Dreamstime.com:** Neacsu Razvan Chirnoaga (tr). **Getty Images:** Iain Masterton (br). **60 Getty Images:** Bettmann. **61 Alamy Stock Photo:** Science History Images (clb). **Getty Images:** Science & Society Picture Library (cra); Roger Viollet (bl). **62 Science Photo Library:** Gregory Tobias / Chemical Heritage Foundation. **63 123RF.com:** Pauliene Wessel (bc). **Alamy Stock Photo:** Martyn Evans (ca); Christopher Jones (crb). **Rex Shutterstock:** AP (tr). **64 Alamy Stock Photo:** Anton Starikov (tr). **Science Photo Library:** Hagley Museum And Archive (bl); Patrick Landmann (cr). **65 Alamy Stock Photo:** dpa Picture Alliance Archive (bl); Image Source (br). **Depositphotos Inc:** Fotokostic (tr). **iStockphoto.com:** Marekuliasz (cla). **66 Alamy Stock Photo:** Paul Fearn (clb); LJSphotography (br). **Getty Images:** Science & Society Picture Library (cra). **67 Alamy Stock Photo:** Matthew Chattle (tc); Andriy Popov (cl). **Getty Images:** Ulrich Baumgarten (bl); Bloomberg (cb). **68 Alamy Stock Photo:** STOCKFOLIO ® (cr). **Dreamstime.com:** Andrew Vernon (bc). **Library of Congress, Washington, D.C.:** Library of Congress (136.04.00) [Digital ID# us0136_04] (cl). **69 Alamy Stock Photo:** David Izquierdo Roger (cra); MIKA Images (br). **Dreamstime.com:** Anurak Anachai (tr); Igor Golubov (cr). **70–71 Getty Images:** Bloomberg. **72 akg-images:** Interfoto (clb). **Alamy Stock Photo:** Joseph Clemson 1 (c); Granger Historical Picture Archive (crb). **73 Alamy Stock Photo:** Chris Willson (cr). **Dreamstime.com:** Alla Ordatiy (clb); Wittayayut Seethong (tl); Chee Siong Teh (br). **74–75 iStockphoto.com:** Dreamnikon. **76 National Museum of American History / Smithsonian Institution:** (cra). **Rex Shutterstock:** Sipa USA (b). **77 Getty Images:** VCG (r). **Rex Shutterstock:** Ray Stubblebine (c); Seth Wenig / AP (cl). **Science Photo Library:** Peter Menzel (tl). **78 Depositphotos Inc:** Ilterriorm (bc). **NASA:** (b). **Science Photo Library:** Sam Ogden (tr). **79 Getty Images:** Bloomberg (cl); Chip Somodevilla (tr, bc). **Starship Technologies:** (cr). **80–81 Getty Images:** Chung Sung-Jun. **82–83 Getty Images:** Blackstation. **83 Alamy Stock Photo:** ITAR-TASS News Agency (cl). **Getty Images:** (cb/ship). **Rex Shutterstock:** TESLA HANDOUT / EPA-EFE (clb). **84 Alamy Stock Photo:** dumbandmad.com (bc). **Getty Images:** Culture Club (tr); Science & Society Picture Library (cl). **84–85 Getty Images:** NurPhoto (b). **85 Bryton Inc.:** (c). **Getty Images:** Andrew Bret Wallis (tr). **Lumos Helmet:** (tl). **86 Alamy Stock Photo:** Alex Ramsay (cb). **Dorling Kindersley:** Bicycle Museum Of America (bl); National Cycle Collection (cla); Gary Ombler / Jonathan Sneath (cra). **87 Dorling Kindersley:** Bicycle Museum Of America (ca). **Getty Images:** Saro17 (bl). **88–89 iStockphoto.com:** Homydesign. **90–91 Alamy Stock Photo:** SuperStock (b). **90 Getty Images:** Science & Society Picture Library (clb). **91 BMW Group UK:** BMW Motorrad (br). **Dorling Kindersley:** Motorcycle Heritage Museum, Westerville, Ohio (cra). **Dreamstime.com:** Austincolle (c). **Getty Images:** Science & Society Picture Library (tc). **Lightning Motorcycle/Worlds Fastest Production Electric Motorcycles:** (clb). **92 Getty Images:** Bettmann (cl). **92–93 Getty Images:** Joseph Sohm (c). **93 Getty Images:** fStop Images - Caspar Benson (crb). **magiccarpics.co.uk:** John Colley (bc). **94 Foundation Museum Autovision/Museum AUTOVISION:** (cb). **Dorling Kindersley:** Simon Clay / National Motor

致谢

303